流域梯级电站群协同发电优化调度技术与实践

王永强 覃 晖 张 睿
王 超 卢 鹏 吴 江 著

U0252616

科 学 出 版 社

北 京

内 容 简 介

本书全面分析流域梯级电站群发电特性与协同优化发展趋势,阐述梯级电站群协同发电优化调度的概念、内涵、类型和关键问题,并结合梯级电站群实例进行模拟应用。全书分为多尺度精细化、多目标、多电网、多能源系统四个技术方面:多尺度精细化发电优化调度探讨梯级电站群中长期、短期、实时及多尺度嵌套等精细化调度建模与求解技术;多目标发电优化调度研究单目标发电优化调度与多目标发电优化调度的差异性,以及兼顾不同发电调度目标的优化方法等;多电网发电优化调度重点介绍梯级电站群厂网协调与跨区域多电网联合调度;多能源系统发电优化调度介绍水火电力系统、水火风多能源系统的优化调度技术。

本书可供流域梯级开发、规划与管理,水资源利用,电网规划、智能优化及系统工程等有关专业领域的科研人员、教师和研究生参考。

图书在版编目(CIP)数据

流域梯级电站群协同发电优化调度技术与实践/王永强等著. —北京:科学出版社,2019.8

ISBN 978-7-03-060684-6

I.①流… II.①王… III.①梯级水电站–发电调度–研究 IV.①TV74

中国版本图书馆 CIP 数据核字（2019）第 039347 号

责任编辑:杨光华　郑佩佩/责任校对:高　嵘
责任印制:彭　超/封面设计:苏　波

科学出版社 出版

北京东黄城根北街 16 号
邮政编码:100717
http://www.sciencep.com

武汉精一佳印刷有限公司印刷
科学出版社发行　各地新华书店经销
*

开本:787×1092　1/16
2019 年 8 月第 一 版　　印张:14 1/4
2019 年 8 月第一次印刷　字数:342 000

定价:148.00 元
(如有印装质量问题,我社负责调换)

前　言

　　梯级电站群发电调度是水资源综合开发、利用与管理的主要规划方向之一,是国家能源可持续发展的重要战略方向,关系经济、社会及生态环境等诸多方面。水电能源在电网中除供电外还承担着调峰、调频和事故备用等任务,对电网的安全经济运行起着极为重要的作用。流域梯级补偿调节和联合调度潜力与效益巨大,能有效节约一次能源,降低污染排放,并在时空尺度上合理分配水能资源,具有显著的经济、社会和环境效益,是国家战略和流域经济可持续发展的重点领域。

　　我国幅员辽阔,地势西高东低,大致呈三级阶梯分布,蕴藏着丰富的水力资源,据《中华人民共和国水力资源复查成果》,我国理论水能资源蕴藏量为 $60\,829\times10^8$ kW·h,技术可开发装机容量为 $54\,164\times10^4$ kW,经济可开发装机容量为 $40\,180\times10^4$ kW,居世界首位。我国水力资源具有时空分布不均匀、富集程度较高等特征。从地域来看,西部多、东部少,特别是西南五省(自治区、直辖市)(云南、四川、西藏、贵州和重庆)技术可开发装机容量占全国的 67%,经济可开发装机容量占全国的 59%;而经济发达、能源需求较大的东部地区水资源较少。水能资源富集严重,主要集中在大江大河、排名前三的流域:长江流域 $25\,627.3\times10^4$ kW,雅鲁藏布江流域 $6\,785\times10^4$ kW,黄河流域 $3\,734.3\times10^4$ kW,分别占全国技术可开发装机容量的 47%、13%和 7%。此外,受季风气候影响,多数河流径流存在典型的丰枯特性,年内分配极不均衡,汛期水量约占全年水量的七八成,而枯期水量仅占二三成,且多数流域径流年际变化较大,存在典型的丰水年和枯水年交替现象。在我国,现已形成以长江上游、金沙江、雅砻江等为代表的十三大水电能源基地,其中,西南地区超大规模水力发电基地的充裕电能远距离输送到我国经济最为活跃的长江三角洲、珠江三角洲和京津唐等负荷密集地区,有效地缓解了我国水能资源分布不均所造成的产用逆向配置的现状,全国混合电网互联和流域水资源统一调度格局逐步形成。此外,随着竞争的加剧和国有企业改革的进一步深化,我国从 2002 年启动电力改革以来,引入竞争机制,已基本实现厂网分离,打破了原有"大锅饭"的管理体制,各电站主体独立核算,自负盈亏,充分调动了电站的积极主动性。

　　然而,随着金沙江、雅砻江、大渡河、岷江、嘉陵江、乌江等长江干支流上大型水利枢纽的相继建成和投运,流域梯级水电、供水生态安全、水电站综合效益发挥等问题更加突出,给长江中上游水电站群协同优化与统一管理带来了极大的挑战。现有的调度理论和方法忽略了大规模水电站群不同调度期运行需求的组织协调关系,难以适应水电能源快速发展背景下流域水电站群联合优化运行的新要求,严重影响了水能资源的高效利用和水利枢纽综合经济效益的充分发挥。跨区特高压交直流混联电网水电大规模馈入消纳和外送、新能源大规模并网、电网峰谷差日益增大等问题也对流域梯级水电站群联合优化调度提出了更高的要求,导致水电能源系统运行、控制和管理较传统更加复杂。由于现有互联大电网下流域水能资源联合优化调度还缺乏统一有效的管理和协调机制，电力供需矛盾日益突出，易出现负荷峰谷差过大和调峰容量不足的情况，在负荷低谷时段，水电站往往被迫降低出力运行而弃水，导致整个电网经济效益大大降低；同时，流域梯级各电站主体往往根据电站自身经济利益而无序调度，水电资源得不到充分利用。

因此，围绕流域梯级电站群协同发电优化调度运行面临的关键科学问题和技术瓶颈，以实现水电能源及其互联电力系统安全、稳定、经济运行为目标，研究梯级水电站群多尺度精细化、多目标、一体化与跨区域多电网、多能源联合等发电优化调度的关键技术，对保障水电站群安全高效运行，缓解电力系统普遍存在的调峰与环境压力，以及贯彻落实国家节能减排重大战略部署具有重要的理论意义和工程实用价值。

全书围绕流域梯级电站群协同发电优化调度技术与实践所面临的关键科学与技术问题进行论述，共分为7章，其内容如下。

第1~2章概述流域梯级电站群发电优化调度的研究历程、内涵、类型和存在的关键科学问题。通过分析国内外梯级电站群发电优化调度发展特点及利用情况，说明需要进一步提高梯级电站群协同发电能力的社会价值和意义，进而论述当前梯级电站群发电调度的内涵与外延，以及其所面临的关键科学问题。

第3~6章，重点从发电优化调度尺度、调度目标、调度隶属关系、多能源互补调度方面阐述梯级电站群协同优化调度技术。第3章针对梯级电站群中长期、短期与实时发电调度进行研究，为梯级电站群多尺度精细化调度提供技术支撑。第4章分析梯级电站群单目标和多目标调度的区别，提出针对不同调度目标的发电优化调度模型和求解方法。第5章分别从电网角度和流域梯级电站角度，阐述厂内经济运行与发电计划编制的差异性，以及一厂两网的调度现状，提出流域梯级电站群一体化模式与跨区域多电网优化调度技术。第6章着重分析梯级水库群在多能源系统中协同互补调度技术，研究不同电源的发电特性及其与水电能源的互补性，分别探究水火电力系统和水火风多能源系统的互补优化调度技术。

本书的研究内容将丰富和发展流域梯级电站群协同发电优化调度的技术方法，可用于流域梯级水电站群的联合运行、电网的经济调度、与其他能源间的互补运行等，有助于梯级水电站群的流域管理，促进水电能源的高质量发展。

本书相关研究和出版得到国家自然科学基金重点项目"雅砻江流域风光水多能互补运行的优化调度方式研究"（U1765201），国家自然科学基金面上项目"梯级水库群协同调控驱动下流域水量水质联合配置研究"（51779013）、"梯级多业主电站不确定性风险共担调度及微分对策决策研究"（51479075）和"澜沧江中下游梯级水库群多目标调控模型与方法"（91647114），国家自然科学基金青年科学基金项目"有限电力消纳能力下梯级电站群联合消落方式研究"（51709275）的资助，得到了长江水利委员会长江科学院、华中科技大学、中国水利水电科学研究院、长江勘测规划设计研究有限责任公司、中国电建集团昆明勘测设计研究院有限公司、长江水利委员会水文局的大力支持，在此表示感谢。同时，衷心感谢本书所引用参考文献的作者曾经做出的大量工作！

　　全书由王永强、覃晖、张睿、王超、卢鹏、吴江共同撰写。参与课题的主要研究人员莫莉、欧阳硕、袁喆、冯宇、娄思静、刘志明、刘君龙、宋培兵、胡鑫等以不同方式为本书的完成做出了大量贡献，对他们表示由衷的感谢。

　　由于时间和水平有限，书中难免存在疏漏与不足之处，敬请读者批评指正！

作　者

2019 年 5 月

目　　录

第1章　绪论 ……………………………………………………………………………………1

1.1　流域梯级电站群发电特性 ……………………………………………………………1

1.2　流域梯级电站群发电优化调度技术研究综述 ………………………………………2

1.2.1　多尺度发电优化调度 ………………………………………………………………2

1.2.2　多目标发电优化调度 ………………………………………………………………8

1.2.3　一体化与跨区域多电网发电优化调度 …………………………………………10

1.2.4　多能源系统中的梯级水电站群发电优化调度 …………………………………11

1.3　流域梯级电站群发电优化调度实践需求 ……………………………………………14

第2章　流域梯级电站群协同发电优化调度技术体系 …………………………………15

2.1　流域梯级电站群协同发电优化调度的内涵与外延 …………………………………15

2.1.1　流域梯级电站群协同发电优化调度的内涵 ……………………………………15

2.1.2　流域梯级电站群协同发电优化调度的外延 ……………………………………15

2.2　流域梯级电站群协同发电优化调度类型 ……………………………………………16

2.2.1　多尺度调度 …………………………………………………………………………16

2.2.2　多目标调度 …………………………………………………………………………17

2.2.3　跨区域多电网调度 …………………………………………………………………17

2.2.4　多能源调度 …………………………………………………………………………17

2.3　流域梯级电站群协同发电优化调度中的关键问题 …………………………………18

2.3.1　多尺度问题 …………………………………………………………………………18

2.3.2　多目标问题 …………………………………………………………………………18

2.3.3　跨区域多电网问题 …………………………………………………………………18

2.3.4　多能源问题 …………………………………………………………………………19

2.4　基于分层分区优化的流域梯级电站群协同优化技术 ………………………………19

2.5　小结 ……………………………………………………………………………………22

第3章　流域梯级电站群多尺度精细化发电优化调度技术 ……………………………23

3.1　流域梯级电站群中长期发电优化调度 ………………………………………………24

3.1.1　流域大规模梯级电站群发电优化调度 …………………………………………24

3.1.2　基于分区优化的大规模水电站群协同发电调度 ………………………………25

3.1.3　发电优化调度智能高效求解方法 …………………………………………………26

3.1.4　实例研究 ……………………………………………………………………………33

3.2　流域梯级电站群短期发电优化调度 …………………………………………………43

3.2.1　流域梯级电站群短期发电优化调度模型 ………………………………………43

3.2.2 流域梯级电站群短期发电优化调度模型求解方法 ···········46
3.2.3 实例研究 ··46
3.3 流域梯级电站群实时 AGC ···································· 53
3.3.1 电网 AGC 与水电站 AGC ······························· 53
3.3.2 实时 AGC 模型 ····································· 57
3.3.3 实时 AGC 模型求解方法 ······························ 59
3.3.4 实例研究 ·· 63
3.4 流域梯级电站群多尺度精细化发电优化调度 ···················· 74
3.4.1 多尺度精细化发电调度模型 ··························· 75
3.4.2 中长期精细化出力计算方法 ··························· 81
3.4.3 实例研究 ·· 88
3.5 小结 ··· 94
第 4 章 流域梯级电站群多目标发电优化调度技术 ·················· 96
4.1 流域梯级电站群单目标发电优化调度 ······················· 96
4.1.1 单目标发电优化调度模型 ····························· 96
4.1.2 单目标发电优化调度模型求解方法 ······················ 98
4.1.3 实例研究 ··· 108
4.2 兼顾总发电量和保证出力的流域梯级电站群多目标发电调度 ········ 112
4.2.1 兼顾总发电量和保证出力的多目标发电调度模型 ··········· 113
4.2.2 兼顾总发电量和保证出力的多目标发电调度模型求解方法 ····· 114
4.2.3 实例研究 ··· 117
4.3 考虑最小下泄流量的流域梯级电站群多目标发电优化调度 ········ 120
4.3.1 考虑最小下泄流量的多目标发电优化调度模型 ············· 120
4.3.2 考虑最小下泄流量的多目标发电优化调度模型求解方法 ······ 121
4.4 实例研究 ··· 122
4.5 小结 ·· 127
第 5 章 流域梯级电站群一体化与跨区域多电网优化调度技术 ········· 128
5.1 电力系统厂网协调模式与流域梯级电站群层级区划原则 ·········· 128
5.1.1 电力系统厂网协调模式 ······························ 128
5.1.2 流域梯级电站群层级区划原则 ························· 130
5.2 流域梯级电站群短期发电计划编制与经济运行一体化调度 ········· 132
5.2.1 流域梯级电站群短期发电计划编制与厂内经济运行 ········· 132
5.2.2 流域梯级电站群短期发电计划编制与经济运行模型及耦合特性 ·· 134
5.2.3 短期发电计划编制与经济运行一体化调度模式 ············· 139
5.2.4 发电计划编制与厂内经济运行流量/出力精细化分配方法 ······ 141
5.2.5 实例研究 ··· 142
5.3 流域梯级电站群跨区域多电网短期联合调峰调度 ·············· 150

5.3.1　流域梯级电站群跨区域多电网送电及调峰问题 ……………………………151
5.3.2　短期多电网调峰调度模型 ……………………………………………………152
5.3.3　短期多电网调峰调度模型求解方法 …………………………………………155
5.3.4　实例研究 ………………………………………………………………………160
5.4　小结 ………………………………………………………………………………172
第6章　流域梯级电站群与多能源系统联合互补调度技术 ………………………174
6.1　区域水火单目标优化调度 ………………………………………………………174
6.1.1　水火电网耦合系统单目标运行特性 …………………………………………174
6.1.2　水火电力系统短期联合优化调度模型 ………………………………………175
6.1.3　水火电力系统单目标仿真研究 ………………………………………………176
6.2　区域水火电力系统多目标优化调度 ……………………………………………184
6.2.1　水火电力系统短期多目标联合优化调度模型 ………………………………184
6.2.2　水火电力系统多目标仿真 ……………………………………………………186
6.3　流域梯级电站群与火电、风电多目标互补优化调度 …………………………190
6.3.1　水火风多能源互补特性 ………………………………………………………190
6.3.2　水火风多能源短期联合互补优化调度模型 …………………………………193
6.3.3　水火风电力系统仿真 …………………………………………………………196
6.4　小结 ………………………………………………………………………………207
参考文献 …………………………………………………………………………………208

第1章 绪　　论

1.1　流域梯级电站群发电特性

　　能源与经济增长密切相关,经济增长水平取决于其对能源需求的满足程度。当前,能源问题已成为制约我国社会经济可持续发展的一大瓶颈,解决好能源问题对我国国民经济和社会经济的持续健康发展,有着极其重要的战略意义。在我国当前电网能源结构中,仍以火电、水电能源为主,以核能、风能、太阳能等新能源为辅,化石能源依存度高,环境污染严重。在电网能源结构逐步调整的过程中,亟须通过多能源间的协同优化调度提高清洁可再生能源的发电比重,降低化石能源消耗和污染物排放。为此,国务院办公厅下发《节能发电调度办法(试行)》文件,其中强调指出"在保障电力可靠供应的前提下,按照节能、经济的原则,优先调度可再生发电资源,按机组能耗和污染物排放水平由低到高排序,依次调用化石类发电资源,最大限度地减少能源、资源消耗和污染物排放"(叶秉如,2001)。

　　水能资源是指以位能、压力能和动能等形式存在于水体中的能量,也称为水力资源(叶秉如,2001)。我国河流的水能资源总蕴藏量居世界之首,根据全国水力资源复查工作领导小组办公室发布的复查成果,我国水力资源理论蕴藏量在 1×10^4 kW 及以上的河流共 3 886 条,水力资源理论年发电量为 $60\,829 \times 10^8$ kW·h,平均功率为 $69\,440 \times 10^4$ kW,技术可开发装机容量为 $54\,164 \times 10^4$ kW,年发电量 $24\,740 \times 10^8$ kW·h。1949 年后,我国水电建设取得了举世瞩目的成就,为实现水电流域梯级滚动开发和资源优化配置,规划并形成了以长江上游、黄河中上游、乌江、澜沧江、怒江为代表的十三大水电基地,在推动西部大开发和区域经济建设中起到了极大的促进作用,我国水电装机容量跃居世界首位(周建中 等,2010b)。然而,随着国民经济的高速发展,电力长期供不应求的局面还未根本扭转,虽然水能资源丰富,但目前水电开发程度按容量计仅为 23.7%,严重滞后于欧美发达国家的水电能源开发程度。同时水电在电源结构中的比重不断下降,水电装机容量在全国电力总装机容量的比重由最高时的 32%(1984 年)下降为 20.67%(Zhang et al.,2008),水电在能源供应总量中的比重不断下降是我国丰富的水能资源未能充分开发的必然结果。这不仅使水电建设速度无法满足国民经济发展和电力能源的需求,也使火电规模进一步扩大,加重了化石能源生产和运输的压力,极大削弱了区域电网调峰、调频和事故应急能力,严重影响了建设坚强智能电网和全国互联大电网背景下电力系统的安全稳定运行。

　　目前,我国能源仍以煤炭为主,由于石油、天然气等资源短缺,火电站仍然以燃煤发电为主,带来了硫、磷氧化物等有害气体的排放,二氧化碳引起温室效应等环境问题,对人类生存和社会经济发展带来了严重的危害（Liu et al.，2011；Mcnally et al.，2009；Zhang et al.，2008）。水能资源作为一种清洁可再生的优质能源，具有运行成本低、机组快速启停、调峰调频容量备用等优点，在我国能源供应中占有重要地位，因此，优先开发利用水电能源，大量压缩一次能源消耗总量，减少化石能源在一次能源消费中的比重，是我国能源结构调整的必由之路（Jia-Kun，2012）。能源发展"十二五"规划中制定了"大力发展水电，优化发展火电，积极发展核电，努力发展新能源"的发展政策，把水能资源的开发和利用放在国家战略的重要位置上，不但可以充分利用我国水能资源，还直接关系国家节能减排目标的实现和能源可持续发展战略（郑守仁，2007）。

水电开发难以满足国民经济发展需求，供电端电能供应和受电区负荷需求时空分布不匹配是我国电能供应存在的主要问题。因此，必须进一步加快水电站建设，增强电力供应能力，深化能源结构调整，加强电力系统和电站运行的科学管理，不断提高水电站及其互联电力系统运行管理水平。作为电力系统中的重要电源，水电站运行与调度的主要目标是充分利用水能资源，发挥水利工程设备和水库对径流的调蓄潜力，保证电力系统安全可靠、优质经济供电，最大限度地满足社会经济的用电需求，降低电力系统中一次能源消耗，从而达到减免水灾、增加水利、充分发挥水利工程综合经济效益的目标。

长江中上游地区是我国水能资源最为丰富的河段，具有巨大的调节能力和梯级补偿效益，并规划建设了一系列大型水利水电枢纽工程，我国规划的十三大水电基地中有 5 个处在长江中上游地区（Chang et al.，2010；Brown et al.，2008）。近年来，随着金沙江、雅砻江、大渡河、岷江、嘉陵江、乌江等长江干支流上大型水利枢纽的相继建成和投运，流域梯级水电站群系统规模逐渐庞大，水力、电力联系日趋复杂，协同发电调度、供水生态安全、水电站综合效益发挥等问题更加突出，给长江中上游水电站群协同优化与统一管理带来了极大的挑战（Cheng et al.，2012）。现有的调度理论和方法忽略了大规模水电站群不同调度期运行需求的组织协调关系，难以适应水电能源快速发展背景下流域水电站群联合优化运行的新要求，严重影响了水能资源的高效利用和水利枢纽综合经济效益的充分发挥。因此，以实现水能资源的高效利用和大型水利枢纽综合经济效益的充分发挥为目标，研究流域大规模梯级电站群协同发电优化调度的理论方法和关键技术，对推进国家能源安全战略、贯彻节能减排能源政策及实现生态文明建设具有重要的理论现实意义。

1.2　流域梯级电站群发电优化调度技术研究综述

1.2.1　多尺度发电优化调度

1.　中长期发电优化调度

水电站中长期调度研究较长时期（年或多年）内水电站最优运行调度方式，与短期运行调度相比,水电站在长期内利用的天然径流分布不均,与电网负荷、用水需求不相适应,因此,入库径流的随机性和水电站对天然径流的调蓄作用对水电站的中长期调度有着直接影响。当水电站规模一定时,水电站长期运行调度主要取决于天然入库径流的大小,在设计枯水条件下,水电站只能采用可以保证满足电力系统可靠性要求的运行方式;在一般丰水条件下,水电站应在满足电力系统负荷需求和防洪、供水、航运、生态等综合利用需求的条件下,充分利用多余入库径流,采用长期最优运行方式实现经济效益的最大化;在特枯来水条件下水电站应在正常工作不可避免遭到破坏的情况下,采用优化方法尽量减少损失。在天然入库径流一定时,水电站长期运行调度主要取决于水电站调节能力,没有调节能力或调节能力小的电站无法改变较长时期内天然径流与电力负荷、用水需求不适应的情况,而具有较大调节能力的水电站不仅能进行短期调节,还可以对长时期内剧烈变化的天然入库径流进行调节,蓄丰补枯,以更好地适应电力负荷和综合利用要求。

梯级水电站中长期发电调度的基本内容是,在已知梯级水电站预报径流过程的基础下,寻求所采用优化准则达到极值的梯级水电站出力和相应的梯级水电站蓄泄状态变化过程,根据运行要求和目标不同,水电站中长期发电调度的优化准则包括发电量最大准则、发电效益最大准则和调度期内最小出力最大准则。对于中长期优化调度求解方法,主要包括数学规划算法和现代智能算法两大类。数学规划算法中的典型代表是动态规划算法及其改进算法。刘攀等(2007)依据 Bellman 优化原理将水库优化调度按阶段划分为一系列多目标决策子问题,提出了一种求解水库优化调度问题的动态规划–遗传算法;程春田等(2011a)在分析离散微分动态规划(discrete differential dynamic programming,DDDP)算法的基础上,提出了基于分治模式的梯级水电站长期优化调度的细粒度并行DDDP算法;宗航等(2003)在深入分析了传统逐步优化算法(progress optimality algorithm,POA)优缺点的基础上,提出了 POA 改进算法的思想;马立亚等(2012)建立了基于动态规划逐次逼近法(dynamic programming with successive approximation,DPSA)的梯级水电站群中长期优化调度模型,有效解决了汉江上游梯级电站群联合优化调度时出现的"维数灾"问题。近年来,现代智能算法广泛应用于水电站优化调度问题的求解中。张双虎等(2007)对递减惯性权值进行了改进,提出了一种改进自适应粒子群算法;王少波等(2006)提出了一种根据个体优劣和群体分散程度对遗传控制参数进行自动调整的自适应遗传算法,较好地解决了标准遗传算法在应用中遇到的收敛性差和容易早熟等问题;郑慧涛等(2013)结合差分进化算法的全局搜索和混合蛙跳的局部挖掘性能,构建了双层交互的混合差分进化算法,有效解决了标准差分进化算法随着解链长度的增加算法求解性能下降、易于陷入局部最优的问题。中长期调度可以作为水电站总体运行情况的评估,虽无法指导电站的实际生产,但可根据长期径流预报制订来年发电计划、次月发电计划等,同时为短期运行调度确定计算边界条件提供数量依据。

2. 大规模梯级电站群短期优化调度

随着我国一批巨型水电站的建成和投运,大规模流域梯级电站群已逐步形成,由此,在互联大电网背景下水电站优化调度规模已经由单一水电站调度转变至流域梯级水电站群调度,尤其是西南诸省电网更将面临跨流域梯级电站群的联合优化调度,迫切需要考虑电网需求和梯级电站群出力的协同关系,针对大规模梯级电站群短期联合优化调度进行系统研究。为此,许多学者针对这一问题开展了大量研究工作。

刘建华等(1991)采用网络规划法对四川龙溪河梯级电站的短期优化调度问题进行计算,计算结果满足系统要求,提高了经济效益;尚金成等(1998)提出一种由周期平稳日优化模型和过渡日优化模型构成梯级水电站短期优化调度方法,并推导出了考虑梯级电站间水流时滞的梯级水电站日优化运行的最优性条件;陈森林等(1999a,1999b)提出水电系统短期优化调度的一般性准则,建立了相应的数学模型,并导出系统中水电站的性能指标函数,在此基础上提出以梯级为子系统的空间降维和以电力电量平衡为手段的时间降维方法进行求解,将此法应用于福建闽江流域 12 个梯级电站群,优化效益显著;梅亚东等(2000a,2000b)针对黄河上游龙羊峡、李家峡、刘家峡梯级电站群的短期优化调度问题,建立了包括机组开停机历时和蓄水位约束的优化调度模型,提出等微增率与专家规则相结合的迭代求解方法,开发了相应的调度软件;王仁权等(2002)、吴迎新等(2002)对福建电网梯级电站群的二十多个水电站展开短期优化调度研究,给出详细求解方法,为大规模水电站短期优化调度提供了例证;程春田等(2012,2011b)、申建建(2011)、武新宇等(2012)针对大规模水电站短期优化调度问题进行了深入研究,针对工程实际出现的高水头多振动区和多电网调峰问题,提出大规模复杂水电站群短期优化调度的总体框架与求解方法体系,开发了具有良好通用性、交互性和智能化的调度系统软件,所提方法和系统应用于南方电网,发挥了很好的作用。

3. 日发电计划编制与厂内经济运行

日发电计划编制与厂内经济运行是水电站短期优化调度的重要组成部分,涉及电站水调部门、电调部门及电网调度处等多部门,在复杂的水力电力联系下,如何充分发挥各电站的水力、电力调节作用,协调水量调度与电量调度部门,合理分配中长期调度对短期调度的能量输入,实现水电站发电计划编制与厂内经济运行的有机结合,提高电站的水能利用率和发电效益,是流域梯级电站群短期优化运行亟须解决的关键工程问题。

1)水电站日发电计划编制

近年来,针对水电站日发电最优计划编制问题,已有研究建立了在满足系统安全运行约束条件下以水电站发电量最大的数学模型,采用动态规划、POA、智能优化等求解技术对模型进行求解,并开发相应的优化软件,为电网调度决策提供依据;于尔铿等(1997)运用网络流规划法解决水电站和抽水蓄能电站的日发电计划,同时满足电力系统各项约束条件;王雁凌等(2000)根据我国电力市场现状,提出优化排序法进行日发电计划编制,并动态调整计算过程的负荷平衡、旋转备用与日发电量权值等,获得较高的求解精度;蔡建章等(2003)以云南电网为背景,通过改进月合约中超合同和以水补火电价的策略,进行过渡期日发电计划编制,实现竞价上网;杨俊杰等(2004)提出了基于智能变异算子和约束修复算子的启发式遗传算法,并将其应用于电力系统日发电计划编制中,求解速度有显著提高；蒋东荣等（2004）综合考虑各发电公司的申报上网电价与原有购售电合约，提出电力市场环境下电网日发电计划的电量经济分配策略，但对全停机组和半停机组的调整仍存在不确定性，需要进一步改进；黄春雷等（2005）分别以水电站群调峰电量和发电量最大为目标，建立基于典型负荷的水电站群日计划模型，将该模型用于四川电网水电站群，计算结果表明该模型减少了电总弃水量，且显著提高了梯级电站群的发电量和调峰电量；之后，黄春雷（2006）在分析日发电计划的随机性、确定性和稳定性等特征的基础上，提出一种基于径流随机特性的水电站逐日电量计划制定方法，有效提高了水能利用率；梁志飞等（2008）针对传统日发电计划功能单一且难以实现准确的安全校核与网损管理这一缺陷，建立了协调经济与安全目标的日发电计划模型，并提出了交直流混合迭代优化算法和交流潮流分析与有功优化的一体化决策方法；姚跃庭等（2008）、蔡治国等（2010）针对葛洲坝水电站日发电计划编制问题，分析总结葛洲坝水电站多年调度经验，阐明了机组出力多重影响因子的耦合关系，建立了葛洲坝水电站日发电计划编制模型，对每台机组进行出力仿真，实现发电量引用流量的最优分配。

2）水电站厂内经济运行

水电站厂内经济运行以电网审批下达的次日发电负荷曲线为输入，以水电站逐时段的负荷和运行状态为输出，以水电站耗水量最小（此处主要研究具有调节性能水库的水电站）为目标，制定水电站次日最优运行方式，以提高水电站发电效益，充分利用水能资源。由于实施水电站厂内经济运行能够增加水电站 1%～3%的经济效益，对水电站厂内经济运行的研究越来越受到发电企业和学术界的重视，成为研究热点。20 世纪 80 年代张勇传以湖南柘溪、凤滩水电站为研究对象，结合电站自身运行特性，开展了水电站厂内经济运行的研究与应用，从而提高了水库运行效益；文庭秋（1984）介绍了基于美国DYNABYTE 微型计算机和国产的生产通道的微型计算机系统，将该系统应用于水电站厂内经济运行，提高了水电站经济效益；肖翘云等（1986）在西津水电站开展了厂内经济运行的应用研究，采用机组间最优负荷分配方案运行，提高了经济效益，发电效益显著增加。在水电站厂内经济运行的数学模型描述方面，20 世纪 90 年代末，梅亚东等（1999）考虑机组空载和强行开机约束等因素，建立了含有 0～1 变量的水电站厂内经济运行模型，并指出在厂内经济运行过程中，开机台数的变化导致引用流量变化较大，机组组合方案的影响次之，机组间的负荷分配影响最小；同期，马跃先（1999）与河南省水电公司、昭平台水库和青天河水库等单位合作，针对孤网中的小型水电站，提出定负荷或定流量的厂内经济运行方式，开发小型水电站厂内经济运行软件，并在一些小型电站投入使用，获得良好的效果；路志宏等（2003）、徐晨光等（2003）分别研究了基于开关控制策略的厂内经济运行模型和中小型水电站厂内经济运行准实时系统的设计与实现方法，有效划分了水力发电机组的安全运行区和非安全运行区，根据电网负荷和水电站水头的实时变化情况进行优化计算，实现水电站厂内经济运行；张祖鹏等（2010）根据葛洲坝水电站大江、二江尾水位流量曲线的不同特征，建立了以入库流量、坝前水位和计算时段为参数的二层厂内经济运行模型，阐明了不同入库流量下大江、二江水电站间的最优负荷分配规律。

　　水库水电站厂内经济运行数学模型多以一定时段内耗水量最小为目标，主要求解方法有动态规划（程春田 等，2008；刘胡 等，2000；姚齐国 等，1999；Chang et al.，1990；权先璋，1983）、等微增率（张勇传，1998；田峰巍 等，1988）、POA（万俊，1992）、非线性规划（田峰巍 等，1987）及现代智能优化算法（张智晟，2011；李刚 等，2009；赵雪花 等，2009；杨鸿峰 等，2009；申建建 等，2008；李崇浩 等，2006；徐晨光 等，2005；袁晓辉 等，2000；王黎 等，1998；姜铁兵 等，1995）等，水电站实际运行过程中以动态规划和等微增率最为常见。动态规划法用于研究水电系统的实时监控和优化调度问题，能够很好地适用于机组台数较少的电站。王定一（2001）在确定水电站最优运行机组组合时采用分阶段优化的动态规划，在确定机组间负荷分配时采用等微增率法，在葛洲坝二江电厂得以应用；田峰巍等（1988）将大系统优化理论应用于水电站厂内经济运行中，与等微增率和动态规划法比较，在求解大型多机组电站时计算时间更短，求解精度更高；万俊（1992）首次提出用 POA 求解水电站厂内经济运行机组间的有功功率最优负荷分配。最近一二十年，现代智能算法也用于水电站的经济运行中。袁晓晖等（2000）将实数编码技术和拟梯度遗传变异算子应用于厂内经济运行，获得了较好的效果；姜铁兵等（1995）运用基因遗传算法求解水电站厂内经济运行问题，获得了较好的时效性；申建建等（2008）提出改进蜜蜂进化算法，以乌江渡水电站为实例，进行厂内经济运行应用，结果表明该方法可行且有效；蒋传文等（1999）依据混沌运动的遍历性、随机性、规律性等特点，提出一种收敛速度较快的混沌优化方法，用来求解水电站厂内经济运行问题。

　　目前来说，水电站的厂内经济运行理论和技术都比较成熟，工程效益相当显著。但在日发电计划编制与厂内经济运行相匹配等方面还鲜有专家学者研究，在电网巨型水电站的实际运行过程中，仍存在一系列亟待解决的科学问题和技术难题。我国在水电站发电计划编制和厂内经济运行领域研究较多，却多集中在单一功能的优化设计，未充分考虑日发电计划编制与厂内经济运行间的相互影响，具有一定的局限性。现有研究工作主要集中在分别对日最优发电计划编制与厂内经济运行进行孤立的研究，存在发电计划编制和场内经济运行脱节问题。水调部门按平均出力估算下泄流量，导致在枯水期实际发电运行担任基荷时，电调部门进行厂内经济运行后基荷流量较小，可能无法满足最小流量要求，电站下泄流量与出力没有有机统一，存在发电计划编制与发电任务执行的脱节问题。同时，发电计划编制以发电量最大为优化目标进行机组出力过程预报，厂内经济运行则是以耗水量最小为目标执行电网下达的发电任务，忽略了两个优化目标存在的较大差异。在水电站实时运行过程中，为了同时满足电站最小下泄流量和电网负荷要求，电调需要与水调部门反复沟通和调整，并上报电网，复核下达指令，过程极为烦琐，极大地增加了调度人员的工作强度。目前的研究工作大多忽略了厂内经济运行对日发电计划结果的实时正向修正影响，缺乏对日发电计划与厂内经济运行互为指导作用的综合分析及研究。因此，亟须开展发电计划编制与厂内经济运行一体化的相关研究，充分发挥水电能源在智能电网中的调峰、调频、调相、事故备用和补偿调节等功能，为提高电站安全经济运行水平提供理论依据与技术支撑。

4. 水电站实时自动发电控制

实时调度是水电站优化调度得以实现的最终执行环节,与实时入库径流信息、电网负荷变化紧密相关。在电网中,水电站发电实时调度由自动发电控制（automatic generation control, AGC）系统根据电网实时负荷变化,在线将所需负荷优化分配至电站及机组,以保证电网的安全、稳定、经济运行。在西方国家,由于水电开发得比较早,绝大多数已经实现对水电站的实时控制并能做到无人值守。20 世纪 30 年代末,苏联研制出第一个频率调整器,在斯维尔斯克（Свирск）水电站得到应用（刘维烈,2005）;70 年代,美国开发了基于计算机集中控制的现代 AGC 系统,在北美、西欧得到普遍应用,并制定了 AGC 的运行准则;到了 90 年代,加拿大开始将经济运行功能引入发电管理子系统,使 AGC 成为水电站实时管理系统的一个重要组成部分。各国均相继开展了 AGC 的研究与实践,但是,在 AGC 运行过程中对水库来水突变、机组振动等因素引起的水电站运行异常没有引起足够关注（王桂平,2011;杨建东 等,2011）,如 2008 年 8 月 17 日俄罗斯最大水电站萨扬-舒申斯克水电站由于未躲避机组振动区而引发爆炸,需要进一步提高运行管理水平,使 AGC 技术更加完善。

我国水电行业已经提出"无人值班"（少人值守）多年,但在具体实施上还没有固定的模式和规范,只是朝着远程集控的方式实施,离实时自动调度实施还有一定的距离。在综合各种监控信息基础上,建立电网水电站群实时调度自动化系统,充分发挥水电站在电网中的安全、经济作用将是水电站优化运行的重要发展方向。20 世纪 80 年代中期,随着我国电网调度自动化系统的建设,水电站 AGC 发展迅速,也成为大量专家学者的研究热点。20 世纪 80 年代初,方辉钦（1996,1993,1982）详细介绍了 BBC 公司水电厂监控系统,主持设计了葛洲坝水电站的计算机监控系统,并深入研究了无人值班水电站的设计和技术要求;伍永刚等（2000）提出将水电站 AGC 负荷给定值直接下达给调速器的负荷调节策略,并利用过渡分配方案有效避免了大负荷调节时水电站的出力不足和小负荷波动时机组负荷的频繁转移问题;王健（2004）从电网角度出发,分析了大中型水电站参与电网 AGC 可能出现的电网安全问题,并提出了在水电站监控系统建设中应考虑的安全防护措施和电站异常运行的应急处理规则;蒋建文等（2007）通过设置最小下泄流量,限制水电机组功率调节步长,解决了紫坪铺水电站 AGC 运行中功率变化过大问题;曾火琼（2008）探讨了水电站 AGC 与电网一次调频的配合方式,并建议在 AGC 本地控制环节增加允许功率偏差、频率死区等约束限制,实现水电站 AGC 与电网一次调频的良好配合;李国怀等（2011）介绍了小浪底水电站实时调度系统在软件、硬件方面的升级改造过程,改造后的运行结果表明,与原系统相比在安全性、稳定性和实用性等方面均有较大提升;程抱贵等（2011）根据龙滩水电站机组功率调节方式和调速器特性,提出适合龙滩水电站的机组一次调频和 AGC 二次调频的优化控制策略,取得了较好的应用效果;龚传利等（2008）分析了三峡右岸 AGC 运行模式和调度模式的特点与关系,提出自适应学习调频方法、功率跟踪和补偿、分步调节算法与修正等容量比例负荷分配等措施,提高了三峡水电站的运行效率,保证了电网安全。

水电站 AGC 理论发展至今已经比较成熟，工程应用方面也取得较大进展。在我国，长江支流丹江口水电厂计算机监控系统是国内首次成功应用分层分布式计算机的监控系统，具有 AGC 功能；葛洲坝二江水电站的计算机监控系统为国内首批自主开发系统，其中 AGC 部分包括经济运行功能；90 年代初，华东电网的新安江水电站和富春江水电站具备并参与 AGC 运行；之后兴建的二滩水电站、龙滩水电站、三峡水电站、向家坝水电站、溪洛渡水电站等大型水电站实现了 AGC，但流域梯级 AGC 和水库异常情况下的自动决策方面少有工程实践，AGC 的工程化和实用化仍需要进一步研究和发展（方辉钦，2004）。电网水电站群在线调度将从过去中期、长期、短期水库群调度粗线条的决策支持发展为基于一定智能化自动决策的水库群实时调度，实现集预报、调度、实用自动决策、实施方案风险分析、异常报警预警和误差校正等功能为一体的电网水电站群在线调度，充分发挥水电站群在电网中的整体效益，提升电网供电质量。

1.2.2　多目标发电优化调度

流域大规模水电站群协同优化调度需要综合考虑防洪、发电、供水、航运、生态需水和电网安全等相互竞争、不可公度的调度目标，是一类多约束、多阶段、多目标的复杂优化问题（覃晖，2011）。近年来，水电站群多目标优化调度已成为国内外学者研究的热点问题，建立了一系列满足不同运行需求的多目标优化调度模型，并提出相应的求解方法。卢有麟（2012）根据对目标函数处理方式的不同，水电站多目标优化调度的求解方法可分为两类：一是通过权重法、约束法、惩罚函数等方法（冯尚友，1990）将多个调度目标拟合成单目标优化问题进行求解；二是以 Pareto 多目标优化理论为基础，采用多目标进化算法（multi-objective evolutionary algorithms，MOEAs）对模型进行求解。

1.　转化为单目标的求解方式

王兴菊等（2003）将综合利用水库的多目标优化调度理论应用于水库调度过程中，以满足用水保证率条件下供水量最大为目标建立多目标调度模型，在沐浴水库等多个综合利用水库的生产实践得到验证；彭杨等（2004）以流域防洪、电站发电及河道航运为基本目标建立了水沙联合调度多目标决策模型，并采用约束法和权重法对多目标模型进行求解，有效解决了蓄水期泥沙淤积问题；尹正杰等（2005）提出了一种以累积缺水最小为目标的水电站多目标供水调度模型，同时采用一种混合模拟和遗传算法的方法对该规则的参数进行优化；吴杰康等（2011）以梯级水电站总发电量最大、总弃水量最小及调度期末蓄水量最大为目标建立了多目标优化调度模型，同时提出了基于改进隶属度函数的计算方法对该模型进行高效求解；Chang 等（1997）为寻求水电站及库区综合效益的最大化，建立以水库库区水质和水库综合利用经济效益为目标的多目标优化调度模型，并提出模糊集多目标规划方法对模型求解；Kumar 等（2006）以防洪风险最小、农业用水缺额最小和发电量最大为目标建立水电站多目标优化调度模型，采用约束法将多个目标转化为单目标问题进行求解；Mehta 等（2009）为减小洪旱灾害带来的损失，建立了以保障供水、农业灌溉、电站发电为目标的多目标调度模型,并开发了以模糊神经技术为基础的水库决策支持系统;Foued 等(2001)以突尼斯北部水电站群系统为研究对象,以最适宜含盐度、泵站运行成本最小为目标建立了多目标调度模型,采用了随机目标规划方法对模型进行求解。将多目标问题转化为单目标优化问题进行求解可降低求解难度,并适合应用于约束条件复杂、调度目标众多、目标间缺乏明显数学关系的水电站多目标优化调度问题。然而,该方法同样存在一定缺陷和不足:目标权重或模糊隶属度难以准确反映目标之间的耦合与制约关系,包含一定的主观权重;一次计算只能得到一个调度方案,需要对计算方法反复修改迭代才能生成一组多目标调度方案集,计算效率较低;当目标前沿非凸时,求得的调度方案集难以反映出 Pareto 的真实前沿特征(Deb,2001),因此,多目标进化算法的研究逐渐成为水电站多目标优化调度研究的热点。

2. 多目标进化算法

早在 1967 年,Rosenberg(1970a,1970b)提出将进化搜索算法用于求解多目标优化问题;Schaffer(1984)在计算机中实现了向量评估遗传算法;Goldberg(1989)在其著作 *Genetic Algorithm for Search, Optimization, and Machine Learning* 中提出了用进化算法实现多目标的优化技术,对多目标进化算法的研究具有重要的指导意义。近年来,随着智能优化理论的发展,多目标进化算法因其显著的优势得到极大发展,作为基于群集智能优化的进化算法,它的一次计算能同时优化多个调度目标并获得一组非劣调度解集,同时,MOEAs 能适应非劣前端不规则的实际工程多目标优化问题,被广泛应用于流域梯级水电站多目标优化调度问题的求解中。Kim 等(2006)以水电站下泄流量和末水位最高为目标建立了水电站多目标优化调度模型,并将其应用于韩国汉江流域的梯级水电站群优化调度中;Reddy 等(2007a,2007b,2007c,2006)针对传统多目标进化算法难以达到 Pareto 前沿的缺陷,提出了一种改进的多目标遗传算法(multi-objective genetic algorithm,MOGA)方法,并将其应用于印度某水电站,结果表明该方法能为决策者提供多种有利的水库方案;Baltar 等(2008)将原始粒子群法进行拓展和延伸,提出了一种多目标粒子群法,针对粒子多样性低、缺乏共享机制等缺陷进行了改进,并将其应用于梯级水电站群目标优化调度问题;Afshar 等(2009)提出一种基于支配归档集的蚁群算法,通过改进蚁群算法种群间信息素交换机制一次获得一组非支配方案集,并将其应用于以防洪、发电、农业用水为目标的水电站多目标优化调度问题的求解中,获得一组近似 Pareto 前沿的非劣解集;Chen 等(2007)以水电站发电效益和供水需求为目标,提出一种改进的多目标遗传算法对原有电站调度图进行优化,得到令人满意的结果;覃晖(2011)、覃晖等(2011,2010)构建了梯级水电站多目标发电调度、多目标防洪调度、多目标水火电调度模型,并提出一种基于差分进化的多目标优化算法,将其成功应用于三峡梯级水利枢纽;Li 等(2010)以洪峰流量最小和汛期坝前水位最低为目标,建立三峡梯级水电站多目标防洪优化调度模型,并提出一种基于自适应蛙跳算法的多目标进化方法对模型进行求解;周建中等(2010a)提出多目标混合粒子群算法对梯级水电站多目标联合优化调度模型进行求解,该方法通过建立基于自适应小生境的外部精英集维护策略,提高了计算的收敛性和非劣解集的多样性,三峡梯级水电站多目标优化调度应用实例表明该方法计算实时性强,分布均匀,收敛性好,可为梯级水电站的多目标调度决策提供科学依据。MOEAs的发展为水电站运行调度提供了有效的工具,但随着水电站群规模逐渐庞大、运行环境日趋复杂、功能需求更加多样,MOEAs在求解此类问题时仍然面临很多困难,特别是约束条件复杂、目标函数间解析关系不明确的多目标调度问题,仍需要进一步深入探索。

1.2.3　一体化与跨区域多电网发电优化调度

近年来,随着水电能源的进一步开发与利用,以资源、地理、经济关系为纽带自然形成了以"西电东送"为主要特征的输电网架,而特高压输电技术的发展为水电能源大规模远距离输电提供了有利条件(如南方电网"两渡直流"和国家电网"复奉直流""锦苏直流"的投入运行,水电跨省跨区输电规模实现迅猛增长,已成为长江三角洲、珠江三角洲等经济发达地区电网的重要电力资源),突破了大型梯级水电站联合调度运行的电力传送瓶颈问题。在当前外部能源供给趋紧、碳减排国际呼声渐强的大背景下,结合已有技术条件,实现大区(跨省跨区域)范围内的资源优化配置,取得联网送电效益,将更有利于加大中西部地区水能源资源的开发力度,以及促进电力工业可持续发展战略的有效实施。然而,已有基于单一省级电网的传统调度模式已不能满足新形式下水电跨网调度需求,因此,对跨流域水电站群多电网联合调度的进一步探索成为必然趋势(申建建,2011)。目前,相关学者针对水电跨网、跨区消纳这一工程科学问题已展开研究,并取得了一定的研究成果,如温鹏等(1999)建立了一种直调水电网间电力经济分配模型,对直调水电站逐时段出力在受端电网间的最佳组合及省际联络线上的最优功率交换计划制定方式进行了研究;武新宇等(2012)针对南方电网水电系统跨流域多电网调峰优化调度问题进行了深入探讨,提出了基于凝聚函数法和多目标模糊优选法的调峰目标替代式,并通过一种逐次逼近关联搜索方法对多重复杂耦合约束进行处理,制定出满足多个省级电网调峰要求的水电站出力分配计划;程雄等(2015)为实现大规模跨区特高压直流水电网省两级协调配置,提出了按需供给、多源互补的电力控制和电量控制优化模型,充分发挥出大规模跨区直流水电优质调峰作用;王华为等(2015)针对华中区域电网直调水电站跨电网消纳问题进行了研究,以电网余荷最值作为启发信息,提出一种水电站启发式多电网调度方法。上述研究针对梯级水电站群跨区多电网调度问题进行了深入的探讨,开展了诸多有意义的工作,并取得了丰硕的成果,但由于研究对象尺度的局限性及研究理论和方法的不完备性,其在实际工程应用中仍面临许多亟待解决的理论和技术问题。为此,仍需要组织力量,开展流域梯级水电站群多电网调度及其电力跨省区协调配置的理论研究与工程应用技术攻关。

1.2.4 多能源系统中的梯级水电站群发电优化调度

1. 电网水火电联合优化调度

电网水火电联合优化调度是节能发电调度的重要内容,对实现节能减排目标,引导电网电源结构向高效率、低污染方向发展具有重要意义。目前,以火电为主、水电为辅的我国电力系统能源资源配置模式单调,不同类型发电能源联合优化调度也严重不足,形成了煤炭资源消耗大、污染排放强度高、水电能源难以充分利用等现状。以节能、环保、经济为目标的电网水火电联合优化调度是合理利用有限电力资源的有效途径,同时也是水利电力部门普遍关注和亟待解决的难点问题。学术界与工程界对节能发电调度面临的问题、调度模式及运作机制进行了一定的探讨和研究。

Sherkat 等(1988)开发了一种简易可行的组太软件以实现水火电系统的中期和短期优化调度,将该软件应用于南美哥伦比亚水火电力系统,效果显著;Ferreira 等(1989)提出一种适用于多区域大规模水火电系统的优化模型,并用拉格朗日松弛法进行求解;Contaxis 等(1990)考虑水火电力系统中多库群的随机入流影响,将水火电力系统优化问题分解为火电机组检修、火电机组负荷分配和水电站机组负荷分配三个子问题进行优化,该方法应用于希腊水火电力系统中,获得了满意的优化效果,提高了电网经济效益;Rivera 等(1990)研究了水火电力系统中水电站群简化的评价指标,通过不同数量的数据进行计算,在保证效果最优的前提下找到需要的最少数据,有效减少计算时间;González 等(1999)结合西班牙水火电力系统的调度情况,提出水火联合调度的稳定性评价方法;Oliveira 等(2007)在水火电力系统优化调度基础上进行电力传输方案研究,权衡电力系统稳定性和设备投资费用,建立满足系统负荷要求下投资费用最小的优化模型,并将其应用于巴西和玻利维亚电网,获得较好效果。国内学者借鉴国外经验对我国节能发电调度模式下水火互济调度的研究提出了一系列建议。陈雪青等(1985)运用大系统理论求解水火电力系统短期优化调度问题,同时考虑了水电站水位变化、水流时滞和电网输电损失等,该方法应用于一个包含 17 个火电站、2 个水电站的水火电力系统中,经济效益显著;文福栓等(1991)探讨了水火电力系统短期优化调度的 Hopfield 连续模型,提出按时段分解优化调度问题,充分利用 Hopfield 网络的分布式存储和并行处理的优势,有效减少了存储空间,提高了计算速度;袁智强等(2004)在联营模式下建立了考虑机组最小开停机时间和水库水量约束的水火电力系统古诺模型,综合利用动态规划和迭代法对发电商的 Nash(纳什)均衡策略进行求解,仿真结果表明考虑最小开停机时长时,为了避免部分时段持续停机造成的利润损失,一些机组在利润为负的时候也要保持开机,考虑用水约束时,水电站有动力在电网负荷高峰时段保持留发电量;韩冬等(2009)探讨了电力市场环境中水火电联合优化调度问题,通过分析机组出力变化与分时电价波动之间的关系,以电力市场条件下总发电收益最大为目标建立水火电系统短期优化调度模型,仿真计算结果表明该模型合理有效;覃晖等(2011)、卢有麟等(2011)对水火电力系统的多目标优化调度问题进行研究,以系统运行费用最小和污染气体排放量最小为目标建立水火电力系统优化调度模型，分别提出多目标文化差分进化算法和混合多目标差分进化算法对模型进行求解，为求解水火电力系统经济与减排多目标问题提供了新的途径。

由于水火电力系统存在复杂的电力、水力联系，从数学角度讲它是一个具有复杂约束条件的大型、动态、非凸、有时滞的混合整数非线性规划问题，很难取得全局最优解。求解此问题的传统方法包括非线性规划（Kumar et al.，1979）、大系统协调法（Wang et al.，1993）、动态规划法（Liang et al.，1995）、拉格朗日松弛法（Salam et al.，1998）、网络流规划法（Heredia et al.，1995）等。Soares 等（1980）运用大系统分解协调方法，对含有 2 个火电站和 4 个水电站的水火电力系统进行求解；Ngundam 等（2010）采用拉格朗日松弛法对大规模水火电力系统进行求解；李朝安等（1988）对水库末水位不固定时水火电力系统最优运行方式开展研究，利用等微增率法求解火电子问题，采用降维动态规划法求解水电子问题，计算结果较好；朱继忠等（1995）运用网络流法求解了水火电力系统的电力负荷分配；韩学山等（1997）对水火电力系统进行较全面的分析与研究，采用改进网络流规划和大系统分解协调对水火电力系统进行经济协调。但传统算法受到水火电力系统规模和计算机计算能力的限制。近年来，针对大规模水火电力系统优化模型难以快速求解这一技术难题，遗传算法、模拟退火、粒子群算法、差分进化等现代智能优化算法由于不要求目标函数连续可微而得到广泛研究与应用，并取得良好的效果（Yu et al.，2007；Lakshminarasimman et al.，2006；Basu，2005；Gil et al.，2003）。Zoumas 等（2004）将遗传算法应用于水火电力系统中，并对含有 13 个水电厂、28 个火电机组的系统进行求解；马光文等（2000）将遗传算法与逐步最优原理结合，将其用于求解水火电力系统优化调度问题；袁晓辉等（2002）采用改进遗传算法对水火电力系统有功负荷分配问题进行了求解；Lu 等（2010）建立了基于自适应差分进化优化理论的水火电力系统短期发电优化调度模型并进行求解；李刚等（2006）以云南电网为背景，设计开发了基于 Web 的电网水火电日发电调度计划编制系统，提供发电厂日计划曲线、机组启停计划、水电站库水位日变化曲线、系统检修和备用安排，实现了水火电力系统短期日发电计划的快速编制。

2. 水火风多能源短期联合互补调度

水火风电联合互补调度是电网节能发电调度的重要内容，对国家节能减排政策的推行，以及电力系统高效、低碳化运行的实现具有重要意义。开展以节能、环保、经济调度为目标的水火风多能源联合互补调度，既是促进电力系统最大限度吸纳清洁可再生能源、减少化石资源消耗的有效途径，也是水利电力部门普遍关注和亟待解决的工程与科学难题。目前，国内外专家学者对电力系统节能发电调度面临的问题及多能源联合运行模式进行了一定的探讨和研究。在水火系统联合调度方面，已有研究基于智能优化理论，建立了以水能资源利用率最大、火电机组发电成本最小或污染气体排放量最小为目标的短期发电调度模型（Li et al.，2015；Basu，2014；Zhang et al.，2013；Basu，2004；Deb et al.，2002），提出了电网水火电日前发电计划的快速编制方法（申建建 等，2014a；孙时春 等，

1995），设计并开发了面向工程实际应用的水火电日前发电计划编制系统（李刚 等，2006；Sherkat et al.，1988）；在水风系统联合调度方面，已有研究通过水风线性规划建模（孙春顺 等，2009）、联合调峰调度运行仿真分析（静铁岩 等，2011）及联合补偿调度机理研究（畅建霞 等，2014），揭示了水电利用其容量支持风电，以减小风电弃风，而风电通过其季节性电量支持水电，从而减少弃水的水风互补特性，并在数学建模的基础上提出了水风互补调度运行方式；在风火系统联合调度方面，相关学者主要针对风电随机性的描述方法（Zhu et al.，2014；Liu et al.，2010；Hetzer et al.，2008）、风电不确定性的应对方式（Ji et al.，2014；Aghaei et al.，2013）及风电接入后的风险评估方法（周任军 等，2012）等方面进行研究，且多以经济和环境多目标调度为主。随着风电并网容量的逐渐增加，单纯的水风、风火调度已不能完全平抑大规模风电接入对电力系统造成的影响，因此，对水火风多能源短期联合互补调度的研究逐渐成为当前的热点。针对这一问题，王开艳等（2013）对大规模风电集中接入下的水火风电力系统协同运行方式进行了深入探讨，建立了以电力系统发电运行成本最小、水电弃水最少和火电出力最平稳为目标的多能源短期多目标发电调度模型，并确定出水火风电协同运行的最佳发电比例；白杨等（2013）提出了一种水火风协调运行的日前全景安全约束经济调度模式，建立了与该调度模式相对应的区间数模型，并设计了一种基于关键场景识别的模型高效求解方法，制定出可有效应对风电时空波动性的水火风安全经济调度决策方案；针对风电随机性带来的未来时段电力系统调峰问题，葛晓琳等（2014）建立了以电网能耗期望值最小为目标的风水火电力系统机组组合随机调度模型，制定出可满足多种风电随机场景下电力系统调峰要求的机组组合及功率分配方案；贺建波等（2014）构建了以系统运行经济花费最少和水火电出力最平稳为目标的水风火多目标协同优化调度模型，提出了基于电力不足期望（real-time EDNS，REDNS）的系统实时响应风险描述方法及基于改进多目标粒子群算法的模型高效求解技术，模型及算法的有效性在标准的 10 机测试系统中得到了验证；Yuan等（2015）将风电出力高估与低估情景产生的额外花费考虑进水火风电力系统，以系统发电成本最小和污染气体排放量最小为目标构建了水火风短期互补调度模型，并提出一种改进 NSGA-III（non-dominated sorting genetic algorithm III）对模型进行高效求解；Oliveira（2015）提出了一种基于随机双重动态规划和周期性自回归模型的水火风联合发电调度方法，并成功应用于以水电为主、风火电为辅的巴西电力系统运行调度中；为应对风电出力间歇性与随机性对电力系统带来的影响，Unsihuay-Vila 等（2015）提出一种基于备用容量配置最优的水火风系统日发电计划编制模型，通过对水电备用、火电备用、水火同时备用等不同发电情景下系统运行花费进行对比，总结出电力系统在不同工况下的最佳运行方式。

总得来说，水电与火电、风电联合运行受径流变化、电网负荷波动、风电固有的间歇性和随机性等多种不可控因素影响，其互补调度目前仍存在大量理论研究与工程应用的瓶颈问题，需要广大学者继续深入研究与探索。

1.3　流域梯级电站群发电优化调度实践需求

　　流域梯级电站群协同优化调度平台体系建设是实现水资源优化配置的重要支撑，其关键技术问题的研究和原型系统的集成示范是梯级电站群联合优化调度的重大需求。现有流域梯级电站群联合调度研究的主要成果包括：华中科技大学开发的区域电网水火电联合优化调度系统、电力市场环境下三峡梯级水电能源优化调度系统、金沙江水调管控一体化平台；武汉大学开发的水库调度决策支持系统在东北电网和西北电网的应用；大连理工大学针对华东区域电网、云南电网、贵州电网开发的省级电网水火电联合调度系统；国网南京自动化研究院开发的水库调度决策系统在多个网省调、流域公司和大中型水电站的应用（如四川电网、华东电网、甘肃电网、广西电网、沅水流域、黄河流域、三峡水电站、天生桥梯级水电站等的运用）等。然而，虽然我国流域梯级电站群联合调度研究取得了阶段性进展，但综合考虑多目标、多电网调度模式下区域与跨区域水电站群联合优化调度的研究成果及相应集成应用示范却较少。

第2章 流域梯级电站群协同发电优化调度技术体系

2.1 流域梯级电站群协同发电优化调度的内涵与外延

流域梯级电站群协同发电调度是在单一电站水库优化调度的基础上发展起来的，是兴利调度的一种，主要任务是在保证各级电站大坝安全及下游防洪与生态安全的前提下，协同安排各级电站的下泄流量及出力，使梯级电站群发电兴利效益最大。协同本质是研究如何通过多个个体或目标，以协同方式形成一种有序的系统整体，对水库调度多目标协同而言，其重点之处在于各个目标的相变特征及相互之间的影响关系。

2.1.1 流域梯级电站群协同发电优化调度的内涵

从流域梯级电站水能利用角度出发，"协同"二字具有丰富的内涵，主要包括三个方面。

（1）多级电站的协同，指流域上下游、干支流等多级电站的协同，在流域的统一协调和管理模式下，整体利益大于单级电站的非整体运行利益。往往以流域梯级电站群发电量最大或者蓄能最大为目标，能够实现水能资源的最大化利用。

（2）多时间尺度的协同。发电调度从时间尺度上分为中长期、短期、实时三个尺度。中长期发电调度是进行发电计划编制的基础，以发电量最大为目标，以达到水能资源的最大化利用；短期和实时发电调度则用于电网的调峰调频，以削峰填谷为目标，提高电网供电质量，中长期、短期和实时的协同嵌套能够实现电站的精细化调度。

（3）多目标间的协同，指流域梯级水电站发电多目标间的协同，主要涉及发电总量、发电保证出力、调峰量等目标。通过对上述发电目标间的协同，如梯级总发电量与发电保证出力的协同，能够同时满足多个目标，减少电网调度不同目标间的冲突，充分利用水能资源。

2.1.2 流域梯级电站群协同发电优化调度的外延

从流域梯级水电能源与电网的互联角度出发，"协同"二字具有丰富的外延，主要包括两个方面。

（1）流域与电网的协同。由于现有互联大电网下流域水能资源联合优化调度还缺乏统一有效的管理和协调机制,电力供需矛盾日益突出,易出现负荷峰谷差过大与调峰容量不足的情况,在负荷低谷时段,水电站往往被迫降低出力运行而弃水,导致整个电网经济效益大大降低;同时,流域梯级各电站主体往往根据电站自身经济利益而无序调度,导致水电资源得不到充分利用。因此,从电网角度考虑,充分利用水电清洁能源,从流域发电计划编制与梯级电站厂内经济运行一体化角度及跨区域电网协同角度考虑,进行流域梯级电站群发电优化调度研究,可减少弃水的产生,充分发挥流域整体效益。

（2）多种能源间的协同。水火电力系统中,单一水电站的运行方式与系统中其他水电站和火电厂的运行方式紧密相关。为充分利用水能资源,实现节能发电调度,在水火或者水火风电力系统中,水电站的发电优化运行方式需要在电力系统其他能源协同优化运行的基础上确定。水电能源与其他能源协同发电优化调度的目标是在满足系统电力负荷平衡、水量平衡及各种约束的前提下,提出水电站与其他能源电站的负荷最优分配方式及最优调度方式,使系统化石能源耗费最小,以充分利用水能和风能等清洁能源,实现节能减排。

2.2　流域梯级电站群协同发电优化调度类型

近年来,随着我国水电开发规模逐步扩大,流域梯级电站群运行调度环境日益复杂,现代水资源及水电能源系统优化运行问题正朝着大规模、多尺度、多目标、多电网方向发展,其优化运行研究从单一时空尺度、单目标最优转变为流域及跨流域可变时空尺度下的流域一体化协同优化,面临着来自水文气象、调度模式及电网拓扑结构等诸多方面的影响和风险。此外,在新能源大规模并网和实施节能调度的发展趋势下,从电力系统整体角度出发建立多能源联合调度机制,充分发挥不同类型电源的电力互补特性已成为新的需求,这些均为流域梯级电站群协同发电调度研究提出了更高要求。

2.2.1　多尺度调度

梯级电站群协同发电优化调度按时间尺度划分,可分为中长期调度、短期调度和实时调度。中长期调度一般以月、旬、日为时间尺度,安排水电站年、月、旬的运行计划;短期调度一般以 1 h 或 15 min 为时间尺度,安排水电站日运行计划;实时调度一般是根据电网实时负荷需求及水电站自身工况,安排下一时刻的运行计划。梯级电站群联合优化调度模型所反映的水电站调蓄过程受调度模型时间尺度影响,在实际调度建模过程中,需要充分考虑不同时间尺度下梯级电站实际调蓄过程和水电站的水能-电能转换关系,明晰时间尺度对调度模型所反映水电站调蓄过程准确度的影响规律,寻找既可较好反映水电站实际工况又能兼顾模型求解算法计算能力的梯级电站群联合优化调度模型。因此,针对不同时间尺度调度模型的循环嵌套机制及时间尺度对发电调度模型准确度影响的机理性分析一直是流域梯级电站群协同发电调度探究的热点方向。

2.2.2　多目标调度

流域梯级电站群多目标调度问题在现实电站群调度运行中有着迫切的实际需求。以已建的云南省澜沧江干流中下游梯级水库群为例，根据规划，云南省澜沧江干流中下游河段按功果桥、小湾、漫湾、大朝山、糯扎渡、景洪、橄榄坝、勐松"二库八级"开发，糯扎渡水电站需要承担下游景洪的农田及城市防洪任务，景洪水电站承担着供水任务，梯级水库群的联合调度运行还需要满足下游河段的航运需求及各河段的生态、环境用水需求，从远景规划看，各水库还可能再承担周边灌区的灌溉供水任务等。此外，我国西南主要河流上也都规划有非常重要的"龙头"水库电站，如金沙江的岗托水电站、龙盘水电站，澜沧江的如美水电站，怒江的马吉水电站，雅砻江的两河口水电站等，这些水电站调节性能优越，通常具有发电、防洪、供水、水资源配置等综合利用功能，综合效益巨大，经济社会效益显著。因此，在梯级电站群综合利用要求不尽相同甚至矛盾的情况下，如何综合考虑流域梯级水情、雨情、工情等情势效益，同时均衡兴利效益、资源综合利用和流域生态效益，实现流域梯级水电站群综合利用协调，是流域梯级电站群协同运行研究的重点与难点。

2.2.3　跨区域多电网调度

从我国资源分布与经济发展来看，水能资源主要集中在经济欠发达的西南地区，煤炭资源集中在西北与华北地区，电力消费集中在中东部地区，区域发展与能源分布极不平衡。为此，在当前外部能源供给趋紧、碳减排国际呼声渐强的大背景下，实现大区（跨省、跨区域）范围内的资源优化配置，取得联网送电效益，有利于加大中西部地区水能源资源的开发力度，有利于电力工业实施可持续发展战略，能更好地适应市场经济的需要。当前，以资源、地理、经济关系为纽带自然形成了以"西电东送"为主要特征的输电网架，而特高压输电技术的发展为大规模远距离输电提供了有利条件，突破了大型梯级水电站联合调度运行的电力传送瓶颈问题，这些条件共同使跨流域水电站群多电网联合调度成为可能。因此，在互联大电网背景下，打破以往的网省自我平衡模式，开展跨区多电网水电站群联合调度研究，科学地构建水电跨省区发电调度的模式体系（包括调度模型、跨省区发电调度实现模式），利用受端电网间的负荷互济特点，进行大规模、远距离、跨省及跨区域电力输送调度，充分发挥优质水电资源的调节性能，是流域梯级电站群协同运行研究的另一重点研究方向。

2.2.4　多能源调度

近年来，新能源及可再生能源技术飞速发展，目前已经形成了以风、光、水等多种可再生能源协同推进、并行发展的局面，新能源并网发电正在逐步成为产业发展的重要方向。但是，由于风电、太阳能等新能源发电具有随机性大、预测困难、间歇性强等特点，新能源的大规模并网将会影响电网的安全稳定运行，带来了新能源电力消纳和电网调峰调频方面的难题。水电具有启停快速、出力调整灵活的特性，能在电网低碳、安全运行中发挥支撑作用，随着统一调度范围的扩大，不同电力系统间水电与其他电源的互补性将逐步显现，在互联电网间或更大范围内实施低碳发电调度，其节能减碳效果及社会效益将明显优于分省调度模式。为了充分发挥水电在电网低碳、安全运行方面的支撑作用，必须在水电、风电和光伏多尺度时空相关性分析，水电和可再生能源互补规划与联合调度方面取得突破性进展，由此才能实现节能减排、构建坚强可靠电网的战略意图。因此，水电与新能源互补调度理论与工程应用成为梯级电站群协同运行研究的发展趋势。

2.3　流域梯级电站群协同发电优化调度中的关键问题

2.3.1　多尺度问题

传统梯级电站群联合优化调度建模研究多集中在水电站水电能转换关系、梯级水电站间水力联系的精细化模拟等方面，关于模型时间尺度对模型准确度影响的研究较少。在确定性径流情景下，模型时间尺度也是影响调度模型准确度的关键因子之一，且其对模型准确度的影响受其他诸多因子的扰动，呈现复杂的关联关系。因此，仍需要针对确定性径流情景下时间尺度对梯级水电站发电调度建模准确度的影响做深入研究。

2.3.2　多目标问题

现有基于运筹学的经典数学建模方法在解析不同调度目标对流域梯级效益响应机理上存在理论瓶颈，无法充分反映各目标间的耦合与制约关系；同时，传统基于"点对点"寻优机制的优化方法通常将多目标问题转化为单目标问题进行研究，且局限于单一或少量非劣调度方案获取，在处理具有非凸、非连续多目标前沿特性的调度问题时显得无能为力。因此，建立保障流域梯级电站群综合效益最大化的多目标均衡优化调度模型，探寻一次求解即可得到在多维目标域空间分布广泛和均匀的非劣调度方案集的算法，是梯级电站群多目标联合调度及其均衡优化研究面临的关键问题。

2.3.3　跨区域多电网问题

梯级电站群空间分布广泛，水力电力联系紧密，调节性能各异，需要在众多安全运行影响因素限制下，既实现不同层级电网的电力供需平衡，又保证跨流域大规模水电能源的高效利用。因此，如何针对水电站群短期调峰必须满足多个电网功率平衡等复杂应用要求，考虑梯级电站群间的水力、电力峰谷补偿效应，建立跨区多电网流域梯级电站群联合调峰优化调度模型，解决基于人工智能与传统优化技术相结合的实时优化求解技术，制定库群面向分区电网的联合调峰、错峰方案,快速响应电网突变负荷,实现新能源大规模并网下水电能源联合调峰优化和跨网消纳,是研究工作应用于工程实际必须要解决的关键科学问题。

2.3.4　多能源问题

在新能源大规模并网和实施节能调度的发展趋势下,现代大型水电能源系统及其互联电网的电源结构、负荷特征和潮流特性日趋复杂,现有水电联合调度模式和方法尚不能完全满足多电源多层级电网安全稳定运行要求,且不同层次电网内众多类型、规模不一的电站群也欠缺完善的互补协调运行机制。因此,针对多元电力能源结构下日益增多的不确定因素,从系统整体角度出发,深入分析各类型能源运行特性和复杂运行环境,解析不同能源间的互补机理,构建水电能源与新能源联合互补协调运行机制,充分发挥不同类型电源的电力互补特性,提高电网调控和节能水平,是实现水电与多能源互补调度亟待解决的关键问题。

2.4　基于分层分区优化的流域梯级电站群协同优化技术

分区优化控制方法在电力系统优化中已得到广泛应用。为解决电网建设滞后于电源建设的问题,电力系统分层分区运行已成为中国电力系统运行的发展趋势(徐贤 等,2009),流域梯级水电站群的规划和开发通常以所属流域为单元,这为大规模水电站群分区优化控制提供了理论依据。大规模梯级水电站群发电优化调度问题的求解存在诸多难题:决策变量维数随着电站数量增加呈线性增长趋势,同时目标函数评价次数将呈指数增长趋势,极易陷入“维数灾”而导致问题难以求解;初始解分布范围不理想将造成可行解数量不足、算法收敛速度较慢及计算精度偏低等问题;联合优化调度问题中多约束边界将搜索空间分割成多个不连续空间,如何处理众多等式和不等式约束是成功解决该问题的关键所在。为突破大规模水电站群优化调度中面临的技术瓶颈,研究提出一种基于分区优化的大规模水电站群协同优化方法,并针对上述难点提出如下策略。

1. 分层分区优化控制

在大规模水电系统中,由于流域、调度单位的不同,水电站群通常进行分区域或分级管理,因此,研究以水电站所属流域相对位置及其水力联系关系为依据进行虚拟分区,以大系统分解协调理论为指导,将大规模水电站群系统分解成若干子系统,并考虑各子系统之间的关联,逐级计算以达到整个梯级库群最优的目的。梯级水电站群分层分区重点考虑以下原则:①以干支流流域为单元对水电站群进行分区;②每个分区至少有一个水电站以保证分区供电的可靠性;③当某个流域电站分布较为集中时,以梯级电站间水力联系关系进行再分区,使各分区出力尽可能均匀分布。

在求解过程中,始终以大规模水电站群整体总发电效益为调度目标,各分区作为子计算单元进行优化计算,具体计算步骤描述:首先初始化各分区决策变量,并计算当前状态下目标函数值,单次循环时,保持其他分区决策变量不变,优化第一个分区;然后固定其他分区状态不变,优化第二个分区,直至最后一个分区优化结束,各分区计算结果汇总即为总目标函数值,本次循环结束后再进行下一次,直至迭代寻优结束,计算流程如图 2-1 所示,其中,GenNum 为最大迭代次数。本方法将大规模水电站群分解为多个子分区梯级电站,然后逐步优化,可在降低决策变量维数、缩短计算时间的同时,达到有效解决"维数灾"问题的目的。

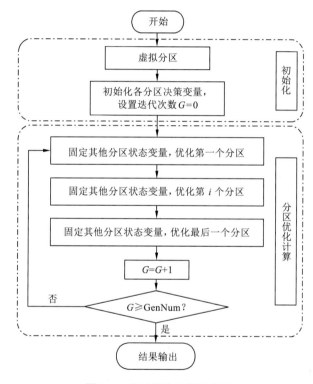

图 2-1　分区优化计算示意图

2. 收缩可行域内初始解的生成

流域梯级水电站群发电优化调度问题的初始解通常在决策空间内随机生成。以时段初坝前水位为决策变量为例,决策空间位于正常蓄水位和汛限水位或死水位间,该区域范围跨度大,且只能保证初始水位范围满足约束条件,而流量、出力等约束只能通过计算后再行检验,因此初始决策空间仍然包含诸多不可行域,导致算法收敛较慢。为此,研究采用一种在收缩可行域内生成初始解的方法,利用边界条件将原始决策空间压缩,从而避免了因生成的诸多不可行解造成的计算资源浪费。计算决策变量收缩可行域的方法:首先,从调度期初水位开始,各电站逐时段按照保证出力发电,由时段初水位和保证出力计算时段末水位,直至调度期末,从而得到收缩可行域上限;然后,从调度期末水位开始,以保证出力逐时段发电，由时段末水位和保证出力计算时段初水位，逆推至调度期初，从而得到收缩可行域下限。其计算公式如下。

正推水位上限

$$\overline{Z}_1 = f(Z_{初}, P_{保}), \cdots, \ \overline{Z}_i = f(\overline{Z}_{i-1}, P_{保}), \cdots, \ \overline{Z}_{T-2} = f(\overline{Z}_{T-2}, P_{保}), \ \overline{Z}_{T-1} = Z_{末} \qquad (2\text{-}1)$$

逆推水位下限

$$\underline{Z}_{T-2} = f(Z_{末}, P_{保}), \ \cdots, \ \underline{Z}_i = f(\underline{Z}_{i+1}, P_{保}), \cdots, \ \underline{Z}_1 = f(\underline{Z}_2, P_{保}), \ \underline{Z}_0 = Z_{初} \qquad (2\text{-}2)$$

从而可得，$[Z_{初}, Z_{初}]$，$[\underline{Z}_1, \overline{Z}_1], \cdots, [\underline{Z}_i, \overline{Z}_i], \cdots, [\underline{Z}_{T-2}, \overline{Z}_{T-2}]$，$[Z_{末}, Z_{末}]$。

将上述计算范围与各时段原水位上、下限取交集，构成时段初坝前水位的收缩可行域，当某时段内入库径流加上当前调节库容内可用水量仍无法满足保证出力要求时，计算所得水位范围将超出原始水位上、下限，此时将原始水位约束作为边界。经计算求得的收缩可行域范围远小于原始水位边界，兼顾了水电站群各库出力约束，独立重复仿真结果表明，相比于传统的逐次逼近算法，该方法指导下的计算方法对初始解依赖程度低，鲁棒性强。

3. 多约束耦合处理

研究采用约束廊道法处理大规模水电站群协同发电调度中的多约束耦合问题。水位约束、流量约束、出力约束在水电站群调度问题的求解中往往存在相互制约的耦合关系，上一时段下泄流量、时段出力的调整往往会带来水位过程的变化，而调整水位至约束范围内时，可能导致无法满足最小出库流量或电站保证出力的问题，这种多个约束相互耦合与制约的关系为处理寻优过程中产生的不可行解带来了困难。传统方法通常采用罚函数法对违反约束项添加惩罚项，但在面对实际优化问题中约束条件众多且耦合关系复杂时，罚函数参数难以确定且无法体现不同约束违反值的影响程度，难以适应实际工程应用的要求。为此，通过水位库容关系曲线、水量平衡方程和电站运行特性，逐时段利用最小下泄出库流量、时段最小出力限制反算得到相应的对水位的约束，并将该范围与考虑库容约束和水位变幅的水位范围取交集，形成水位约束廊道，而电站最大泄流能力通常能满足各时段下泄流量要求，时段最大出力可在计算目标函数过程中判别预想出力时进行调整。因此，在计算过程中，当电站水位超出约束廊道边界时，直接将其置于边界值，调整为可行解。

4. 协同发电优化调度流程

基于分区优化的大规模水电站群协同发电优化调度计算流程如下。

步骤 1：按照上述分区原则对研究区域各梯级电站进行虚拟分区，并根据各电站运行边界和约束条件计算搜索可行域范围。

步骤 2：在收缩可行域内初始化各子分区决策变量，并以目标函数值为其适应度进行评价，设置迭代次数 $G=1$。

步骤 3：分区优化计算。

（1）固定其他分区状态不变，优化第一个分区；

（2）对各分区按外部精英种群更新、原始种群进化、约束条件处理的步骤进行优化计算，详细计算步骤将在 3.3.2 节中给出；

（3）前一个分区优化结束后，保持其他分区状态不变，优化下一个分区，直至最后一个分区优化结束，$G=G+1$。

步骤 4：算法迭代。若迭代次数未达到最大迭代次数（GenMum），返回步骤 3，否则转至步骤 5。

步骤 5：结果输出。将分区优化结果输出。

2.5 小　　结

本章从流域梯级电站群协同发电调度的内涵和外延、调度模型类型及其关键问题等角度，论述了流域梯级电站群协同发电优化调度主要涉及的内容和亟待解决的问题；同时针对基于分层分区优化的流域梯级电站群协同优化技术，从分区优化控制方法、收缩可行域内初始解的生成、多约束耦合的处理和优化调度流程等角度进行了详细介绍，为流域梯级电站群发电优化调度提供了基础框架。

第3章 流域梯级电站群多尺度精细化发电优化调度技术

随着我国水电能源的大力开发,长江中上游控制性水库群已逐步形成,由于缺乏统一有效的管理和协调机制,上下游用水冲突问题日趋凸显,防洪、发电和生态调度目标并行协同优化极为困难,流域多个业主追求自身利益最大化和资源优化利用之间存在难以协调的矛盾,水电站无序调度可能严重影响长江流域区域水资源分配,带来一系列亟待解决的工程技术难题。流域梯级电站群调度(Li et al.,2013;许银山 等,2011;Wang et al.,2004;Barros et al.,2003;Arnold et al.,1994)问题日益突出,相较于常规调度,梯级联合优化调度(郭生练 等,2010)能提高流域整体发电效益和水能利用率,对增强水电站群综合效益的发挥有着重要意义,与单库调度变量简单、调度主体单一不同,大规模水电站群优化调度问题具有时间与空间多维、库群入流复杂、服务和调度主体非单一等诸多特点,受枢纽运行状态和区域电力系统负荷需求等多种因素制约,是一类非线性、高维数、多约束优化问题,模型的构建和快速准确求解难度巨大。目前采取的主要方法是经典的数学规划方法,如 DP(dynamic programming,动态规划法)(Cheng et al.,2009;Wang,2009)、POA(周佳 等,2010;Howson et al.,1975)、DPSA(裴哲义 等,2010;Afshar et al.,2010;Opan,2010),其中尤以 DPSA 应用最为广泛。该算法核心思想是将高维状态变量的动态规划问题分解为多个单一状态变量的子问题进行求解,使计算次数随决策变量维数呈线性增长而非指数增长,在降低单次优化过程中决策变量维数的同时缩短了计算时间。然而,当面对水力联系复杂、约束条件众多、目标函数非线性不连续的水库群优化调度问题时,数学规划方法存在计算精度不高、难以处理多种约束、时间复杂度无法满足工程需求等问题,且该方法对初始解依赖程度较高,极大影响了 DPSA 的计算精度和应用推广。近年来,蚁群算法(Kumar et al.,2006;Maier et al.,2003;Shyh-Jier,2001)、差分进化(Lakshminarasimman et al.,2008;Reddy et al.,2008;Reddy et al.,2007c)、遗传算法(Chang et al.,2013;Afshar et al.,2008;Wardlaw et al.,1999)、粒子群算法(Panda et al.,2013;Wu et al.,2008;Kumar et al.,2007;Reddy et al.,2007a,2007b;Chuanwen et al.,2005)等智能优化算法由于其计算性能优秀且对问题解空间要求不高而在水电能源优化调度研究中得到了广泛应用。粒子群算法是其中具有代表性的方法,因其原理简单、实现方便、收敛迅速等特点(王凌 等,2008),被广泛应用于梯级水电站优化调度问题的求解中。

本章在充分考虑梯级电站群枯水期综合利用要求的基础上,围绕流域梯级电站群协同发电优化调度的实际工程需求,首先以金沙江下游梯级电站群为研究对象,在满足防洪、航运、电网约束的条件下构建流域梯级电站群发电优化调度模型,进而以长江中上游骨干性梯级水利枢纽组成的大规模水电站群为研究对象,建立梯级电站群长期发电分区优化调度模型。运用分层分区的思想降低问题空间维数，根据电站所属流域相对位置及其水力补偿关系进行虚拟分区，将大规模混联水库群系统分解成多个子系统，合理降低决策变量维数。同时提出一种精英向导的粒子群优化算法（elite-guide particle swarm optimization，EGPSO），通过引入外部档案集保存精英解，为粒子进化提供精英向导，从而提高求解精度，并在收缩的可行域内生成初始解，摆脱传统算法对初始调度线的依赖，并采用约束廊道法解决库群优化调度中水位、流量、出力等多约束耦合问题，获得较好优化调度方案，为流域大规模水电站群协同发电调度补偿效益研究和多目标优化调度奠定理论基础与技术框架。

3.1　流域梯级电站群中长期发电优化调度

3.1.1　流域大规模梯级电站群发电优化调度

1. 目标函数

流域梯级水电站发电调度主要有两类优化准则：一是时段总发电量最大准则；二是时段总发电效益最大准则。本章研究工作以梯级总发电量最大为优化准则，其目标函数描述如下：

$$\max E = \sum_{i=1}^{M_h} \sum_{t=1}^{T} N_i^t(Q_i^t, H_i^t) \cdot \Delta T \tag{3-1}$$

式中：E 为调度期内梯级水电站群总发电量；N_i^t 为第 i 个水电站在第 t 时段的出力，由 Q_i^t、H_i^t 确定；Q_i^t 为水电站 i 在第 t 时段平均下泄流量；H_i^t 为水电站 i 在第 t 时段平均水头；M_h 为梯级电站个数；ΔT 为时段时长；T 为时段数。

2. 约束条件

1）水量平衡

水量平衡公式为

$$V_i^{t+1} = V_i^t + \left(I_i^t - Q_i^t + \sum_{k-1}^{N_{ui}} Q_k^{t-T_{ki}} \right) \cdot \Delta t \tag{3-2}$$

式中：V_i^t、V_i^{t+1} 分别为第 i 个水电站在 t 时段初、末库容；I_i^t、Q_i^t 分别为水电站 i 在第 t 时段平均入、出库流量；N_{ui} 为直接上游水电站数量；T_{ki} 为水流时滞。

2）蓄水位约束

蓄水位约束公式为

$$Z_i^{t\min} \leqslant Z_i^t \leqslant Z_i^{t\max} \tag{3-3}$$

式中：Z_i^t 为水库 i 在时段 t 的坝前水位，可由水量平衡方程求得库容，再查询水位–库容曲线求得；$Z_i^{t\max}$、$Z_i^{t\min}$ 分别为其时段初上游水位的最大、最小值，需综合考虑防洪、航运等需求确定。

3）出力约束

出力约束公式为

$$P_i^{t\min} \leqslant P_i^t \leqslant P_i^{t\max} \tag{3-4}$$

式中：P_i^t 为水电站 i 在 t 时段平均出力；$P_i^{t\max}$、$P_i^{t\min}$ 分别为电站总出力最大、最小值，由机组动力特性、电网运行要求、机组预想出力等综合确定。

4）流量约束

流量约束公式为

$$Q_i^{t\min} \leqslant Q_i^t \leqslant Q_i^{t\max} \tag{3-5}$$

式中：Q_i^t 为水电站 i 在第 t 时段内的出库流量；$Q_i^{t\max}$、$Q_i^{t\min}$ 分别为其流量最大、最小值，由电站综合利用需求、下游河道行洪航运、大坝泄流能力等确定。

5）水头约束

水头约束公式为

$$H_i^{t\min} \leqslant H_i^t \leqslant H_i^{t\max} \tag{3-6}$$

式中：H_i^t 为水电站 i 在第 t 时段内水头，由坝前平均水位和下游尾水位之差求得；$H_i^{t\max}$、$H_i^{t\min}$ 分别为电站和机组允许的水头上、下限。

6）水电站初、末水位约束

水电站初、末水位约束公式为

$$Z_i^0 = Z_i^{\text{begin}}, \qquad Z_i^{T-1} = Z_i^{\text{end}} \tag{3-7}$$

式中：Z_i^{begin}、Z_i^{end} 分别为第 i 个水电站起调水位和调度期末控制水位。

3.1.2 基于分区优化的大规模水电站群协同发电调度

1. 模型目标函数

以大规模跨流域水电站群为研究对象，采用梯级总发电量最大优化准则进行数学建模：

$$\max E = \sum_{l=1}^{L} \sum_{t=1}^{T} \sum_{i=1}^{N} N_i^t \cdot \Delta t, \quad N_i^t = k_i \cdot Q_i^t \cdot H_i^t \tag{3-8}$$

式中：E 为调度期内梯级水电站群总发电量；l、L 分别为分层序号及总分层数；t、T 分别为调度期内时段序号和总时段数；i、N 分别为电站编号和电站总数；N_i^t 为水电站 i 在 t 时段内平均出力；Q_i^t、H_i^t 分别为第 t 时段的发电引用流量和平均水头；k_i 为水电站 i 的综合出力系数。

2. 模型约束条件

本节模型约束条件与 3.1.1 小节相同，这里不再重复。

3.1.3　发电优化调度智能高效求解方法

梯级水电站群发电优化调度模型决策变量规模庞大,约束条件众多,且时段间决策变量相互耦合,前一时段的水位、出力、流量会对后续时段的运行过程产生影响,这为大规模电站群优化调度问题的快速准确求解提出了挑战。粒子群算法因其通用性强和全局寻优的特点而被广泛应用于电力系统优化中,然而,当面搜索空间间断不连续时,粒子进化容易早熟收敛,难以达到全局最优解。为此,本书提出一种 EGPSO 算法,通过引入外部档案集保存进化过程中的精英粒子,为粒子群体的飞行提供多向的精英向导,并加强粒子协同进化的交流和写作,在提高计算效率的同时,避免因粒子多样性降低而陷入局部极值的问题。

1．粒子群算法基本原理

粒子群算法(Kennedy et al.,1995)又称粒子群优化(particle swarm optimization,PSO)算法,是一种人工智能算法,1995 年,美国心理学家 Kennedy 和电气工程师 Eberhart 博士受到鸟类族群觅食的信息传递的启发,提出了一种利用群体智能建立的优化方法,粒子群算法的基础原理是个体可通过自身移动产生记忆和经验,并通过学习自身经验和记忆来调整自身移动方向,由于在粒子群算法中存在多个粒子同时移动,群体粒子以自身经验与其他粒子所提供的经验进行对比找寻最优解。

PSO 算法系统初始化为一组随机解,与其他智能算法相比,PSO 算法实现简单且没有过多参数需要调整,在进化过程中,各微粒将问题目标函数作为适应度评价标准,确定 t 时刻每个微粒经过的最佳位置 $p_{i,j}^t$ 及群体所发现的最佳位置 $p_{g,j}^t$,粒子以自身最好位置和群体最好位置为引导调整自身的飞行方向与速度,从而使自身位置不断逼近全局最优解。规模为 D 的种群中,第 i 个粒子在第 g 次迭代中速度和位置更新公式如下:

$$\begin{cases} v_{i,j}^{t+1} = w \cdot v_{i,j}^t + c_1 \cdot r_1 \cdot (p_{i,j}^t - x_{i,j}^t) + c_2 \cdot r_2 \cdot (p_{g,j}^t - x_{i,j}^t) \\ x_{i,j}^{t+1} = x_{i,j}^t + v_{i,j}^t \end{cases} \tag{3-9}$$

式中: $p_{i,j}^t$ 为粒子 i 个体最优适应值在第 j 维上的分量; $p_{g,j}^t$ 为当前群体最好位置的粒子在第 j 维上的分量; c_1、c_2 为加速常数; w 为惯性权重; r_1、r_2 为在[0,1]的随机数。

另外,通过设置微粒的速度区间和位置范围,可对微粒的移动进行适当的限制,粒子群算法中微粒位置的更新方式可用图 3-1 表示。

归结而言,粒子群算法原理简单,容易实现,通用性强,不依赖于问题信息,可同时利用个体局部信息和群体全局信息进行协同搜索,但仍存在一定缺陷和不足:PSO

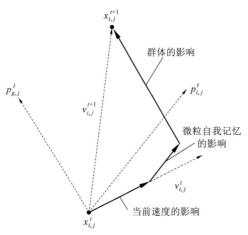

图 3-1　粒子群算法中微粒位置更新示意图

算法搜索性能对惯性权重、加速常数等算法参数具有一定的依赖性，局部搜索能力差，搜索精度不够高，且容易陷入局部极小值。因此，为适应实际工程问题求解中面临的新挑战，迫切需要开展能快速准确求解大规模、非线性、多约束的复杂优化问题方法的研究。

2．EGPSO 算法

粒子群算法的进化和搜索以个体最优解与群体最优解为启发，在解空间内不断进化搜索，具有较强的通用性和全局寻优特点，已广泛应用于水电站系统优化调度问题的求解中（万芳 等，2010；谢维 等，2010；芮钧 等，2009；申建建 等，2009；杨道辉 等，2006）。然而，当求解问题复杂非线性、约束条件众多导致搜索空间不连续时，粒子进化容易陷入局部最优，特别是在进化后期，种群多样性显著下降，使粒子群体难以达到全局最优解，为克服原始粒子群算法粒子进化过程中缺乏交流与协作、迭代后期种群多样性降低而难于达到全局最优等缺陷，研究提出一种基于外部档案集的精英向导策略，通过引入外部档案集保存进化过程中的精英粒子，并在个体进化过程中随机选取精英向导，在加强个体和全体信息交流合作的同时，避免了因种群多样性降低而陷入局部最优的问题。

1）基于外部档案集的精英向导策略

外部档案集最先由 Zitzler 提出并用于指导 MOEAs 的进化搜索（Zitzler et al，2001），该方法通过保存种群变异过程中生成的非劣解，达到不断更新最优解集的目的。为此，研究在粒子群算法中引入外部档案集策略，将种群变异过程中的最优解不断添加到外部档案集中，为种群中粒子进化提供精英向导，从而提高种群中粒子进化的多样性和收敛精度。基于外部档案集的精英向导策略如图 3-2 所示。

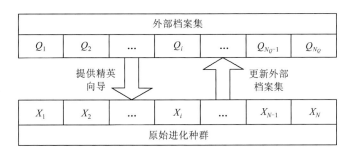

图 3-2　原始进化种群与外部档案集的响应机理

为保证外部档案集中精英粒子能有效指导原始种群进化，外部档案集的大小 N_Q 应小于 N。在原始种群位置更新时，单个微粒速度更新所需的群体最优粒子可从外部档案集中随机选取，由于外部档案集由多个精英解构成，在为粒子提供全体最优方向时也并非单一，从而避免单一进化方向导致的种群多样性降低的问题，同时，排除选取的全体最优粒子后，单个微粒速度更新所需的个体最优粒子可从外部档案集中余下的精英向导中选取，实现了粒子个体之间、个体经验和群体知识库的信息共享，加强了局部搜索能力。原始种群进化的多精英向导策略可用如下方式表述：

$$\begin{cases} p_{\mathrm{g}} = Q_{\mathrm{rand}_1} \\ p_i = Q_{\mathrm{rand}_2} \end{cases} \tag{3-10}$$

式中：$\mathrm{rand}_1 = \mathrm{Random}(0, N_Q - 1)$；$\mathrm{rand}_2 = \mathrm{Random}(0, N_Q - 1)$；$\mathrm{rand}_2 \neq \mathrm{rand}_1$。

为实现粒子群算法中粒子间信息的交流和合作，原始种群进化过程中的精英粒子应不断添加至外部档案集中，并将原有的适应度较差的粒子从档案集中剔除，从而达到提高收敛精度和计算效率的目的，因此，对于某一变异生成的粒子 X_i，外部档案集的更新策略如图 3-3 所示。

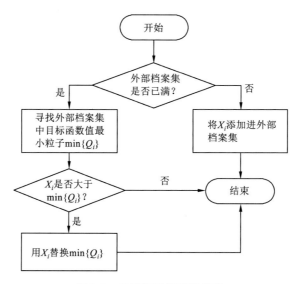

图 3-3　外部档案集更新策略

从而，引入外部档案集的精英向导粒子群算法更新公式为

$$\begin{cases} v_{i,j}^{t+1} = w \cdot v_{i,j}^t + c_1 \cdot r_1 \cdot (Q_{\mathrm{rand}_2, j}^t - x_{i,j}^t) + c_2 \cdot r_2 \cdot (Q_{\mathrm{rand}_1, j}^t - x_{i,j}^t) \\ x_{i,j}^{t+1} = x_{i,j}^t + v_{i,j}^t \end{cases} \tag{3-11}$$

2）算法流程

综上所述，本书提出基于 EGPSO 算法的计算步骤如下。

步骤 1：原始种群 P 和外部档案集 Q 初始化，并为算法参数 w、c_1、c_2 赋值。

步骤 2：外部档案集更新。比较原始种群与外部档案集粒子目标函数值，运用外部档案集更新策略（图 3-3）对 Q 进行更新。

步骤 3：原始种群进化。利用式（3-11）从外部档案集中选取精英向导，并用式（3-10）对原始种群进行进化。

步骤 4：边界约束处理。当决策变量和计算中间变量违反模型约束条件时，按照约束特点将不可行解调整为可行解。

步骤 5：算法迭代。若迭代次数未达最大迭代次数 G，返回步骤 2，否则转至步骤 6。

步骤 6：结果输出。将外部档案集中的最好粒子作为最终结果输出。

3. 系统仿真测试

1) 仿真系统描述

为验证本节提出的 EGPSO 算法的有效性，选取一个包含 10 个水电站的大规模跨流域水电站群调度仿真系统（Sharma et al.，2007；Sharma et al.，2004）对该方法进行测试，系统概化图描述如图 3-4 所示。

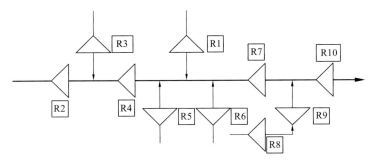

图 3-4　大规模水电站群调度仿真系统概化图

在流域大规模水电站群联合发电优化调度中，利用各电站水力、电力、库容补偿等模式，在充分发挥电站经济效益的同时提高区域电网供电的可靠性，本水电站群调度仿真系统隶属于同一电网，其调度目标是在满足电站运行约束条件的前提下使各时段供电缺额最小，目标函数描述如下：

$$\min J = \frac{1}{2}\sum_{t=1}^{T}\left(D_t - \sum_{i=1}^{N}P_i^t\right)^2 \tag{3-12}$$

式中：D_t 为 t 时段电网负荷需求；P_i^t 为第 i 个水电站在 t 时段的平均出力。

约束条件除考虑 3.1.1 小节中所定义模型的所有约束外，还需满足电网负荷平衡约束，其表达式如下：

$$\sum_{i=1}^{N}P_i^t + E_t = D_t + P_L^t \tag{3-13}$$

式中：E_t 为 t 时段内电力系统供电缺额；P_L^t 为系统网损。

系统计算时段长度为 1 h，调度期为 20 h。水电站群系统各水电站天然入库径流和负荷任务如表 3-1 所示，表 3-2 给出了各电站初始约束条件。

表 3-1　水电站群系统各水电站天然入库径流 I 和负荷需求 D

调度时段/h	I_1/（m³/s）	I_2/（m³/s）	I_3/（m³/s）	I_5/（m³/s）	I_6/（m³/s）	I_8/（m³/s）	D/MW
1	0.50	0.40	0.80	1.50	0.32	0.71	80.0
2	1.00	0.70	0.80	2.00	0.81	0.83	90.0
3	2.00	2.00	0.80	2.50	1.53	1.00	100.0
4	3.00	2.00	0.80	2.50	2.16	1.25	90.0

续表

调度时段/h	$I_1/$（m³/s）	$I_2/$（m³/s）	$I_3/$（m³/s）	$I_5/$（m³/s）	$I_6/$（m³/s）	$I_8/$（m³/s）	D/MW
5	3.50	4.00	0.80	3.00	2.31	1.67	80.0
6	2.50	3.50	0.80	3.50	4.32	2.50	70.0
7	2.00	3.00	0.80	3.50	4.81	2.80	60.0
8	1.25	2.50	0.80	3.00	2.24	1.87	50.0
9	1.25	1.30	0.80	2.50	1.63	1.45	40.0
10	0.75	1.20	0.80	2.50	1.91	1.20	50.0
11	1.75	1.00	0.80	2.00	0.80	0.93	60.0
12	1.00	0.70	0.80	1.50	0.46	0.81	70.0
13	0.50	0.40	0.80	1.50	0.32	0.71	80.0
14	1.00	0.70	0.80	2.00	0.81	0.83	90.0
15	2.00	2.00	0.80	2.50	1.53	1.00	100.0
16	3.00	2.00	0.80	2.50	2.16	1.25	90.0
17	3.50	4.00	0.80	3.00	2.31	1.67	80.0
18	2.50	3.50	0.80	3.50	4.32	2.50	70.0
19	2.00	3.00	0.80	3.50	4.81	2.80	60.0
20	1.25	2.50	0.80	3.00	2.24	1.87	50.0

表 3-2　各电站初始约束条件

电站编号	最大库容 / （10⁴m³）	最小库容 / （10⁴m³）	最大下泄流量 / （m³/s）	最小下泄流量 / （m³/s）	初库容 / （10⁴m³）	末库容 / （10⁴m³）
1	12.00	1.0	4.00	0.005	6	6
2	17.00	1.0	4.50	0.005	6	6
3	6.00	0.3	2.12	0.005	3	3
4	19.00	1.0	7.00	0.005	8	8
5	19.10	1.0	6.43	0.006	8	8
6	14.00	1.0	4.21	0.006	7	7
7	30.10	1.0	17.1	0.010	15	15
8	13.16	1.0	3.10	0.008	6	6
9	7.90	0.5	4.20	0.008	5	5
10	30.00	1.0	18.90	0.010	15	15

2）个体编码及约束处理

将提出的精英向导粒子群算法应用于大规模水电站群调度系统优化调度问题的求解中,并采用各水电站时段流量进行编码,每个粒子可表示为各水电站在各时段的下泄流量组合:

$$X = \begin{bmatrix} q_{1,1} & q_{2,1} & \cdots & q_{N,1} \\ q_{1,2} & q_{2,2} & \cdots & q_{N,2} \\ \vdots & \vdots & & \vdots \\ q_{1,T} & q_{2,T} & \cdots & q_{N,T} \end{bmatrix} \tag{3-14}$$

该水电站群系统中约束条件主要有等式约束和不等式约束两类,不等式约束包括下泄流量约束和库容约束,等式约束主要是初、末库容约束。因为决策变量采用下泄流量编码,初始化时在可行域内生成,所以下泄流量约束可以满足。库容上、下限约束可在流量计算库容时逐时段进行调整,当库容超出约束上、下限时,直接将其置于边界上。末库容约束为等式约束,当其违反约束时需要对调度期内各时段下泄流量进行调整,具体方法是:将末库容违反值平均分摊至各时段中去,并对调整后的下泄流量进行边界约束检验,当违反约束时将其置于边界上,并再次计算其末库容违反值,迭代循环直至满足精度要求。

3）仿真测试及结果分析

将提出的 EGPSO 算法应用于上述梯级水电站群优化调度问题的求解中,算法参数设置如下:种群规模 $N=20$,外部档案集 $N_Q=5$,加速常数 $c_1=c_2=2$,惯性权重 $w=0.8$,粒子速度 $V_{max}=0.5$, $V_{i,min}=-V_{i,max}$,最大迭代次数 GenNum$=200$。同时,为进行对比分析,标准粒子群算法和差分进化算法也用于该问题的求解中,其中 PSO 算法参数与 EGPSO 算法设置完全相同,差分进化(differential evolution,DE)算法中变异系数 $F=0.5$,交叉系数 $CR=0.9$。由于模型中电站期末库容对调度过程影响较大,研究选取了 4 种末库容组合工况对梯级电站群优化调度问题进行求解。不同运行工况下各库期末库容如表 3-3 所示。

表 3-3　不同运行工况下各库期末库容

工况	期末库容/(10^4 m^3)									
	R1	R2	R3	R4	R5	R6	R7	R8	R9	R10
1	6	6	3	8	8	7	15	6	5	15
2	5.98	5.98	2.98	7.98	7.98	6.98	14.99	5.99	4.99	14.99
3	5.99	5.99	2.99	7.99	7.99	6.99	14.99	5.99	4.99	14.99
4	5.96	5.83	2.83	7.86	7.96	6.95	14.88	5.89	4.92	14.94

4 种运行工况下 3 种方法的收敛过程曲线绘制如图 3-5 所示,图 3-6 给出了 EGPSO 算法在 100 次独立重复试验中的结果分布,表 3-4 为各种调度情景下目标函数初始值和最终优化结果,由于篇幅有限,各种工况下计算所得最优方案的下泄流量、库容过程、出力序列未一一给出。

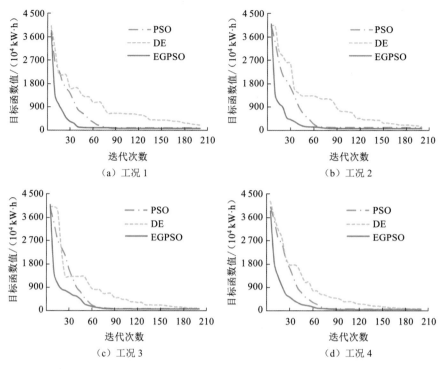

图 3-5　求解水电站群优化调度收敛过程曲线

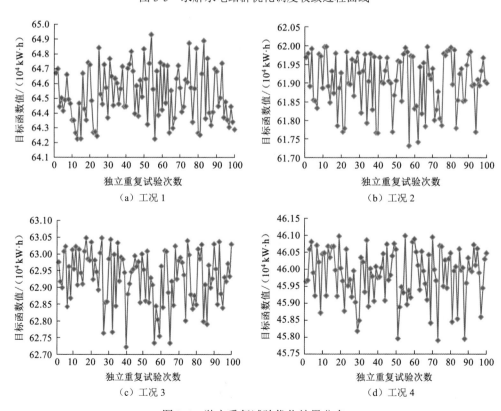

图 3-6　独立重复试验优化结果分布

表 3-4　不同调度情景下目标函数初始值和最终优化结果对比

运行工况		DE 算法	PSO 算法	EGPSO 算法
1	目标函数初始值 / (10^4 kW·h)	4 000.33	3 832.52	3 723.32
	最终优化结果 / (10^4 kW·h)	190.56	84.25	64.35
2	目标函数初始值 / (10^4 kW·h)	4 000.18	3 990.33	4 083.51
	最终优化结果 / (10^4 kW·h)	133.47	97.42	61.98
3	目标函数初始值 / (10^4 kW·h)	3 999.14	3 988.47	4 077.36
	最终优化结果 / (10^4 kW·h)	99.55	72.65	63.40
4	目标函数初始值 / (10^4 kW·h)	4 312.84	3 988.09	4 735.88
	最终优化结果 / (10^4 kW·h)	69.46	61.93	45.96

分析上述计算结果可知,EGPSO 算法能有效提高计算精度,更加逼近全局最优解。在运行工况 1 中,相比于 DE 算法和 PSO 算法,EGPSO 算法可分别减少电网供电缺额 126.21×10^4 kW·h 和 19.9×10^4 kW·h;在工况 2 中,EGPSO 算法可分别减少电网供电缺额 71.49×10^4 kW·h 和 35.44×104 k W·h;工况 3 和工况 4 中分别减少电网供电缺额 36.15×10^4 kW·h 和 9.25×10^4 kW·h、23.50×10^4 kW·h 和 15.97×10^4 kW·h。从收敛过程曲线可知所提方法能在进化早期快速收敛并在后期稳定于一个较低的常量,而多次独立重复试验表明计算结果稳定分布于一个较小的区间。研究选取了经典大规模水电站仿真系统对本节提出的 EGPSO 算法进行测试,结果表明 EGPSO 算法寻优能力明显优于原始 PSO 算法和 DE 算法,特别是在面对高维多峰函数时,EGPSO 算法能在参数基本相同的情况下快速收敛到最优解,有效避免了早熟收敛,具有很强的全局寻优能力和鲁棒性。

3.1.4　实例研究

1. 金沙江下游梯级电站群协同发电优化调度

将本书提出的 EGPSO 算法应用于金沙江下游梯级电站群协同发电优化调度问题的求解中,因为金沙江下游梯级电站群隶属同一河段,且水力联系紧密,所以本仿真计算无须进行虚拟分区。金沙江下游河段从雅砻江口至宜宾,全长为 768.4 km,落差为 719.3 m,平均比降为 0.94‰。

1) 编码方式与参数设置

综合考虑金沙江下游梯级电站发电调度运行特点,运用 EGPSO 算法求解流域梯级水电站群联合发电优化调度模型时,选取电站时段上游水位作为决策变量进行个体编码,个体粒子为各电站逐时段水位过程。对于种群中第 i 个粒子可描述为

$$X_i = \begin{bmatrix} z_1^1 & z_2^1 & \cdots & z_T^1 \\ z_1^2 & z_2^2 & \cdots & z_T^2 \\ z_1^3 & z_2^3 & \cdots & z_T^3 \\ z_1^4 & z_2^4 & \cdots & z_T^4 \end{bmatrix} \tag{3-15}$$

通过对金沙江下游 1956~2010 年径流资料排频，将 10%~90% 频率径流数据作为金沙江下游梯级电站群协同发电调度模型输入，分别采用 EGPSO 算法和 DDDP 算法（Tospornsampan et al.，2005；Murray et al.，1979；Heidari et al.，1971）对模型进行高效求解。经多次试验研究，选取 EGPSO 算法种群规模 N=50，外部档案集规模 N_Q=5，原始种群进化代数 G=500，加速常数 c_1=c_2=2，惯性权重 w=0.8，以时段初坝前水位为决策变量，在收缩可行域 $[Z_{i,\text{low}}, Z_{i,\text{up}}]$ 内随机生成，粒子速度 $V_{i,\text{max}} = 0.2 \times (Z_{i,\text{up}} - Z_{i,\text{low}})$，$V_{i,\text{min}} = -V_{i,\text{max}}$；DDDP 算法求解时选取坝前水位为决策变量，离散水位步长为 1 m，离散步数为 10，步长收缩系数取 0.9，其中初始解由单库 DP 算法计算得到，其中白鹤滩水电站、溪洛渡水电站离散步数为 100，乌东德水电站、向家坝水电站单库 DP 算法离散步数取 50。

2）结果分析

模型调度期长度为 1 年，以旬为时段长度，总共 36 个时段，从 1 月上旬开始，计算约束处理方法采用约束廊道法。计算结果如表 3-5 所示，由于篇幅有限，仅画出 20%、50%、70% 来水频率下各水电站逐旬水位及出力过程，如图 3-7~图 3-9 所示。

表 3-5　不同频率径流调度计算结果

来水频率/%	优化方法	乌东德水电站发电量/(10^8 kW·h)	白鹤滩水电站发电量/(10^8 kW·h)	溪洛渡水电站发电量/(10^8 kW·h)	向家坝水电站发电量/(10^8 kW·h)	总发电量/(10^8 kW·h)	增发电量/(10^8 kW·h)	增加幅度/%
10	EGPSO	464.48	719.83	691.68	362.72	2 238.71	7.25	0.33
	DDDP	462.94	726.04	685.76	356.71	2 231.46		
20	EGPSO	449.09	706.58	673.68	353.99	2 183.34	20.01	0.93
	DDDP	449.86	700.11	665.89	347.47	2 163.33		
30	EGPSO	444.46	699.69	686.29	353.52	2 183.96	7.13	0.33
	DDDP	446.15	701.01	679.97	349.70	2 176.83		
40	EGPSO	434.87	685.71	665.33	346.58	2 132.49	13.68	0.65
	DDDP	436.45	683.56	656.59	342.21	2 118.81		
50	EGPSO	427.31	674.31	642.52	338.31	2 082.45	14.01	0.68
	DDDP	428.20	669.29	637.80	333.15	2 068.44		
60	EGPSO	416.17	658.83	626.28	330.64	2 031.92	13.67	0.68
	DDDP	416.87	653.53	621.53	326.32	2 018.25		

续表

来水频率/%	优化方法	乌东德水电站发电量/(10^8 kW·h)	白鹤滩水电站发电量/(10^8 kW·h)	溪洛渡水电站发电量/(10^8 kW·h)	向家坝水电站发电量/(10^8 kW·h)	总发电量/(10^8 kW·h)	增发电量/(10^8 kW·h)	增加幅度/%
70	EGPSO	413.12	627.91	585.88	310.83	1 937.74	9.42	0.49
	DDDP	414.14	623.40	582.66	308.12	1 928.32		
80	EGPSO	404.46	633.15	605.82	316.94	1 960.37	0.14	0.01
	DDDP	404.26	634.03	605.72	316.22	1 960.23		
90	EGPSO	367.68	547.56	502.45	268.23	1 685.92	3.34	0.20
	DDDP	368.86	548.12	499.19	266.41	1 682.58		

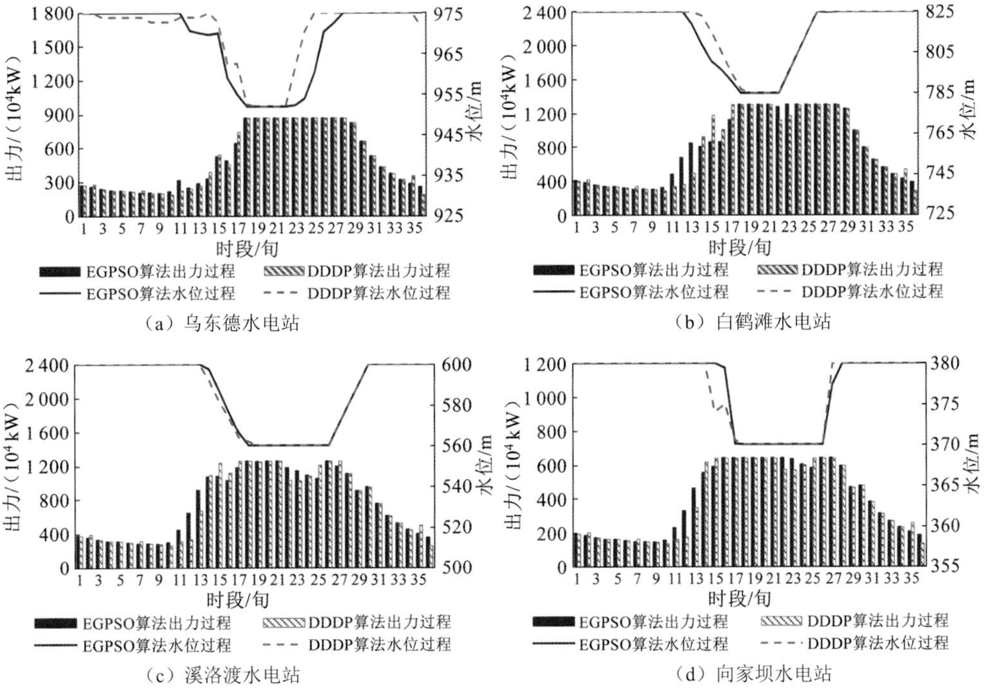

（a）乌东德水电站

（b）白鹤滩水电站

（c）溪洛渡水电站

（d）向家坝水电站

图 3-7　20%频率来水下各水电站逐旬水位及出力过程

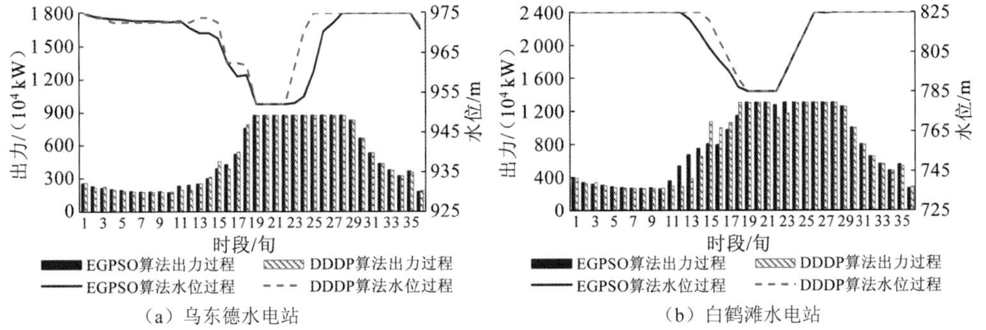

（a）乌东德水电站

（b）白鹤滩水电站

图 3-8　50%频率来水下各水电站逐旬水位及出力过程

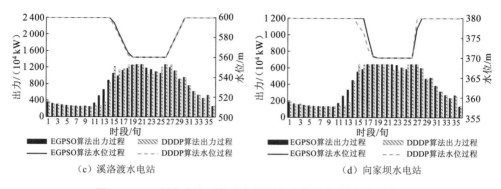

（c）溪洛渡水电站　　　　　　　　　　（d）向家坝水电站

图 3-8　50%频率来水下各水电站逐旬水位及出力过程（续）

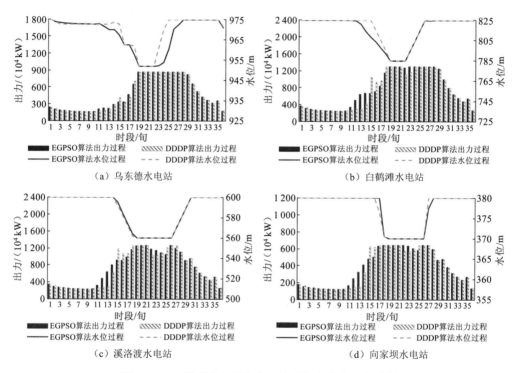

（a）乌东德水电站　　　　　　　　　　（b）白鹤滩水电站

（c）溪洛渡水电站　　　　　　　　　　（d）向家坝水电站

图 3-9　70%频率来水下各水电站逐旬水位及出力过程

由表 3-5 计算结果可知，将 10%～90%来水频率作为流域梯级水电站群联合发电优化调度模型输入，EGPSO 算法求得的调度演算结果各调度方案总发电量均高于 DDDP 算法所得结果，9 种频率来水增发电量分别为 7.25×10^8 kW·h、20.01×10^8 kW·h、7.13×10^8 kW·h、13.68×10^8 kW·h、14.01×10^8 kW·h、13.67×10^8 kW·h、9.42×10^8 kW·h、0.14×10^8 kW·h、3.34×10^8 kW·h，相应增幅分别为 0.33%、0.93%、0.33%、0.65%、0.68%、0.68%、0.49%、0.01%、0.20%，同时减少了梯级总体弃水量。与 EGPSO 算法相比，DDDP 算法计算结果受到初始解的影响较大，而且当计算精度要求较高时 DDDP 算法的计算时间难以满足当前水电站群联合运行的工程需求。EGPSO 算法采用实数编码随机生成初始解，并在决策空间内进行连续搜索，在克服了对初始调度线过度依赖的同时提高了计算精度，计算结果证明 EGPSO 算法具备了较强的全局搜索能力,为流域梯级水电站群联合发电优化调度问题的求解提供了一种有效途径。

2. 长江中上游大规模水电站群协同发电优化调度

1)区域概况

长江中上游地区水力资源丰沛,径流落差大,具有巨大的调节作用和梯级补偿效益。截至 2013 年底,全年水电总装机容量超过 $2.8 \times 10^8 \, kW$,新增装机容量近 $3\,000 \times 10^4 \, kW$,在长江上游地区,已建成的大型水电站总装机容量 $3\,785 \times 10^4 \, kW$,年均发电量 $1704 \times 10^8 \, kW·h$(Huang et al., 2009),我国规划的十三大水电基地中有 5 个位于长江上游,分别是金沙江、雅砻江、大渡河、乌江和长江上游水电基地,同时,作为西部大开发三大标志性工程之一"西电东送"中部通道的主要电源,长江中上游水电站群以其巨大的供电能力、跨地区、跨电网的显著特点,可在更大范围内实现水能资源优化配置,为区域电力系统互联和全国联合电网的形成发挥重要的作用(许继军 等,2011)。本节以雅砻江上的锦屏一级水电站、二滩水电站,金沙江上的乌东德水电站、白鹤滩水电站、溪洛渡水电站、向家坝水电站,大渡河上的瀑布沟水电站,岷江上的紫坪铺水电站,嘉陵江上的亭子口水电站,乌江上的构皮滩水电站、彭水水电站,清江上的水布垭水电站、隔河岩水电站及长江干流上的三峡水电站、葛洲坝水电站 15 座水电站组成的大规模水电站群为研究对象,电站群各库基础数据如表 3-6 所示,其空间分布如图 3-10 所示。

表 3-6 长江中上游大规模水电站群各库基础数据

水电站	装机容量/($10^4 \, kW$)	多年平均发电量/($10^8 \, kW$)	最小出力/($10^4 \, kW$)	最小下泄流量/(m^3/s)
锦屏一级水电站	360	174.0	108.6	300
二滩水电站	330	170.0	100	400
乌东德水电站	870	317.4	300	1 830
白鹤滩水电站	1 400	495.3	385	1 300
溪洛渡水电站	1 386	571.2	300	1 500
向家坝水电站	640	288.8	120	1 500
瀑布沟水电站	330	145.8	50	200
紫坪铺水电站	76	341.7	9	150
亭子口水电站	80	296.0	14	200
构皮滩水电站	304.5	93.5	50	300
彭水水电站	175	63.5	37.1	400
水布垭水电站	160	39.2	17	100
隔河岩水电站	120	30.4	15	150
三峡水电站	2 240	884.0	499	4 500
葛洲坝水电站	271.5	140.0	104	4 500

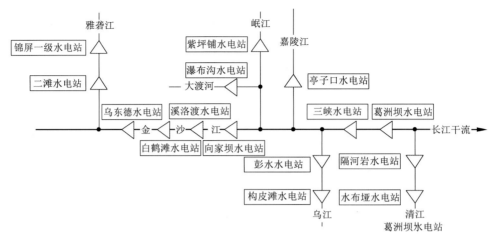

图 3-10　长江中上游骨干型水库群分布图

2）实例研究与调度结果分析

按照虚拟分区原则，如图 3-11 所示，将长江中上游 15 座大规模水电站按照流域相对位置及水力联系关系进行分区。

水电站群系统总分区：{雅砻江分区：锦屏一级水电站，二滩水电站}，{金沙江分区：乌东德水电站，白鹤滩水电站，溪洛渡水电站，向家坝水电站}，{大渡河分区：瀑布沟水电站}，{岷江分区：紫坪铺水电站}，{嘉陵江分区：亭子口水电站}，{乌江分区：彭水水电站，构皮滩水电站}，{三峡分区：三峡水电站，葛洲坝水电站}，{清江分区：水布垭水电站，隔河岩水电站}。

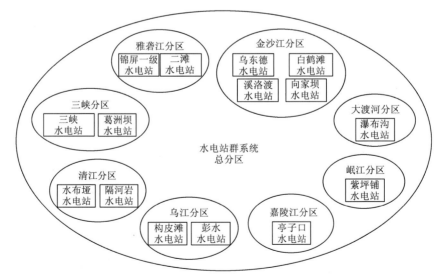

图 3-11　长江中上游大规模水电站群虚拟分区示意图

将分区优化调度方法用于该水电站群系统长期发电优化调度中，以年为调度周期，月为时段，对比分析不同来水情况下调度情景，分别选取丰水年（1999 年）、平水年（1983

年）、枯水年（1992 年）的长江干流典型代表年径流数据作为模型输入，同时，为验证分区优化算法的有效性，理论较为成熟的 POA-DPSA（李义 等，2004）也被用于该问题的求解中，综合考虑收敛精度和计算试验，经反复试验选取分区优化迭代次数为 50，EGPSO 算法进化代数为 100，其他参数设置与本章保持一致，POA-DPSA 中算法迭代步数取 10，水位离散步长 L^t 随迭代次数 G 收缩，即 $L^t=L^0 \times 0.8^t$，$L^0=0.5$，该算法以各库动态规划计算结果为初始解，动态规划离散步数为 100。为说明大规模水电站群协同发电优化调度效果，单库调度的计算结果也在图表中给出，单库调度是指各电站只考虑自身最有利运行方式，以自身发电量最大为目标独立运行，而不考虑上、下游电站水力电力补偿效应。不同来水情况下模型计算结果如表 3-7 所示，不同水平年各分区出力过程如图 3-12 所示。限于篇幅，仅列出平水年各电站及分区调度过程，如表 3-8～表 3-10、图 3-13～图 3-14 所示。

表 3-7　不同来水情况下模型计算结果

典型代表年	优化方法	总发电量/（10^8 kW·h）	总弃水量/（10^8 m³）	计算时间/s
丰水年	分区优化	4 636.56	1 765.40	40.09
	POA-DPSA	4 633.79	1 821.80	118.75
	单库调度	4 620.77	1 887.70	78.35
平水年	分区优化	4 043.77	1 405.80	40.09
	POA-DPSA	4 023.50	1 502.00	116.17
	单库调度	4 016.00	1 581.10	79.73
枯水年	分区优化	3 777.11	653.20	38.39
	POA-DPSA	3 769.30	768.90	118.43
	单库调度	3 759.37	820.50	80.77

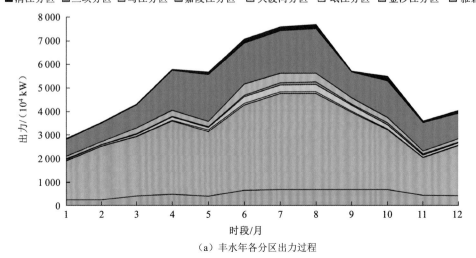

（a）丰水年各分区出力过程

图 3-12　不同水平年各分区出力过程

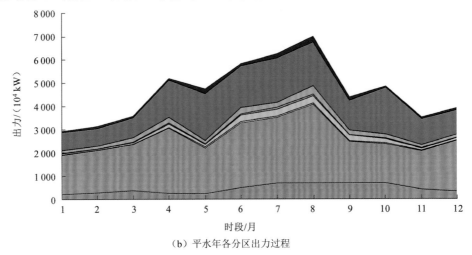

（b）平水年各分区出力过程

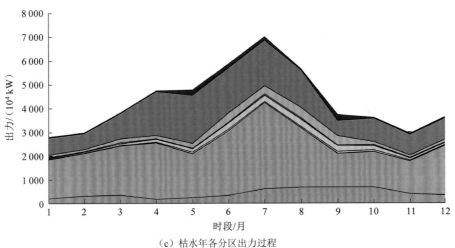

（c）枯水年各分区出力过程

图 3-12　不同水平年各分区出力过程（续）

表 3-8　平水年不同分区发电量及弃水量

分区	发电量/（10^8 kW·h）			弃水量/（10^8 m³）		
	分区优化	POA-DPSA	独立计算	分区优化	POA-DPSA	独立计算
雅砻江分区	393.80	394.75	396.14	194.30	207.40	194.30
金沙江分区	1 940.29	1 935.34	1 926.20	0.00	3.80	38.00
岷江分区	30.22	30.12	30.22	0.00	0.00	0.00
大渡河分区	142.47	143.25	144.13	0.00	0.00	0.00
嘉陵江分区	34.09	34.28	34.7	0.00	0.00	0.00
乌江分区	163.85	165.56	165.33	0.00	0.00	0.00

续表

分区	发电量/（10⁸ kW·h）			弃水量/（10⁸ m³）		
	分区优化	POA-DPSA	独立计算	分区优化	POA-DPSA	独立计算
三峡分区	1 243.39	1 224.37	1 223.64	1 211.50	1 290.80	1 348.80
清江分区	95.66	95.38	95.64	0.00	0.00	0.00
总计	4 043.77	4 023.05	4 016.00	1 405.80	1 502.00	1 581.10

表 3-9　平水年各水电站各时段出力　（单位：10⁴ kW）

时段/月	1	2	3	4	5	6	7	8	9	10	11	12
锦屏一级水电站	112	112	110	111	109	341	360	360	360	360	212	158
二滩水电站	108	106	106	111	244	330	330	330	330	330	206	175
乌东德水电站	327	304	328	309	392	585	621	761	564	386	308	341
白鹤滩水电站	501	482	494	514	587	1 263	873	1 045	560	489	477	612
溪洛渡水电站	561	615	522	639	843	1 260	857	1 016	439	542	569	819
向家坝水电站	287	314	268	327	470	640	473	559	231	264	291	419
紫坪铺水电站	14	11	13	24	59	59	55	61	23	42	29	21
瀑布沟水电站	50	50	55	94	210	280	297	307	257	180	90	95
亭子口水电站	27	15	26	28	51	46	100	73	14	39	32	21
构皮滩水电站	64	69	67	67	102	122	136	252	135	96	75	85
彭水水电站	59	52	72	89	117	108	168	106	56	70	46	45
三峡水电站	641	600	607	1 011	1 864	1 649	1 669	1 654	1 041	1 703	925	860
葛洲坝水电站	138	130	132	202	265	257	236	228	230	291	187	178
水布垭水电站	19	53	36	36	105	48	100	133	82	27	37	48
隔河岩水电站	19	39	29	29	93	38	80	106	56	23	28	43

表 3-10　平水年各电站各时段下泄流量　（单位：m³/s）

时段/月	1	2	3	4	5	6	7	8	9	10	11	12
锦屏一级水电站	569	763	985	626	498	1 625	2 517	5 143	2 884	1 936	1 078	808
二滩水电站	666	837	1 289	1 025	1 153	1 943	3 008	6 147	2 759	2 132	1 287	1 107
乌东德水电站	2 478	2 494	3 123	2 928	2 497	3 850	5 283	6 382	4 438	2 934	2 334	2 640
白鹤滩水电站	2 587	2 675	3 189	4 829	2 550	4 792	5 346	6 448	3 189	2 585	2 464	3 216
溪洛渡水电站	2 922	3 401	3 348	5 512	4 409	6 324	5 569	6 656	2 627	2 957	2 965	4 367
向家坝水电站	3 036	3 521	3 458	5 645	4 845	6 470	5 675	6 766	2 629	2 874	3 078	4 556
紫坪铺水电站	126	100	113	211	585	655	612	672	225	372	256	193
瀑布沟水电站	338	318	516	1 276	849	2 214	2 361	2 450	1 955	1 298	619	662

续表

时段/月	1	2	3	4	5	6	7	8	9	10	11	12
亭子口水电站	371	203	365	695	475	825	1 441	1 153	207	532	437	285
构皮滩水电站	376	411	601	789	245	996	381	1 560	813	573	444	513
彭水水电站	840	744	1239	1 669	1346	1888	2 202	1 614	806	1005	662	651
三峡水电站	6 606	6 352	7 252	14 079	21 182	21 862	29 473	32 454	12 496	17 782	9 561	8 964
葛洲坝水电站	6 607	6 352	7 252	14 079	21 182	21 862	29 473	32 454	12 496	17 782	9 561	8 964
水布垭水电站	113	311	211	211	637	292	620	821	503	158	216	289
隔河岩水电站	185	380	280	280	935	388	824	1 093	573	220	277	422

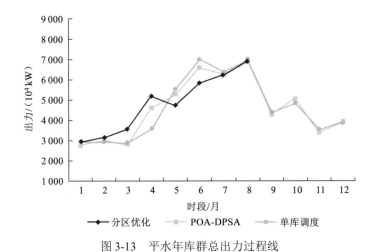

图 3-13　平水年库群总出力过程线

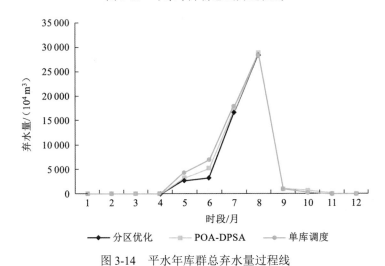

图 3-14　平水年库群总弃水量过程线

　　分析表 3-7 可知，与单库调度方式相比，丰水年、平水年、枯水年分区优化计算梯级联合调度结果分别增发电量 15.79×10^8 kW·h、27.77×10^8 kW·h、17.74×10^8 kW·h，相应

减少弃水量 $122.30 \times 10^8 \, \mathrm{m}^3$、$175.30 \times 10^8 \, \mathrm{m}^3$、$167.30 \times 10^8 \, \mathrm{m}^3$，证明梯级水电站群联合调度能提高水库群整体发电效益，同时减少弃水量，提高了流域整体水量利用率；分区优化和 POA-DPSA 两种算法在求解大规模水电站群协同发电优化调度问题时，从计算结果分析，丰水年、平水年、枯水年分区优化计算结果分别增发电量 $2.77 \times 10^8 \, \mathrm{kW \cdot h}$、$20.27 \times 10^8 \, \mathrm{kW \cdot h}$、$7.81 \times 10^8 \, \mathrm{kW \cdot h}$，相应减少弃水量 $56.40 \times 10^8 \, \mathrm{m}^3$、$96.20 \times 10^8 \, \mathrm{m}^3$、$115.70 \times 10^8 \, \mathrm{m}^3$。这说明基于 EGPSO 算法的分区优化方法求解梯级水电站群发电量最大模型时有全局寻优能力，能达到全局近似最优解，且计算结果满足电站实际运行要求，多次计算结果稳定，说明分区优化对初始解不敏感，计算结果合理可靠，鲁棒性强；两种算法在同样采取降维策略的情况下，分区优化计算分别耗时 40.09 s、40.09 s 和 38.39 s，同等条件下 POA-DPSA 耗时 118.75 s、116.17 s 和 118.43 s，主要原因是数学规划方法在处理诸多不可行解时会造成计算资源浪费，而分区优化在保证调度结果较优的前提下极大地提高了寻优速度，证明在面对大规模水电站群优化调度问题时，分层分区降维策略能在保证计算精度的同时有效提高计算效率。

分析表 3-8 可知，分区优化得出的联合调度方案相比于各分区单独优化后的结果增发电量主要在金沙江分区和三峡分区，而长江支流流域电站发电量维持平衡或相对减少，证明协同发电优化调度中补偿效益对优化水资源分配、提高系统总体发电效益有着积极作用。在系统总发电量最大目标下，通过水电站群联合调度，在牺牲局部电站部分发电效益的同时使装机容量与年均径流量比值大的电站得到电量补偿，从而实现整个流域电站群发电效益最大化。

由图 3-13 和图 3-14 可知，分区优化计算电站群分区优化联合调度方案 5～7 月弃水量小于单库调度方案，相应在 5～6 月后者出力高于前者，主要原因是汛期的季节性来水使出力增加。但该方案未能充分利用调节性能强的电站对水量的调蓄作用，联合调度方案 2～4 月出力大于单库调度方案，进而带来全年总发电量增加，证明通过流域库群的调蓄作用合理分配全年的不均匀来水，可在增加枯水期发电量的同时提高全年发电效益和保证出力。

3.2　流域梯级电站群短期发电优化调度

3.2.1　流域梯级电站群短期发电优化调度模型

1. 目标函数

流域梯级电站群分区多级精细化调度最终可分解为单一电网下同一梯级电站的联合优化调度，之后由最低级的电网内梯级电站群叠加至电网间流域梯级电站群，获得流域梯级电站群联合优化调度最优解。

结合短期水文预报和中期调度水位控制过程，可获得短期优化调度使用水量，以发电量最大为目标建立模型如下：

$$E = \max \sum_{k=1}^{M_p} \sum_{l=1}^{M_g} \sum_{i=1}^{M_h} \sum_{t=1}^{T} N_{k,l,i}^t (Q_{k,l,i}^t, H_{k,l,i}^t) \cdot \Delta t \tag{3-16}$$

式中：E 为流域梯级电站群整个周期内的总发电量；$N_{k,l,i}^t(Q_{k,l,i}^t, H_{k,l,i}^t)$ 为第 k 个区域电网中第 l 个梯级电站群第 i 个电站第 t 时段的出力 $N_{k,l,i}$ 的函数；$Q_{k,l,i}^t$ 为第 k 个区域电网中第 l 个梯级电站群第 i 个电站第 t 时段的发电引用流量；$H_{k,l,i}^t$ 为第 k 个区域电网中第 l 个梯级电站群第 i 个电站第 t 时段的水头；Δt 为时段时长；M_p 为流域梯级电站群互联的区域电网个数；M_g 为区域电网中梯级电站群的个数；M_h 为梯级电站中电站的个数。

由于电站在电网承担的角色不同，有以调频、调峰为主要任务的电站，也有以发电为主要任务的电站，外加电站规划建造成本不同等，可能造成不同电站上网电价或者同一电站不同时段上网电价存在一定差异。因此，以流域梯级电站群经济效益最大为目标建立模型如下：

$$C = \max \sum_{k=1}^{M_p} \sum_{l=1}^{M_g} \sum_{i=1}^{M_h} \sum_{t=1}^{T} N_{k,l,i}^t (Q_{k,l,i}^t, H_{k,l,i}^t) \cdot \Delta t \cdot \eta_{k,l,i}^t \tag{3-17}$$

式中：C 为流域梯级电站群整个周期内的经济效益；$\eta_{k,l,i}^t$ 为第 k 个区域电网中第 l 个梯级电站群第 i 个电站第 t 时段的上网电价。

水电站以其快速调节能力多在电网中承担调峰、调频等任务，将可运用水量尽量安排至用电高峰时段，以减轻系统调峰压力，改善供电质量。因此，以流域梯级电站群调峰电量最大为目标建立模型如下：

$$E_{peak} = \max \sum_{k=1}^{M_p} \sum_{l=1}^{M_g} \sum_{i=1}^{M_h} \sum_{t=1}^{T} N_{k,l,i}^t (Q_{k,l,i}^t, H_{k,l,i}^t) \cdot \Delta t \cdot \beta_{k,l,i}^t \tag{3-18}$$

式中：E_{peak} 为流域梯级电站群整个调度周期内的调峰电量；$\beta_{k,l,i}^t$ 为第 k 个区域电网中第 l 个梯级电站群第 i 个电站第 t 时段的调峰形状参数。

2．约束条件

此处，已知梯级各电站初始水库水位及末时段水库水位。

1）梯级电站间的水力联系

梯级电站间的水力联系公式为

$$I_{k,l,i}^t = Q_{k,l,i-1}^t + S_{k,l,i}^t + R_{k,l,i}^t \tag{3-19}$$

式中：$I_{k,l,i}^t$ 为第 k 个区域电网中第 l 个梯级电站群第 i 个电站第 t 时段的入库流量；$S_{k,l,i}^t$ 为第 k 个区域电网中第 l 个梯级电站群第 i 个电站第 t 时段的弃水流量；$R_{k,l,i}^t$ 为第 k 个区域电网中第 l 个梯级电站群第 $i-1$ 个电站与第 i 个电站在第 t 时段的区间入流。

2）水量平衡

水量平衡公式为

$$V_{k,l,i}^t = V_{k,l,i}^{t-1} + (I_{k,l,i}^t - Q_{k,l,i}^t - S_{k,l,i}^t) \cdot \Delta t \tag{3-20}$$

式中：$V_{k,l,i}^t$、$V_{k,l,i}^{t-1}$ 分别为第 k 个区域电网中第 l 个梯级电站群第 i 个电站在第 t 和 $t-1$ 时段的库容。

3）库容限制

库容限制公式为

$$V_{k,l,i}^{\min} \leqslant V_{k,l,i}^{t} \leqslant V_{k,l,i}^{\max} \tag{3-21}$$

式中：$V_{k,l,i}^{\max}$、$V_{k,l,i}^{\min}$ 分别为第 k 个区域电网中第 l 个梯级电站群第 i 个电站的库容上、下限。

4）电站下泄流量限制

电站下泄流量限制公式为

$$Q_{k,l,i}^{\min} \leqslant Q_{k,l,i}^{t} + S_{k,l,i}^{t} \leqslant Q_{k,l,i}^{\max} \tag{3-22}$$

式中：$Q_{k,l,i}^{\max}$、$Q_{k,l,i}^{\min}$ 分别为第 k 个区域电网中第 l 个梯级电站群第 i 个电站下泄流量的上、下限。

5）电站出力限制

电站出力限制公式为

$$N_{k,l,i}^{\min} \leqslant N_{k,l,i}^{t}(Q_{k,l,i}^{t}, H_{k,l,i}^{t}) \leqslant N_{k,l,i}^{\max} \tag{3-23}$$

式中：$N_{k,l,i}^{\max}$、$N_{k,l,i}^{\min}$ 分别为第 k 个区域电网中第 l 个梯级电站群第 i 个电站出力的上、下限。

6）区域电网内电站群最小出力约束

区域电网内电站群最小出力约束公式为

$$P_{\mathrm{dis},k}^{t\min} \leqslant \sum_{k=1}^{M_{\mathrm{p}}} \sum_{l=1}^{M_{\mathrm{g}}} \sum_{i=1}^{M_{\mathrm{h}}} \sum_{t=1}^{T} N_{k,l,i}^{t}(Q_{k,l,i}^{t}, H_{k,l,i}^{t}) \leqslant P_{\mathrm{dis},k}^{t\max} \tag{3-24}$$

式中：$P_{\mathrm{dis},k}^{t\min}$、$P_{\mathrm{dis},k}^{t\max}$ 分别为第 k 个区域电网时段 t 时电网需要该区域内梯级电站群提供的最小负荷和可以接入的最大负荷，一般最小负荷默认为 0。

7）单一电站机组出力振动区限制

单一电站机组出力振动区限制公式为

$$\mathrm{NS}_{k,l,i,j} \notin \mathrm{Vib}_{k,l,i,j} \tag{3-25}$$

式中：$\mathrm{NS}_{k,l,i,j}$ 为第 k 个区域电网中第 l 个梯级电站群第 i 个电站第 j 型机组的出力；$\mathrm{Vib}_{k,l,i,j}$ 为第 k 个区域电网中第 l 个梯级电站群第 i 个电站第 j 型机组的出力振动区间。

8）单一电站出力变幅限制

单一电站出力变幅限制公式为

$$N_{k,l,i}^{t} - N_{k,l,i}^{t-1} \leqslant \mathrm{NC}_{k,l,i} \tag{3-26}$$

式中：$\mathrm{NC}_{k,l,i}$ 为第 k 个区域电网中第 l 个梯级电站群第 i 个电站允许的时段最大出力变幅。

9）单一电站库水位变幅限制

单一电站库水位变幅限制公式为

$$Z_{k,l,i}^{t} - Z_{k,l,i}^{t-1} \leqslant \mathrm{ZC}_{k,l,i} \tag{3-27}$$

式中：$Z_{k,l,i}^{t}$、$Z_{k,l,i}^{t-1}$、$ZC_{k,l,i}$ 分别为第 k 个区域电网中第 l 个梯级电站群第 i 个电站在第 t 和 $t-1$ 时段的库水位与时段间允许的库水位最大变幅。

10）单一电站出库流量变幅限制

单一电站出库流量变幅限制公式为

$$Q_{k,l,i}^{t}-Q_{k,l,i}^{t-1}\leqslant QC_{k,l,i} \tag{3-28}$$

式中：$QC_{k,l,i}$ 为第 k 个区域电网中第 l 个梯级电站群第 i 个电站时段间允许的出库流量最大变幅。

3.2.2　流域梯级电站群短期发电优化调度模型求解方法

本节提出模拟退火粒子群混合优化算法对区划后的流域梯级电站群最小优化单元进行求解。以种群中各粒子位置表示各级电站时段出力，在其出力范围内进行遍历寻优。

模拟退火算法是由学者 Metropolis 仿照热力学中的物理淬火过程而提出的。其基本原理是从初始温度起，按一定比例逐步降温直至冷却的过程。在此过程中，可以一定的概率跳出局部最优值，并在局部空间中继续随机寻找全局最优解。因此，将其引入粒子群算法，提高粒子群算法的全局寻优能力。

模拟退火算法局部寻优具体流程如下。

步骤 1：初始化，设定初始温度 θ，并随机产生一个初始最优点 s，计算相应的目标函数值 f；设置当前迭代次数 g 为 1，总迭代次数为 $G_{\max}$。

步骤 2：随机产生新的次优点 s'，计算其目标函数值 f'，并计算目标值增量 $\Delta=f'-f$。

步骤 3：若增量值大于 0，用次优点代替当前最优点，否则以概率 $p=\exp(-\Delta/\theta)$ 接收次优点作为当前最优点。

步骤 4：若迭代次数未达到最大值，则返回步骤 2。

步骤 5：依据 $T(g+1)=\lambda\cdot T(g)$ 降温，其中 $1>\lambda>0$。若未达冷却状态 $\theta=T(g+1)$，返回步骤 2，否则输出最优解。

将该算法作为局部搜索算法，优化粒子群算法每代进化过程中的历史最优值，可有效跳出局部极值，增强算法的全局寻优能力。运用该模拟退火粒子群混合算法不受电站数量限制，可快速得到高质量解，满足大规模复杂水电站群发电优化的快速求解要求，优化计算结果可以直接应用于实际工程。

3.2.3　实例研究

本节以三峡梯级与清江梯级联合优化运行为实例，结合厂网协调模式，运用流域梯级电站群分层分区分级方法，进行优化建模求解。三峡梯级（三峡水电站–葛洲坝水电站）和清江梯级（水布垭水电站–隔河岩水电站–高坝洲水电站）总装机容量约 $2\,400\times10^{4}\,\mathrm{kW}$，年均发电量达 $1\,100\times10^{8}\,\mathrm{kW\cdot h}$，分属国家电网和华中电网调度管理，如图 3-15 所示。三峡梯级与清江梯级属于不同的电网级别调度,其中三峡梯级电站由国家电网直接调度,清江梯级电站由华中电网调度;三峡梯级和清江梯级各水库调节性能差异大,为电力补偿调度提供了条件;三峡梯级和清江梯级通过相同的电力外送通道联系,不需要调整其他电力通道的潮流,可实现事故、备用等电网安全互补优化调度。

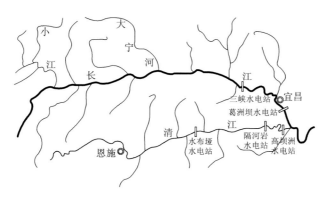

图 3-15　三峡梯级与清江梯级示意图

结合本节所提流域梯级电站群分区分级原则,三峡梯级与清江梯级隶属电网的管理部门不同,该大规模电站群联合优化调度过程中,可将三峡梯级、清江梯级电站群按其隶属电网进行分区,分区形式为:电网级别分层 1={三峡水电站-葛洲坝水电站};电网级别分层 2={网内分级[水布垭水电站]+[隔河岩水电站-高坝洲水电站]}。流域梯级总体优化可以转换为对三峡水电站、葛洲坝水电站、水布垭水电站、隔河岩水电站、高坝洲水电站的分别优化。

通过协调电网吸纳电量与梯级电站群具有的发电能力,以该大规模电站群某日实际入库径流为例,分别以发电量最大和经济效益最大为目标,建立该大规模电站群短期联合优化调度模型,以 1 d 为一个调度周期,15 min 为一个时段,共计 96 个时段,运用模拟退火粒子群混合优化算法进行优化求解。其中,以发电量最大为目标的大规模电站群联合优化调度的各级电站的时段出力及总发电量如表 3-11 所示。相比当日该电站群实际发电量 $27\ 968 \times 10^4\ \mathrm{kW \cdot h}$,联合优化后发电量为 $28\ 249 \times 10^4\ \mathrm{kW \cdot h}$,增加约 1.0%的发电量。同时,图 3-16～图 3-20 为各级电站当日库水位的变化过程,均满足各电站的实际工程约束。

表 3-11　三峡梯级和清江梯级电站群各时段出力及总发电量

时段	各级电站出力/(10^4 kW)				
	三峡水电站	葛洲坝水电站	水布垭水电站	隔河岩水电站	高坝洲水电站
1	779	182	117	65	22
2	779	182	119	61	21
3	779	182	112	63	21
4	779	182	111	55	22
5	779	182	92	59	21

续表

时段	各级电站出力/（10^4 kW）				
	三峡水电站	葛洲坝水电站	水布垭水电站	隔河岩水电站	高坝洲水电站
6	779	182	91	63	21
7	779	182	109	50	16
8	779	182	92	59	21
9	779	182	98	57	18
10	779	182	115	64	23
11	779	182	105	60	15
12	779	182	110	62	21
13	779	182	95	61	22
14	779	182	91	53	18
15	779	182	99	64	24
16	779	182	87	55	15
17	779	182	111	61	23
18	779	182	113	59	19
19	779	182	90	55	21
20	779	182	112	65	21
21	779	182	112	61	21
22	779	182	100	66	21
23	779	182	103	56	20
24	779	182	115	61	22
25	779	182	115	65	21
26	779	182	101	63	22
27	779	182	110	56	19
28	779	182	97	58	17
29	779	182	113	59	19
30	779	182	98	62	21
31	779	182	94	58	21
32	779	182	113	51	17
33	829	202	112	49	16
34	829	202	88	51	18
35	829	202	101	58	22
36	829	202	107	54	19
37	829	202	91	49	16
38	829	202	87	59	20
39	829	202	94	60	21
40	829	202	90	54	18

续表

时段	各级电站出力/（10^4 kW）				
	三峡水电站	葛洲坝水电站	水布垭水电站	隔河岩水电站	高坝洲水电站
41	829	202	114	63	22
42	829	202	113	53	20
43	829	202	85	56	20
44	829	202	110	56	16
45	829	202	115	62	24
46	829	202	103	65	21
47	829	202	89	56	16
48	829	202	114	65	22
49	804	192	85	56	21
50	804	192	112	49	18
51	804	192	86	64	21
52	804	192	101	58	16
53	804	192	92	56	21
54	804	192	88	61	20
55	804	192	118	65	21
56	804	192	116	56	20
57	804	192	117	58	21
58	804	192	87	52	16
59	804	192	99	56	20
60	804	192	92	59	19
61	804	192	96	52	18
62	804	192	114	63	22
63	804	192	114	64	22
64	804	192	118	58	18
65	829	202	118	52	19
66	829	202	98	57	20
67	829	202	94	63	21
68	829	202	118	55	22
69	829	202	114	51	16
70	829	202	106	57	16
71	829	202	119	57	21
72	829	202	109	57	21
73	829	202	99	58	18
74	829	202	89	66	24
75	829	202	111	55	21

续表

时段	各级电站出力/（10^4 kW）				
	三峡水电站	葛洲坝水电站	水布垭水电站	隔河岩水电站	高坝洲水电站
76	829	202	97	65	19
77	829	202	91	59	21
78	829	202	110	59	22
79	829	202	87	56	17
80	829	202	103	66	23
81	804	192	91	56	19
82	804	192	104	63	21
83	804	192	118	63	21
84	804	192	88	62	21
85	804	192	88	60	18
86	804	192	87	56	21
87	804	192	113	65	22
88	804	192	90	54	20
89	804	192	102	55	18
90	804	192	85	56	18
91	804	192	90	62	21
92	804	192	99	62	21
93	804	192	119	59	17
94	804	192	104	64	23
95	804	192	118	63	21
96	804	192	87	58	21
各电站总发电量 /（10^4 kW·h）	19 296	4 608	2 458	1 409	478
电站群总发电量 /（10^4 kW·h）	28 249				

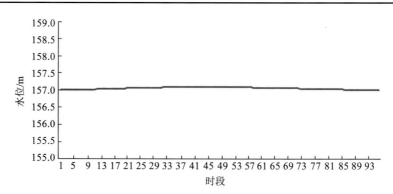

图 3-16　三峡水电站库水位变化过程

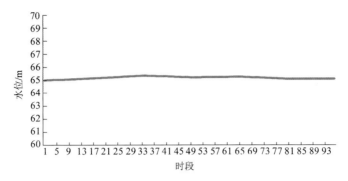

图 3-17 葛洲坝水电站库水位变化过程

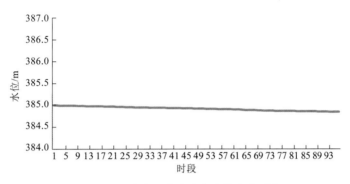

图 3-18 水布垭水电站库水位变化过程

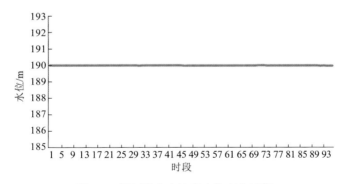

图 3-19 隔河岩水电站库水位变化过程

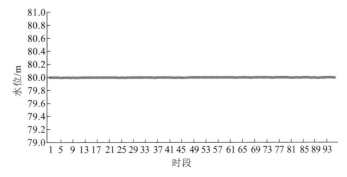

图 3-20 高坝洲水电站库水位变化过程

　　由于三峡水电站、葛洲坝水电站、水布垭水电站、隔河岩水电站、高坝洲水电站这 5 个水电站在电网中的职能有所不同，上网电价也有所不同，具体如表 3-12 所示。以梯级电站群经济效益最大为目标的优化调度模型的求解结果和各级电站各时段发电量如表 3-13 和图 3-21 所示。对比结果可知，上网电价高的清江梯级发电量增加，三峡梯级相对降低，相比于当日电站实际发电量增加 241×10^4 kW·h，相比于发电量最大最优解减少发电量 39×10^4 kW·h，但整体经济效益增加 15.824 万元。

表 3-12　三峡梯级和清江梯级电站群各电站上网电价

参数	三峡水电站	葛洲坝水电站	水布垭水电站	隔河岩水电站	高坝洲水电站
上网电价/元	0.25	0.195	0.395	0.344	0.415

表 3-13　三峡梯级和清江梯级电站群各电站发电量（经济效益最大）与经济效益

参数	三峡水电站	葛洲坝水电站	水布垭水电站	隔河岩水电站	高坝洲水电站	合计
发电量/（10^4 kW·h）	19 206	4 516	2570	1 415	502	28 209
效益/万元	4 801.5	880.62	1 015.15	486.76	208.33	7 392.36

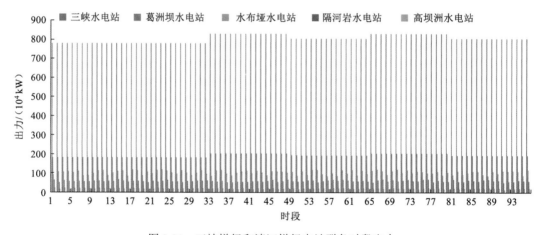

图 3-21　三峡梯级和清江梯级电站群各时段出力

　　综合以上分析可知，清江梯级电站群与三峡梯级电站群联合调度运行可实现汛期水电站群之间的调峰补偿，充分利用水量，提高枯水期发电水头，增强可调出力机组备用可靠性，增加调频、调相方面的可靠性，提高电力系统安全性等；能改善丰水期电网调峰能力不足的状况，使水电站特别是其中所占比重大的三峡水电站、葛洲坝水电站减少被迫调峰产生的弃水量，提高三峡水电站季节性电能利用率。

3.3　流域梯级电站群实时 AGC

3.3.1　电网 AGC 与水电站 AGC

1. 电网 AGC

电网 AGC 系统是能量管理系统（energy management system，EMS）的关键组成部分，通过维持区域联络线交换功率为计划值来使电网频率维持在 50 Hz 额定值，以此来消除电力系统中由负荷波动引起的频率偏差及相邻区域电网的交换功率偏差，同时将能量管理系统发出的指令下达至各电网中承担调频任务的相关电站和机组，实现电力系统中发电的自动控制，并达到运行成本最小。

电网 AGC 功能的实现主要通过负荷频率控制（load frequency control，LFC）和经济调度（economic dispatch，ED）两个子部分完成。电网 AGC 功能结构如图 3-22 所示。

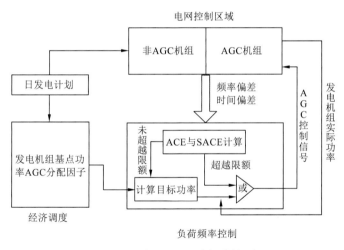

图 3-22　电网 AGC 功能结构图

控制区的电网调度中心根据电力系统的负荷预测、联络线交换计划和电站的可用出力安排次日的发电计划，并下达到各级电站。在实际运行中，电网调度中心根据电网负荷预测值及机组实际工况进行优化调度计算，对 AGC 机组进行机组间的最优负荷分配。

1）电网 AGC 的控制方式

电网 AGC 作为一个闭环控制系统主要分为两个控制层：其一为电力调度中心直接控制机组负荷分配的闭合回路，AGC 通过现地控制单元（local control unit，LCU）、通道和电力系统数据采集与监视（supervisory control and data acquisition，SCADA）系统获得所需的实时监测数据，如频率、时差、频差、联络线功率、机组功率、上下限功率、机组开停机状态等。由 AGC 程序计算出各受控电站或机组的所需有功功率，发出的控制指令经过

SCADA 系统、通道、LCU 送到各级电站控制器；其二为电站内部控制回路，由电站控制器进行调节，实现 AGC 下达的控制命令。AGC 下达命令可以是设定功率，也可以是调节增量。

根据电网控制不同的目的，电网 AGC 可以分为 7 种控制方式：联络线功率偏差控制、定频率控制、定净交易功率控制、时差校正控制、交换电能校正控制、自动修正时差及交换电能差控制。

区域控制误差（area control error，ACE）由式（3-29）决定：

$$\text{ACE} = (P_A - P_S) - 10B\left[(f_A - f_S) + K_T(T_A - T_S)\right] \tag{3-29}$$

式中：T_A 为实际电钟时间；T_S 为实际标准时间；P_A 为实际输电线功率；P_S 为预定输电线功率；f_A 为实际系统频率；f_S 为预定标准频率；$10B$ 为系统频率偏置，其中 B 为负值；K_T 为系数。

规定本区域向外送功率为正，即本区域内发电功率超过负荷时需要 ACE 为正，此时，要减少发电功率。然而，如果频繁调整机组出力会缩短电站机组的运行寿命，则在实际运行过程中对 ACE 信号应进行适当处理。同时，电力系统中有些快速变化分量会自动恢复平稳，无须做出响应。ACE 需要响应的变化有：反映系统日负荷变化和实际负荷与预期负荷之间差别的系统较慢负荷变化；反映失去机组或负荷等情况的系统较快负荷变化。对电力系统负荷变化的合理快速响应可以使发电和负荷之间恢复平衡。

2）电网 AGC 下的机组运行状态

在电网 AGC 中，各电站机组的控制方式主要反映机组所处状态的可控性能。水电站机组主要有 7 种运行状态，具体包括：机组不可用状态，机组处于检修过程或发生故障；机组离线状态，机组停机，而工况性能完好，可以随时投入发电运行；现地单元控制状态，现地单元控制机组；AGC 状态，水电机组执行自上一级调度部门的 AGC 指令；人工设点状态，机组接受上级电力调度工作人员的手动控制；机组经济调度状态，按照电站经济运行方案安排机组运行；计划调度状态，机组按照发电计划负荷曲线运行。

电网实际运行过程中，使用机组的高效运行点和 ACE 来计算机组有功功率值，如此可在消除 ACE 的同时使水电站机组的耗流量最小。但在应用过程中，由于同一水电站不同机组的耗量曲线可能相差较大，并且不是严格的单调凹曲线，而是呈现非凸、非线性等特点，无法使用传统数学规划法。此外，随着"厂网分开，竞价上网"电力体制的逐渐实施，电网经济调度目标也随之发生改变。考虑电网运行安全因素，可将重点放在 ACE 的快速消除上。当 ACE 长时间越限时，由调度中心调整一部分未受控机组的出力，给 AGC 可调机组留出可备用空间，同时也加快 ACE 的调整速度。

2. 水电站 AGC

水电站 AGC 系统是电网 AGC 的一个子系统，与火电站 AGC 子系统并列，通常采用功率成组调节装置，按流量（或水位）调节装置等实现水电站机组有功功率控制（施冲 等，2001）。由于水电站机组装机容量越来越大，且调节性能好，调节速度快，水电站可有效承担电力系统负荷曲线中的峰荷及腰荷。同时，随着水电站计算机监控系统的投入运行和不断完善，水电站机组控制也更加灵活、有效。水电站 AGC 能按预定的条件和要求，快速、经济地调节水轮发电机组的出力以满足电力系统的有功功率需求。水电站 AGC 接收功率指令的方式有两种：一种是接收电网调度中心下达的次日水电站的日负荷运行曲线、次日水电站机组出力执行曲线，以便按计划进行功率控制，如水电站内所有机组均参与 AGC 运行，则与短期调度中的厂内经济运行相同；另一种为根据电网运行需要，由电网调度中心的 AGC 程序定时给定电站（或机组）的功率来进行控制，该功率可由电网频率偏差计算给出，也可由电网调度中心计算后直接下达指令。水电站 AGC 对机组的有效控制，为电网的安全、稳定、经济运行提供了有力保障。

1）水电站 AGC 基本组成

电网调度中心的能量管理系统或水电站的计算机监控系统根据水电站的总有功功率给定值或系统频率目标值对电站各机组的有功功率进行分配调节。所分配机组出力需要满足机组不可运行区（如空蚀区、振动区）、当前水头下机组出力限制等运行条件。在保证水电站和电力系统安全稳定运行的前提下，AGC 运行以电站耗水量最小或经济效益最大为原则，合理确定机组运行台数和机组组合，使机组运行在高效稳定区域，并制定时段间的机组启停计划，使其能够快速响应水电站有功功率，对系统频率变化做出反应，以满足电力系统的实时性要求。

水电站 AGC 主要由水轮发电机组、计算机监控系统、通信工作站、机组调功装置及 LCU 等构成。图 3-23 为水电站 AGC 系统结构图。

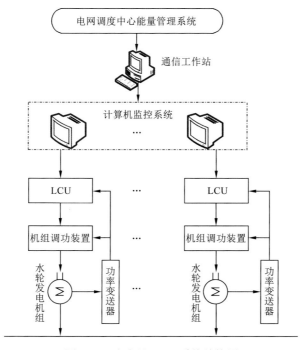

图 3-23　水电站 AGC 系统结构图

2）水电站 AGC 的控制方式

水电站 AGC 的控制方式有频率控制方式和功率控制方式两种，具体如下。

第一种，频率控制方式。水电站 AGC 分配的有功功率值 P_{AGC} 根据系统频率偏差来设定，即

$$P_{AGC} = P_{ACT} + K \cdot \Delta f - P_{\overline{AGC}} \tag{3-30}$$

式中：P_{AGC} 为水电站 AGC 分配的有功功率值；P_{ACT} 为电站实发总有功功率值；$P_{\overline{AGC}}$ 为不参加 AGC 运行的机组实发有功功率值之和；K 为系统调频系数；Δf 为系统频率偏差。

水电站 AGC 在运行过程中，为避免电站负荷的频繁调节，AGC 设置有电站调节死区和机组调节死区。如果参与 AGC 运行的机组进入其机组调节死区而水电站 AGC 未进入调节死区，则 AGC 自动选择实发值与 AGC 设定值相差最大且与全厂差值方向相同的机组进行微调，直至进入水电站 AGC 调节死区。

在设立水电站调节死区的同时，在水电站 AGC 方式下也需要设定机组启动死区，其目的是当水电站 AGC 进入调节死区后停止调节时，若不参加 AGC 的机组出力发生变化而引起水电站有功实发值偏离设定值，当其偏离值小于启动死区且电站设定值未发生变化时，AGC 不重新启动调节。在水电站负荷设定值未改变时，只有当水电站有功实发值偏离水电站 AGC 有功设定值幅度大于启动死区值时，AGC 才重新调节。

第二种，功率控制方式。可通过有功设定曲线或给定的有功功率值计算水电站 AGC 分配的总有功功率 P_{ACT}，具体如下：

$$P_{ACT} = P_{SET} - P_{\overline{AGC}} \tag{3-31}$$

式中：P_{ACT} 为水电站 AGC 分配的总有功功率值；P_{SET} 为水电站有功功率总设定值；$P_{\overline{AGC}}$ 为不参加 AGC 运行的机组实发有功功率值之和。

3）水电站 AGC 模型

首先，介绍目标函数。

耗水量最小模型适用于具有日调节能力以上的水电站，具体模型如下。

考虑耗水量最小：

$$W = \min \sum_{t=1}^{T} \sum_{j=1}^{N_h} q_j^t(N_j^t, H^t) \tag{3-32}$$

式中：W 为水电站的总耗水量；q_j^t 为水电站第 j 台机组在 t 时段的发电引用流量；N_j^t 为水电站第 j 台机组在第 t 时段的出力；H^t 为水电站在 t 时段的水头；N_h 为电站机组台数；T 为总时段数。

然后，介绍约束条件。

负荷平衡：

$$P_{load} = \sum_{j=1}^{N_h} \sum_{t=1}^{T} N_j^t \tag{3-33}$$

式中：P_{load} 为电网调度中心下达的所需调节的有功功率值；N_j^t 为水电站在第 t 时段参与

AGC 运行的第 j 台机组的出力。

　　水量平衡：

$$V_e^t - V_b^t = (Q_{in}^t - Q_{out}^t) \cdot \Delta t \qquad (3\text{-}34)$$

式中：V_e^t 为水电站在第 t 时段的初始库容；V_b^t 为水电站在第 t 时段的末库容；Q_{in}^t 为水电站在第 t 时段的入库流量；Q_{out}^t 为水电站在第 t 时段的出库流量；Δt 为当前时段时长。

　　出力限制：

$$N_j^{min} \leqslant N_j^t \leqslant N_j^{max} \qquad (3\text{-}35)$$

式中：N_j^{max} 为水电站第 j 台机组的出力上限；N_j^{min} 为水电站第 j 台机组的出力下限。

　　电站下泄流量限制：

$$Q^{min} \leqslant Q_{out}^t \leqslant Q^{max} \qquad (3\text{-}36)$$

式中：Q^{max}、Q^{min} 分别为水电站下泄流量的上、下限。

　　库容限制：

$$V^{min} \leqslant V^t \leqslant V^{max} \qquad (3\text{-}37)$$

式中：V^t 为在 t 时段水电站的库容；V^{max}、V^{min} 分别为水电站库容上、下限。

3.3.2　实时 AGC 模型

　　流域梯级电站群实时 AGC 的主要功能在于实时追踪并响应电网负荷变化,且在满足各电站安全稳定运行条件下,使梯级电站整体耗水量最小或调度期末蓄能最大。在实时 AGC 过程中,结合电网超短期负荷预测,需充分考虑上、下级电站间的水量协调与反调节作用和电站间的水流时滞影响。梯级电站群 AGC 是梯级电站短期发电优化调度的重要环节之一。国内外学者对梯级电站群 AGC 问题的研究经历了较长时间,但由于各级水电站的功能性差异及电力市场体制的不同,目前大多数仍停留在理论研究阶段或只局限于某个单体电站,不具有普适性。梯级电站群实时 AGC 不仅要保证各级电站机组在设计水头范围内稳定运行,还要避免电站分开调度时机组经常处于低效率区运行,大幅度减少机组的磨损程度和其他损坏因素(龚传利 等,2009),以提高整个梯级电站的出力运行范围。

　　梯级电站群 AGC 调节有梯级调度中心控制和电站独立控制两种方式。梯级调度中心控制时,梯级电站群 AGC 将电网给定发电计划或即时有功功率优化分配至各级电站;电站独立控制时,各级电站将负荷分配至各 AGC 运行机组,在满足系统要求的同时达到调度期末蓄能最大或电站经济效益最大的目的。

1. 单时段梯级电站群 AGC 数学模型

　　电网运行过程中,负荷或频率突然变化,根据电力系统 EMS 提供的短期负荷预测,梯级电站群 AGC 迅速响应,进行单时段梯级电站负荷的调整,之后仍按原发电计划运行。以控制时段末梯级电站蓄能最大为目标建立数学模型,相比于梯级电站耗水量最小模型,结合了水电能转换过程,考虑了梯级电站上、下游电站间的水头差异,具体如下。

1）目标函数

时段末梯级电站蓄能最大：

$$E_n = \max \sum_{i=1}^{M} (Z_{\mathrm{up},i} - Z_{\mathrm{dn},i})(Q_{\mathrm{in},i} - Q_{\mathrm{out},i}) \qquad (3\text{-}38)$$

式中：E_n 为当前时段末梯级电站总蓄能；$Z_{\mathrm{up},i}$ 为第 i 个电站在当前时段的上游平均水位；$Z_{\mathrm{dn},i}$ 为第 i 个电站在当前时段下游平均水位；$Q_{\mathrm{in},i}$ 为第 i 个电站在当前时段的入库流量；$Q_{\mathrm{out},i}$ 为第 i 个电站在当前时段的出库流量；M 为水电站个数。

2）约束条件

第一，负荷平衡：

$$P_{\mathrm{load}} = \sum_{i=1}^{M} \sum_{j=1}^{N_h} N_{i,j} \qquad (3\text{-}39)$$

式中：P_{load} 为电网调度中心下达的所需调节的有功功率值；$N_{i,j}$ 为第 i 个水电站参与 AGC 运行的第 j 台机组的出力；N_h 为电站机组台数。

第二，水量平衡：

$$V_{\mathrm{e},i} - V_{\mathrm{b},i} = (Q_{\mathrm{in},i} - Q_{\mathrm{out},i}) \cdot \Delta t \qquad (3\text{-}40)$$

式中：$V_{\mathrm{e},i}$ 为第 i 个水电站在当前时段的初始库容；$V_{\mathrm{b},i}$ 为第 i 个水电站在当前时段的末库容；Δt 为当前时段时长。

第三，机组出力限制：

$$N_{i,j}^{\min} \leqslant N_{i,j} \leqslant N_{i,j}^{\max} \qquad (3\text{-}41)$$

式中：$N_{i,j}^{\max}$ 为第 i 个水电站第 j 台机组的稳定运行区出力上限；$N_{i,j}^{\min}$ 为第 i 个水电站第 j 台机组的稳定运行区出力下限。

第四，电站下泄流量限制：

$$Q_i^{\min} \leqslant Q_{\mathrm{out},i} \leqslant Q_i^{\max} \qquad (3\text{-}42)$$

式中：$Q_i^{\max}$、$Q_i^{\min}$ 分别为第 i 个水电站下泄流量的上、下限。

第五，库容限制：

$$V_i^{\min} \leqslant V_i \leqslant V_i^{\max} \qquad (3\text{-}43)$$

式中：V_i 为第 i 个水电站的库容；$V_i^{\max}$、$V_i^{\min}$ 分别为第 i 个水电站库容的上、下限。

2. 当前时段至余留期梯级电站群 AGC 数学模型

电力系统运行过程中，如果系统负荷波动过大，则单一时段的负荷调整难以满足系统要求。同时，梯级电站间水力、电力耦合紧密，约束条件众多，此时单个时段的最优控制仅为局部最优，不能保证整个周期的最优。因此，在单时段梯级电站群 AGC 数学模型的基础上，将计算时段扩展至余留期，以期达到全局最优。同样以梯级水电站调度期末总蓄能最大为原则，实时优化分配当前时段的同时优化余留期各水电站间负荷，数学模型如下。

1）目标函数

$$E_{\mathrm{end}} = \max \sum_{t=1}^{T} \sum_{i=1}^{M_{\mathrm{h}}} (Z_{\mathrm{up},i}^{t} - Z_{\mathrm{dn},i}^{t})(Q_{\mathrm{in},i}^{t} - Q_{\mathrm{out},i}^{t}) \qquad (3-44)$$

式中：E_{end} 为梯级电站整体期末总蓄能；M_{h} 为梯级电站个数；T 为计算时段数目；$Z_{\mathrm{up},i}^{t}$、$Z_{\mathrm{dn},i}^{t}$ 分别为第 i 个电站在第 t 时段的上游平均水位和下游平均水位；$Q_{\mathrm{in},i}^{t}$、$Q_{\mathrm{out},i}^{t}$ 分别为第 i 个水电站在第 t 时段的入库流量和出库流量。

2）约束条件

与单时段梯级电站群 AGC 相同，约束条件有电网负荷平衡、水库水量平衡、水电站出力限制、水库库容限制和水电站下泄流量限制等。在水库水量平衡约束中，考虑梯级电站间的水流时滞问题，可由式（3-45）表示：

$$Q_{\mathrm{in},i}^{t} = Q_{\mathrm{f},i}^{t} + Q_{i-1,\tau_{i-1}} \qquad (i \geqslant 1) \qquad (3-45)$$

式中：$Q_{\mathrm{f},i}^{t}$ 为第 i 个水电站在第 t 个时段的区间径流；τ_{i-1} 为第 $i-1$ 个水电站到第 i 个水电站的水流流达时间；$Q_{i-1,\tau_{i-1}}$ 为第 $i-1$ 个水电站到第 i 个水电站的流量。

通常，梯级电站群 AGC 仅考虑各电站间负荷的最优分配和总蓄能最大，而不考虑机组的启停机问题。机组启停机功能一般由各级电站 AGC 完成。

3.3.3　实时 AGC 模型求解方法

梯级电站群实时 AGC 模型求解的关键在于如何将梯级电站群 AGC 与电站 AGC 有机结合，并选择合适的算法快速求解以满足电力系统的实时性要求。如 3.3.2 小节所述，梯级电站实时发电调度分为两个阶段：一是梯级电站群 AGC 分配电站间的负荷；二是电站 AGC 将分得的负荷优化分配至参与 AGC 运行的机组。电站 AGC 的难点在于确定合理的机组开停机次序，同时在开机机组间进行最优负荷分配。电站 AGC 同时包含表示机组开停状态的 0-1 整型变量和表示机组出力的连续变量，是一个复杂的多约束混合整数非线性规划问题，具有高维、离散、非凸、非线性等特点。传统求解算法有关联预估与微增率逐次逼近相结合法和基于等微增率原则的可行搜索迭代法等。然而，这些算法虽然理论严谨，但时效性较差，难以满足梯级电站功率实时控制的要求。本节提出用粒子群算法求解梯级电站间的负荷分配问题，用改进蚁群算法求解电站 AGC 机组组合和负荷分配问题，以满足系统实时性要求。

1. 多种群蚁群优化算法

蚁群优化算法（Dorigo et al.，1992；Dorigo et al.，1991）是意大利学者 Dorigo 在对自然界真实蚁群集体行为研究的基础上于 20 世纪 90 年代初提出的。它是一种基于种群模拟进化、用于解决难解的离散优化问题的元启发式算法。该算法将计算资源分配到一群人工蚂蚁上，蚂蚁之间通过信息素进行间接通信，相互协作来寻找最优解。该算法实际为正反馈原理与启发式相结合的优化算法，但由于后期的正反馈过程在强化最优解的同时容易陷入局部最优，算法停滞，不断有学者对该算法进行完善，提出了许多改进算法，如最大–最小蚂蚁系统（max-min ant system，MMAS）（Stützle，1997）、蚁群系统（ant colony system，ACS）（Dorigo et al.，1997）等。

2. 改进多种群蚁群算法

针对电站 AGC 问题提出的多种群蚁群算法在 ACS 基础上增加了种群个数以提高其多样性，并在收敛过程中以前期最优解集不断替代进化种群，保证其快速向最优方向收敛。该算法维持一个具有 M 个蚂蚁群体的初始解集合 G_1，每个群体中包含 N_h 个蚂蚁，对应机组台数 N_h，即每个蚂蚁固定对应一台机组。从初始时段 t_0 开始，在每个蚁群内，随时段节点的推移蚂蚁在开机、停机两种状态之间变换，到末时段 t_e 结束，N_h 个蚂蚁在 T 个时段内对应机组的开停机状态的变化过程组成了蚁群路径，即机组优化组合的外层解，确定了机组在每个时段的机组开停机台数和台号；之后，机组间进行最优负荷分配，则该群蚂蚁所对应的 T 个时段 N 台机组的路径和对应的开机机组负荷值构成机组优化问题的一个可行解。M 群蚂蚁中的全局最优解用于更新信息素矩阵。在迭代过程中，全局最优解的蚁群将被加入规模同样为 M、初始为空的最优解群体 G_2，每当一个最优解进入群体，G_1 的信息素矩阵中每一个构造解时用到的信息素增加 $\Delta \tau_{ij}$，$\Delta \tau_{ij}^{bs} = 1/C^{bs}$。当 G_2 被填满时，G_2 群体取代 G_1 作为候选解继续进行迭代直至迭代结束。

（1）路径构建。在多种群蚂蚁系统（multi-colony ant system，MCAS）中，位于节点 i 的蚂蚁 k，根据伪随机比例规则选择节点 j 作为下一个要访问的节点。具体规则如下：

$$j = \begin{cases} \arg \max_{l \in N_i^k} \{\tau_{il} \eta_{il}^\beta\}, & q \leqslant q_0 \\ \dfrac{\tau_{ij} \eta_{il}^\beta}{\sum\limits_{l \in N_i^k} \tau_{il} \eta_{il}^\beta}, & j \in N_i^k \end{cases} \tag{3-46}$$

式中：τ_{ij} 为节点 i，j 对应边的信息素值；η_{ij} 为启发式信息素值，$\eta_{ij} = 1/d_{ij}$，d_{ij} 为节点 i，j 之间的距离；β 为决定启发式信息影响力的参数；q 为均匀分布在区间[0，1]中的一个随机变量；$q_0 (0 \leqslant q_0 \leqslant 1)$ 为一个参数；N_i^k 为第 i 个节点对应边的信息素的集合。

（2）全局信息素更新。在迭代过程中，只有最优蚂蚁被允许在每一次迭代之后释放信息素。全局信息素更新规则如下：

$$\tau_{ij} = (1-\rho) \tau_{ij} + \rho \Delta \tau_{ij}^{bs}, \quad (i,j) \in T^{bs} \tag{3-47}$$

式中：ρ 为信息素的挥发率；$\Delta \tau_{ij}$ 为第 k 只蚂蚁向它经过的边释放的信息素量，$\Delta \tau_{ij}^{bs} = 1/C^{bs}$，$C^{bs}$ 为最优节点间的长度；T^{bs} 为最优路径。

（3）局部信息素更新。在路径构建过程中，每个蚁群的蚂蚁在每个时段选择完机组开停机状态后，都将立刻调用局部信息素更新规则更新群蚂蚁所经过边上的信息素。

$$\tau_{ij} = (1-\varepsilon) \tau_{ij} + \varepsilon \tau_0 \tag{3-48}$$

式中：ε 为一个参数，$0 < \varepsilon < 1$；τ_0 为信息素的初始值。

3. 多种群蚁群优化算法在水电站 AGC 中的应用

1）蚁群路径构建

每台机组分配一只蚂蚁,初始时段蚂蚁被随机赋予开机或停机状态,之后以时段为序依次建立路径,每个时段节点有开机或停机两种状态选择,直至最终时段,如图 3-24 所示。

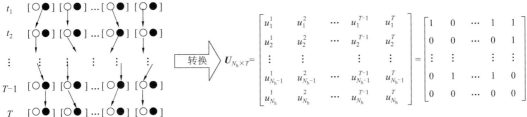

图 3-24　多种群蚁群优化算法求解水电站 AGC 路径构建过程图

2）PSO 算法最优负荷分配与约束处理

首先,介绍 PSO 算法求解最优负荷分配。

开机机组间的最优负荷分配运用 PSO 算法（Dorigo,1992）进行求解。

基本原理：PSO 算法是由学者 Kennedy 和 Eberhart（1995）根据鸟群觅食行为而提出的一种优化技术。该算法基于群智能优化理论,以群体中各粒子间的合作与竞争关系为指导,使粒子跟随当前最优解而群体移动进行智能优化搜索。PSO 算法对优化问题无可微、可导等要求,能够有效解决非线性优化问题。

$$v_{i,d}^{k+1} = w \cdot v_{i,d}^{k} + c_1 \cdot r_1 \cdot (\text{pbest}_{i,d}^{k} - x_{i,d}^{k}) + c_2 \cdot r_2 \cdot (\text{gbest}_{d}^{k} - x_{i,d}^{k}) \tag{3-49}$$

$$x_{i,d}^{k+1} = x_{i,d}^{k} + v_{i,d}^{k+1} \tag{3-50}$$

式中：w 为惯性权重；c_1、c_2 为正的加速常数（通常取值 2.05）；r_1、r_2 为[0, 1]均匀分布的随机数；pbest 为局部最优；gbest 为全局最优。

粒子更新公式由三部分组成：粒子当前速度,可平衡算法的全局和局部搜索能力；认知部分,驱使粒子具有较强的全局搜索能力而避免陷入局部极值点；社会部分,使粒子之间能够共享位置信息。种群中的粒子在这三个部分的共同作用下,根据历史经验和共享的信息,不断在进化过程中调整粒子自身位置,直至获得问题的最优解。

编码方式：以每个时段开机机组所耗流量或所发出力为粒子,停机机组忽略不计。具体形式如下：

$$[Q_1 \quad Q_2 \quad \cdots \quad Q_n] \text{ 或 } [N_1 \quad N_2 \quad \cdots \quad N_n] \tag{3-51}$$

式中：Q 为机组耗流量；N 为机组出力；n 为处于开机状态的机组数。

然后,介绍约束处理。

PSO 算法与等微增率、拉格朗日算子等传统算法相比,能有效克服初值难以确定、目标函数必须连续可微等问题。将所有开机机组所承担的负荷向量组成一个粒子,维数等于开机机组台数，将每个粒子值随机初始化在机组出力上、下限内。迭代过程中，如果负荷超出限制区域，则将其设置为边界值；如果各粒子负荷之和不等于总负荷，则将差值平均分配至每个粒子，直至满足最小误差为止。该算法在满足时段负荷平衡的前提下使机组出力严格控制在稳定运行区内，可迅速跨越机组汽蚀和振动区，获得全局最优值。

3）水头迭代

水电站发电水头与水电站入库流量和下泄流量相关。入库流量由水库调度方案给出，下泄流量由机组发电流量和水电站弃水流量组成，无弃水流量时，只计入机组发电流量。入库流量和下泄流量决定水电站上游水位，下泄流量决定下游尾水位，通过历史数据拟合可得到它们之间的函数关系。采用迭代方法计算每个时段平均水头（无弃水情况）的方法如下：时段初始水头为 H_{ini}^t，假设时段末水头（即下一时段的初始水头）为 H_{ini}^{t+1}，为其赋值，则时段平均水头 $H_{\text{avg}}^t = (H_{\text{ini}}^t + H_{\text{ini}}^{t+1})/2$。利用平均水头 H_{avg}^t 下的机组参数进行机组间负荷分配，求得发电下泄流量 Q_{d}，确定下游水位。再利用水量平衡可求得上游时段末水位，进而得到时段末水头 $\bar{H}_{\text{ini}}^{t+1}$。如果 $H_{\text{ini}}^{t+1} \neq \bar{H}_{\text{ini}}^{t+1}$，则令 $H_{\text{avg}}^t = (H_{\text{ini}}^t + \bar{H}_{\text{ini}}^{t+1})/2$，重复上述计算直至两者相等，即可确定时段内的平均水头 H_{avg}^t。

4）计算流程

具体计算流程如图 3-25 所示。

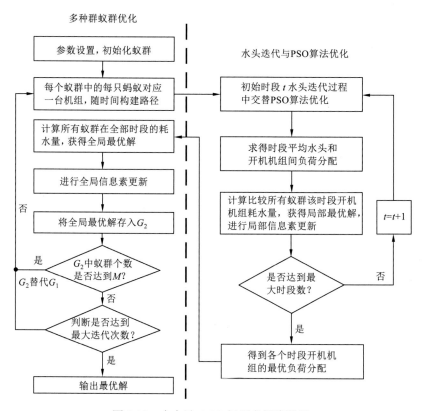

图 3-25　水电站 AGC 问题求解流程图

3.3.4　实例研究

为了验证本书所提多种群蚁群优化算法应用于大型水电站 AGC 机组优化组合的可行性与有效性,以三峡–葛洲坝梯级 5 月某日单个时段及其后续时段实际发电过程为例进行计算比较。当日入库流量、时段负荷如表 3-14 和图 3-26 所示。

表 3-14　三峡水电站当日各时段入库流量　　　　　　　　（单位: m^3/s）

时段	入库流量	时段	入库流量	时段	入库流量
00:00~01:00	10 348	08:00~09:00	9 927	16:00~17:00	9 746
01:00~02:00	10 348	09:00~10:00	9 927	17:00~18:00	9 746
02:00~03:00	10 209	10:00~11:00	10 692	18:00~19:00	9 991
03:00~04:00	10 209	11:00~12:00	10 692	19:00~20:00	9 991
04:00~05:00	10 501	12:00~13:00	9 634	20:00~21:00	10 231
05:00~06:00	10 501	13:00~14:00	9 634	21:00~22:00	10 231
06:00~07:00	9 941	14:00~15:00	9 963	22:00~23:00	10 595
07:00~08:00	9 941	15:00~16:00	9 963	23:00~00:00	10 595

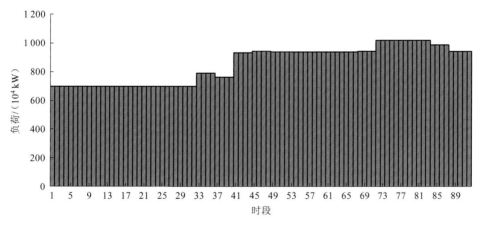

图 3-26　三峡–葛洲坝梯级当日负荷曲线

在所提多种群蚁群优化和标准粒子群优化算法中,蚁群优化采用 0/1 编码,粒子群采用实数编码。其中,蚁群种群数 $M=30$,每个蚁群的蚂蚁个数为机组台数 $N=21$,迭代次数为 500 次。优化参数 α、β、ρ 和 q_0 对算法的性能有直接影响,对每个参数都进行 30 次仿真测试,在一定范围内改变其中一个参数,其他参数保持不变,分析其对结果的影响,以最优结果对应参数值为最优参数。由此确定当 $\alpha=2$, $\beta=3$, $\rho=0.6$, $q_0=0.8$ 时可达到最优。此外,机组负荷分配中的标准粒子群优化参数 $c_1=c_2=2.05$,粒子群 $p_m=30$,最大速度 $v=8$,迭代次数为 300 次。

1．单时段梯级电站实时发电优化控制实例

以该日第一个时段为例进行实时发电优化控制仿真计算，机组初始开停机状况已知，如表 3-15 所示。三峡–葛洲坝梯级机组开停机优先顺序表，如表 3-16 所示。

表 3-15　三峡–葛洲坝梯级机组初始开停机状态

三峡机组				葛洲坝机组			
机组台号	开停机状态	机组台号	开停机状态	机组台号	开停机状态	机组台号	开停机状态
1#	0	14#	0	1#	0	14#	1
2#	0	15#	0	2#	1	15#	0
3#	0	16#	0	3#	1	16#	0
4#	0	17#	0	4#	1	17#	0
5#	1	18#	1	5#	1	18#	0
6#	0	19#	0	6#	1	19#	0
7#	1	20#	0	7#	1	20#	1
8#	0	21#	0	8#	1	21#	0
9#	0	22#	1	9#	1		
10#	0	23#	0	10#	1		
11#	1	24#	1	11#	1		
12#	0	25#	0	12#	1		
13#	1	26#	1	13#	1		

注：0 为停机；1 为开机

表 3-16　三峡–葛洲坝梯级机组开停机优先顺序表

三峡机组						葛洲坝机组					
开机顺序	停机顺序	机组台号	开机顺序	停机顺序	机组台号	开机顺序	停机顺序	机组台号	开机顺序	停机顺序	机组台号
1	26	5#	7	20	20#	1	21	14#	7	15	10#
2	25	13#	8	19	13#	2	20	4#	8	14	12#
3	24	11#	9	18	6#	3	19	5#	9	13	11#
4	23	22#	10	17	14#	4	18	6#	10	12	8#
5	22	21#	11	16	12#	5	17	7#	11	11	20#
6	21	19#	12	15	4#	6	16	9#	12	10	19#

续表

三峡机组						葛洲坝机组					
开机顺序	停机顺序	机组台号	开机顺序	停机顺序	机组台号	开机顺序	停机顺序	机组台号	开机顺序	停机顺序	机组台号
13	14	10#	20	7	18#	13	8	2#	20	2	21#
14	13	8#	21	6	15#	14	9	15#	21	1	1#
15	12	1#	22	5	16#	15	7	16#			
16	11	9#	23	4	26#	16	6	17#			
17	10	2#	24	3	23#	17	5	18#			
18	9	3#	25	2	24#	18	4	3#			
19	8	17#	26	1	25#	19	3	13#			

实时发电优化控制针对单时段进行机组间的负荷分配,采用了粒子群优化算法进行求解。由于葛洲坝水电站对三峡水电站具有反调节作用,该梯级具有水头联系,因此,在遵循水量平衡的前提下,确定葛洲坝上游 5# 机组最优平均控制水位为 64.53 m,同时已知初始时段凤凰山上游水位为 160.05 m。以耗水量最小为目标,该时段总负荷为 698.12×10⁴ kW,实时发电调度优化结果如表 3-17 所示,三峡水电站和葛洲坝水电站发电引用流量如图 3-27 和图 3-28 所示。

表 3-17　三峡–葛洲坝梯级机组实时发电调度优化

三峡机组				葛洲坝机组			
机组台号	机组出力 /（10⁴ kW）	机组台号	机组出力 /（10⁴ kW）	机组台号	机组出力 /（10⁴ kW）	机组台号	机组出力 /（10⁴ kW）
1#	0	14#	0	1#	0	14#	12.23
2#	0	15#	0	2#	15.28	15#	0
3#	0	16#	0	3#	0	16#	0
4#	0	17#	0	4#	11.37	17#	0
5#	68.84	18#	70.41	5#	11.13	18#	0
6#	0	19#	0	6#	11.30	19#	10.55
7#	69.12	20#	0	7#	11.15	20#	10.64
8#	0	21#	0	8#	11.02	21#	0
9#	0	22#	69.14	9#	10.55		
10#	0	23#	0	10#	10.55		
11#	69.20	24#	69.49	11#	10.48		
12#	0	25#	0	12#	10.46		
13#	69.12	26#	66.09	13#	0		

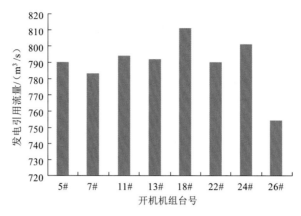

图 3-27　三峡水电站开机机组发电引用流量

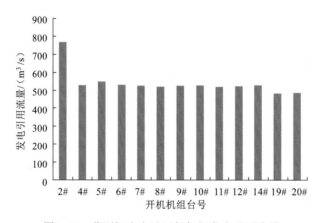

图 3-28　葛洲坝水电站开机机组发电引用流量

综合分析上述结果可知,由于时段负荷的变动,水电站机组开停机基于水电站开停机优先顺序表,可有效避免时段间负荷变动引起的机组的频繁开停问题。对比表 3-15 与表 3-16 中的机组开停机状况,得出三峡水电站时段间机组开停次数为 0,葛洲坝水电站机组开停机次数为 3,效果显著。相比于梯级电站该时段实际发电耗流量,优化后该时段发电耗流量仅为实际发电耗流量的 94%,消耗水量减少了 6%。由此可知,所提方法在单时段优化调度过程中,能够优化电站机组出力,保证负荷的稳定输出,且减少水量消耗,提高了水能利用率。

2. 面临时段至余留期梯级电站 AGC 实例

水电站 AGC 既可以针对电站周期内所有时段进行优化控制,也可以响应电网负荷需求而投入机组参与运行,前者如果所有机组参与 AGC,则与水电站厂内经济运行效果相同,后者主要针对面临时段至余留期的电站进行发电优化控制。本节研究以当日 12:00 开始,三峡–葛洲坝梯级机组参与 AGC 运行,进行梯级电站 AGC 优化控制至当天结束。该时段负荷如图 3-26 所示,水电站入库流量如表 3-14 所示。以梯级电站耗水量最小为目标进行 AGC 优化控制,具体结果如表 3-18 和表 3-19 所示。

表 3-18 三峡水电站 AGC 优化结果

机组出力/ (10^4 kW)

时间										
12:00	70 (1~4#)	0 (5#)	70 (6~7#)	0 (8~11#)	70 (12~13#)	0 (14#)	68 (15~16#)	0 (17~24#)	64.5 (25#)	0 (26#)
12:15	70 (1~4#)	0 (5#)	70 (6~7#)	0 (8~11#)	70 (12~13#)	0 (14#)	68 (15~16#)	0 (17~24#)	64.5 (25#)	0 (26#)
12:30	70 (1~4#)	0 (5#)	70 (6~7#)	0 (8~11#)	70 (12~13#)	0 (14#)	68 (15~16#)	0 (17~24#)	64.5 (25#)	0 (26#)
12:45	70 (1~4#)	0 (5#)	70 (6~7#)	0 (8~11#)	70 (12~13#)	0 (14#)	68 (15~16#)	0 (17~24#)	64.5 (25#)	0 (26#)
13:00	70 (1~3#)	0 (4~5#)	70 (6~7#)	0 (8~12#)	70 (13~14#)	68.5 (15~17#)	0 (18~24#)	0 (24#)	64.9 (25#)	0 (26#)
13:15	70 (1~3#)	0 (4~5#)	70 (6~7#)	0 (8~12#)	70 (13~14#)	68.5 (15~17#)	0 (18~24#)	0 (24#)	64.9 (25#)	0 (26#)
13:30	70 (1~3#)	0 (4~5#)	70 (6~7#)	0 (8~12#)	70 (13~14#)	68.5 (15~17#)	0 (18~24#)	0 (24#)	64.9 (25#)	0 (26#)
13:45	70 (1~3#)	0 (4~5#)	70 (6~7#)	0 (8~12#)	70 (13~14#)	68.5 (15~17#)	0 (18~24#)	0 (24#)	64.9 (25#)	0 (26#)
14:00	70 (1~3#)	0 (4~5#)	70 (6#)	0 (7~12#)	70 (13~14#)	69.7 (15~17#)	0 (18~22#)	65.9 (23#)	65.9 (24#)	0 (25~27#)
14:15	70 (1~3#)	0 (4~5#)	70 (6#)	0 (7~12#)	70 (13~14#)	69.7 (15~17#)	0 (18~22#)	65.9 (23#)	65.9 (24#)	0 (25~27#)
14:30	70 (1~3#)	0 (4~5#)	70 (6#)	0 (7~12#)	70 (13~14#)	69.7 (15~17#)	0 (18~22#)	65.9 (23#)	65.9 (24#)	0 (25~27#)
14:45	70 (1~3#)	0 (4~5#)	70 (6#)	0 (7~12#)	70 (13~14#)	69.7 (15~17#)	0 (18~22#)	65.9 (23#)	65.9 (24#)	0 (25~27#)
15:00	70 (1~3#)	0 (4~5#)	70 (6#)	0 (7~10#)	70 (11~14#)	0 (15~22#)	66.7 (23#)	66.7 (24#)	0 (25#)	66.7 (26#)
15:15	70 (1~3#)	0 (4~5#)	70 (6#)	0 (7~10#)	70 (11~14#)	0 (15~22#)	66.7 (23#)	66.7 (24#)	0 (25#)	66.7 (26#)
15:30	70 (1~3#)	0 (4~5#)	70 (6#)	0 (7~10#)	70 (11~14#)	0 (15~22#)	66.7 (23#)	66.7 (24#)	0 (25#)	66.7 (26#)
15:45	70 (1~3#)	0 (4~5#)	70 (6#)	0 (7~10#)	70 (11~14#)	0 (15~22#)	66.7 (23#)	66.7 (24#)	0 (25#)	66.7 (26#)
16:00	70 (1~3#)	0 (4~5#)	70 (6~10#)	0 (11~17#)	70 (18#)	68 (19#)	0 (20~22#)	62.1 (23#)	0 (24#)	0 (25~26#)
16:15	70 (1~3#)	0 (4~5#)	70 (6~10#)	0 (11~17#)	70 (18#)	68 (19#)	0 (20~22#)	62.1 (23#)	0 (24#)	0 (25~26#)
16:30	70 (1~3#)	0 (4~5#)	70 (6~10#)	0 (11~17#)	70 (18#)	68 (19#)	0 (20~22#)	62.1 (23#)	0 (24#)	0 (25~26#)
16:45	70 (1~3#)	0 (4~5#)	70 (6~10#)	0 (11~17#)	70 (18#)	68 (19#)	0 (20~22#)	62.1 (23#)	0 (24#)	0 (25~26#)

机组出力/（10⁴ kW）

时间										
17:00	70 (1~3#)	0 (4~6#)	70 (7~9#)	0 (10~11#)	70 (12#)	0 (13~17#)	69.3 (18~19#)	0 (20~22#)	65.6 (23~24#)	0 (25~26#)
17:15	70 (1~3#)	0 (4~6#)	70 (7~9#)	0 (10~11#)	70 (12#)	0 (13~17#)	69.3 (18~19#)	0 (20~22#)	65.6 (23~24#)	0 (25~26#)
17:30	70 (1~3#)	0 (4~6#)	70 (7~9#)	0 (10~11#)	70 (12#)	0 (13~17#)	69.3 (18~19#)	0 (20~22#)	65.6 (23~24#)	0 (25~26#)
17:45	70 (1~3#)	0 (4~6#)	70 (7~9#)	0 (10~11#)	70 (12#)	0 (13~17#)	69.3 (18~19#)	0 (20~22#)	65.6 (23~24#)	0 (25~26#)
18:00	70 (1~3#)	0 (4~5#)	70 (6~9#)	0 (10~15#)	69.4 (16~17#)	0 (18~22#)	65.7 (23#)	65.7 (24#)	0 (25#)	0 (26#)
18:15	70 (1~3#)	0 (4~5#)	70 (6~9#)	0 (10~15#)	69.4 (16~17#)	0 (18~22#)	65.7 (23#)	65.7 (24#)	0 (25#)	0 (26#)
18:30	70 (1~3#)	0 (4~5#)	70 (6~9#)	0 (10~15#)	69.4 (16~17#)	0 (18~22#)	65.7 (23#)	65.7 (24#)	0 (25#)	0 (26#)
18:45	70 (1~3#)	0 (4~5#)	70 (6~9#)	0 (10~15#)	69.4 (16~17#)	0 (18~22#)	65.7 (23#)	65.7 (24#)	0 (25#)	0 (26#)
19:00	70 (1~4#)	0 (5~6#)	70 (7~9#)	0 (10~15#)	67.7 (16~17#)	70 (18~19#)	0 (20~23#)	64.2 (24#)	0 (25#)	0 (26#)
19:15	70 (1~4#)	0 (5~6#)	70 (7~9#)	0 (10~15#)	67.7 (16~17#)	70 (18~19#)	0 (20~23#)	64.2 (24#)	0 (25#)	0 (26#)
19:30	70 (1~4#)	0 (5~6#)	70 (7~9#)	0 (10~15#)	67.7 (16~17#)	70 (18~19#)	0 (20~23#)	64.2 (24#)	0 (25#)	0 (26#)
19:45	70 (1~4#)	0 (5~6#)	70 (7~9#)	0 (10~15#)	67.7 (16~17#)	70 (18~19#)	0 (20~23#)	64.2 (24#)	0 (25#)	0 (26#)
20:00	70 (1~4#)	0 (5~6#)	70 (7~9#)	0 (10~15#)	70 (16~17#)	69.3 (18#)	0 (19~22#)	65.5 (23~24#)	0 (25#)	0 (26#)
20:15	70 (1~4#)	0 (5~6#)	70 (7~9#)	0 (10~15#)	70 (16~17#)	69.3 (18#)	0 (19~22#)	65.5 (23~24#)	0 (25#)	0 (26#)
20:30	70 (1~4#)	0 (5~6#)	70 (7~9#)	0 (10~15#)	70 (16~17#)	69.3 (18#)	0 (19~22#)	65.5 (23~24#)	0 (25#)	0 (26#)
20:45	70 (1~4#)	0 (5~6#)	70 (7~9#)	0 (10~15#)	70 (16~17#)	69.3 (18#)	0 (19~22#)	65.5 (23~24#)	0 (25#)	0 (26#)
21:00	70 (1~4#)	0 (5~6#)	70 (7~9#)	0 (10~15#)	70 (16~17#)	66.8 (18#)	0 (19~22#)	70 (23#)	0 (24~25#)	0 (26#)
21:15	70 (1~4#)	0 (5~6#)	70 (7~9#)	0 (10~15#)	70 (16~17#)	66.8 (18#)	0 (19~22#)	70 (23#)	0 (24~25#)	0 (26#)
21:30	70 (1~4#)	0 (5~6#)	70 (7~9#)	0 (10~15#)	70 (16~17#)	66.8 (18#)	0 (19~22#)	70 (23#)	0 (24~25#)	0 (26#)
21:45	70 (1~4#)	0 (5~6#)	70 (7~9#)	0 (10~15#)	70 (16~17#)	66.8 (18#)	0 (19~22#)	70 (23#)	0 (24~25#)	0 (26#)

时间	机组出力/（10⁴ kW）									
22:00	69.3（1~3#）	0（4~6#）	69.3（7~9#）	0（10~14#）	64.7（15~16#）	0（17~18#）	65（19~20#）	0（21~22#）	60.6（23~24#）	0（25~26#）
22:15	69.3（1~3#）	0（4~6#）	69.3（7~9#）	0（10~14#）	64.7（15~16#）	0（17~18#）	65（19~20#）	0（21~22#）	60.6（23~24#）	0（25~26#）
22:30	69.3（1~3#）	0（4~6#）	69.3（7~9#）	0（10~14#）	64.7（15~16#）	0（17~18#）	65（19~20#）	0（21~22#）	60.6（23~24#）	0（25~26#）
22:45	69.3（1~3#）	0（4~6#）	69.3（7~9#）	0（10~14#）	64.7（15~16#）	0（17~18#）	65（19~20#）	0（21~22#）	60.6（23~24#）	0（25~26#）
23:00	70（1~3#）	0（4~6#）	70（7~8#）	0（9~10#）	70（11~12#）	0（13~14#）	68.5（15~17#）	0（18~23#）	64.9（24#）	0（25~26#）
23:15	70（1~3#）	0（4~6#）	70（7~8#）	0（9~10#）	70（11~12#）	0（13~14#）	68.5（15~17#）	0（18~23#）	64.9（24#）	0（25~26#）
23:30	70（1~3#）	0（4~6#）	70（7~8#）	0（9~10#）	70（11~12#）	0（13~14#）	68.5（15~17#）	0（18~23#）	64.9（24#）	0（25~26#）
23:45	70（1~3#）	0（4~6#）	70（7~8#）	0（9~10#）	70（11~12#）	0（13~14#）	68.5（15~17#）	0（18~23#）	64.9（24#）	0（25~26#）
24:00	70（1~3#）	69.6（4#）	0（5~6#）	70（7~9#）	69.6（10~11#）	0（12~13#）	69.6（14#）	0（15~23#）	61.9（24#）	0（25~26#）
总耗水量	3.415 9×10⁸ m³									

注："（ ）"内为开机机组台号

表 3-19 葛洲坝水电站 AGC 优化结果

时间	机组出力/（10⁴ kW）								
	1#	2#	3#	4#	5#	6#	7#	8#	9#
12:00	15.28	14.99	0	11.06	11.15	11.21	11.23	11.75	11.80
12:15	15.28	14.99	0	11.06	11.15	11.21	11.23	11.75	11.80
12:30	15.28	14.99	0	11.06	11.15	11.21	11.23	11.75	11.80
12:45	15.28	14.99	0	11.06	11.15	11.21	11.23	11.75	11.80
13:00	15.18	14.82	0	11.02	10.85	11.02	11.06	11.77	11.61
13:15	15.18	14.82	0	11.02	10.85	11.02	11.06	11.77	11.61
13:30	15.18	14.82	0	11.02	10.85	11.02	11.06	11.77	11.61
13:45	15.18	14.82	0	11.02	10.85	11.02	11.06	11.77	11.61
14:00	15.04	14.91	0	10.94	10.74	11.06	11.11	11.69	11.71
14:15	15.04	14.91	0	10.94	10.74	11.06	11.11	11.69	11.71
14:30	15.04	14.91	0	10.94	10.74	11.06	11.11	11.69	11.71
14:45	15.04	14.91	0	10.94	10.74	11.06	11.11	11.69	11.71
15:00	15.07	14.91	0	10.85	10.78	11.04	11.02	11.69	11.58
15:15	15.07	14.91	0	10.85	10.78	11.04	11.02	11.69	11.58
15:30	15.07	14.91	0	10.85	10.78	11.04	11.02	11.69	11.58
15:45	15.07	14.91	0	10.85	10.78	11.04	11.02	11.69	11.58
16:00	15.18	14.96	0	10.94	10.76	11.06	11.04	11.62	11.72
16:15	15.18	14.96	0	10.94	10.76	11.06	11.04	11.62	11.72
16:30	15.18	14.96	0	10.94	10.76	11.06	11.04	11.62	11.72
16:45	15.18	14.96	0	10.94	10.76	11.06	11.04	11.62	11.72
17:00	15.15	14.77	0	10.79	10.89	10.91	10.95	12.23	11.58
17:15	15.15	14.77	0	10.79	10.89	10.91	10.95	12.23	11.58
17:30	15.15	14.77	0	10.79	10.89	10.91	10.95	12.23	11.58
17:45	15.15	14.77	0	10.79	10.89	10.91	10.95	12.23	11.58
18:00	15.09	14.91	0	10.74	10.65	10.95	11.04	12.10	12.11
18:15	15.09	14.91	0	10.74	10.65	10.95	11.04	12.10	12.11
18:30	15.09	14.91	0	10.74	10.65	10.95	11.04	12.10	12.11
18:45	15.09	14.91	0	10.74	10.65	10.95	11.04	12.10	12.11
19:00	16.20	16.44	0	11.97	12.05	11.82	11.84	11.92	11.88
19:15	16.20	16.44	0	11.97	12.05	11.82	11.84	11.92	11.88
19:30	16.20	16.44	0	11.97	12.05	11.82	11.84	11.92	11.88
19:45	16.20	16.44	0	11.97	12.05	11.82	11.84	11.92	11.88

时间	机组出力/（10^4 kW）								
	1#	2#	3#	4#	5#	6#	7#	8#	9#
20:00	16.28	16.50	0	12.01	11.90	11.84	11.73	12.01	11.88
20:15	16.28	16.50	0	12.01	11.90	11.84	11.73	12.01	11.88
20:30	16.28	16.50	0	12.01	11.90	11.84	11.73	12.01	11.88
20:45	16.28	16.50	0	12.01	11.90	11.84	11.73	12.01	11.88
21:00	16.31	16.06	0	11.92	11.99	11.73	11.73	11.95	11.88
21:15	16.31	16.06	0	11.92	11.99	11.73	11.73	11.95	11.88
21:30	16.31	16.06	0	11.92	11.99	11.73	11.73	11.95	11.88
21:45	16.31	16.06	0	11.92	11.99	11.73	11.73	11.95	11.88
22:00	16.31	16.25	0	11.94	11.99	11.73	11.82	11.88	11.98
22:15	16.31	16.25	0	11.94	11.99	11.73	11.82	11.88	11.98
22:30	16.31	16.25	0	11.94	11.99	11.73	11.82	11.88	11.98
22:45	16.31	16.25	0	11.94	11.99	11.73	11.82	11.88	11.98
23:00	16.06	15.71	0	11.52	11.56	11.71	11.77	11.32	11.47
23:15	16.06	15.71	0	11.52	11.56	11.71	11.77	11.32	11.47
23:30	16.06	15.71	0	11.52	11.56	11.71	11.77	11.32	11.47
23:45	16.06	15.71	0	11.52	11.56	11.71	11.77	11.32	11.47
24:00	16.04	15.63	0	11.65	11.43	11.77	11.86	11.17	11.39

时间	机组出力/（10^4 kW）								
	10#	11#	12#	13#～15#	16#	17#～18#	19#	20#	21#
12:00	11.67	11.17	11.43	0	11.73	0	11.84	11.71	11.84
12:15	11.67	11.17	11.43	0	11.73	0	11.84	11.71	11.84
12:30	11.67	11.17	11.43	0	11.73	0	11.84	11.71	11.84
12:45	11.67	11.17	11.43	0	11.73	0	11.84	11.71	11.84
13:00	11.61	11.92	11.80	0	11.56	0	11.77	11.62	11.71
13:15	11.61	11.92	11.80	0	11.56	0	11.77	11.62	11.71
13:30	11.61	11.92	11.80	0	11.56	0	11.77	11.62	11.71
13:45	11.61	11.92	11.80	0	11.56	0	11.77	11.62	11.71
14:00	11.68	11.90	11.60	0	11.72	0	11.54	11.77	11.84
14:15	11.68	11.90	11.60	0	11.72	0	11.54	11.77	11.84
14:30	11.68	11.90	11.60	0	11.72	0	11.54	11.77	11.84
14:45	11.68	11.90	11.60	0	11.72	0	11.54	11.77	11.84
15:00	11.67	11.99	11.95	0	11.62	0	11.88	11.77	11.71

时间	机组出力/（10^4 kW）								
	10#	11#	12#	13#~15#	16#	17#~18#	19#	20#	21#
15:15	11.67	11.99	11.95	0	11.62	0	11.88	11.77	11.71
15:30	11.67	11.99	11.95	0	11.62	0	11.88	11.77	11.71
15:45	11.67	11.99	11.95	0	11.62	0	11.88	11.77	11.71
16:00	11.65	11.90	11.72	0	11.64	0	11.62	11.84	12.18
16:15	11.65	11.90	11.72	0	11.64	0	11.62	11.84	12.18
16:30	11.65	11.90	11.72	0	11.64	0	11.62	11.84	12.18
16:45	11.65	11.90	11.72	0	11.64	0	11.62	11.84	12.18
17:00	11.60	11.97	11.69	0	12.14	0	11.58	11.77	11.82
17:15	11.60	11.97	11.69	0	12.14	0	11.58	11.77	11.82
17:30	11.60	11.97	11.69	0	12.14	0	11.58	11.77	11.82
17:45	11.60	11.97	11.69	0	12.14	0	11.58	11.77	11.82
18:00	12.20	12.31	12.12	0	12.16	0	12.12	12.23	11.84
18:15	12.20	12.31	12.12	0	12.16	0	12.12	12.23	11.84
18:30	12.20	12.31	12.12	0	12.16	0	12.12	12.23	11.84
18:45	12.20	12.31	12.12	0	12.16	0	12.12	12.23	11.84
19:00	11.9	11.84	11.95	0	11.90	0	12.07	12.03	11.92
19:15	11.9	11.84	11.95	0	11.90	0	12.07	12.03	11.92
19:30	11.9	11.84	11.95	0	11.90	0	12.07	12.03	11.92
19:45	11.9	11.84	11.95	0	11.90	0	12.07	12.03	11.92
20:00	11.97	12.03	12.07	0	11.86	0	11.49	11.49	11.99
20:15	11.97	12.03	12.07	0	11.86	0	11.49	11.49	11.99
20:30	11.97	12.03	12.07	0	11.86	0	11.49	11.49	11.99
20:45	11.97	12.03	12.07	0	11.86	0	11.49	11.49	11.99
21:00	11.85	11.90	12.05	0	12.07	0	11.30	11.49	11.17
21:15	11.85	11.90	12.05	0	12.07	0	11.30	11.49	11.17
21:30	11.85	11.90	12.05	0	12.07	0	11.30	11.49	11.17
21:45	11.85	11.90	12.05	0	12.07	0	11.30	11.49	11.17
22:00	11.90	12.07	12.03	0	11.86	0	12.25	12.23	11.24
22:15	11.90	12.07	12.03	0	11.86	0	12.25	12.23	11.24
22:30	11.90	12.07	12.03	0	11.86	0	12.25	12.23	11.24
22:45	11.90	12.07	12.03	0	11.86	0	12.25	12.23	11.24
23:00	11.32	11.30	11.77	0	11.31	0	11.17	11.73	11.13

时间	机组出力/（10^4 kW）								
	10#	11#	12#	13#～15#	16#	17#～18#	19#	20#	21#
23:15	11.32	11.30	11.77	0	11.31	0	11.17	11.73	11.13
23:30	11.32	11.30	11.77	0	11.31	0	11.17	11.73	11.13
23:45	11.32	11.30	11.77	0	11.31	0	11.17	11.73	11.13
24:00	11.30	11.56	11.17	0	11.19	0	11.43	11.73	11.62
总耗水量	$3.416\,2\times10^8$ m³								

　　不同求解方法所得三峡–葛洲坝梯级电站 AGC 耗水量如表 3-20 所示，在 30 次计算测试中，多种群蚁群算法优化最优解为 $6.832\,1\times10^8$ m³，优于原始蚁群算法的优化结果 $6.853\,7\times10^8$ m³ 和二进制粒子群算法的优化结果 $6.860\,4\times10^8$ m³，同时远低于三峡–葛洲坝梯级电站从面临时段至余留期实际耗水量 $6.892\,9\times10^8$ m³，可节省当日耗水量 $0.060\,8\times10^8$ m³，约占当日耗水量的 0.88%。由平均解、最差解结果可知，多种群蚁群算法每次计算所得到的总耗水量变化在较小的范围内，表示该求解方法具有很强的鲁棒性和收敛性。从时效性角度分析，可比较不同求解方法的计算时间，三峡–葛洲坝梯级电站共有可投运机组 47 台，常规数学规划法和动态规划难以有效求解，而表 3-20 中的智能优化算法均能在 1 min 内快速获得求解方案，蚁群算法和多种群蚁群算法求解时间远远小于二进制粒子群算法，能够满足 AGC 的实时性要求；相比于原始蚁群算法，改进后的多种群蚁群算法的求解时间大大减少。由上述结果分析可知，多种群蚁群算法应用于梯级电站 AGC 的优化求解，提高了计算结果质量，使梯级电站运行周期内的耗水量下降，充分利用了水能资源，同时该算法显示出其快速收敛的优越性，能够在较短的时间内收敛于全局最优解。

表 3-20　不同求解方法所得三峡–葛洲坝梯级电站 AGC 耗水量比较

求解方法	总耗水量/（10^8 m³）			平均计算时间/s
	最优解	平均解	最差解	
实际耗水量	6.892 9	—	—	—
二进制粒子群算法	6.860 4	6.874 9	6.897 3	28.13
蚁群算法	6.853 7	6.863 3	6.880 5	17.25
多种群蚁群算法	6.832 1	6.840 9	6.857 1	14.32

　　为进一步表明本节所提方法的正确性，图 3-29 显示葛洲坝水电站下泄流量过程，图 3-30 显示系统的电网频率变化曲线。从两者变化过程与电站规程要求可知，三峡–葛洲坝梯级下泄流量与运行周期内的系统频率均满足要求，可表明所提方法的工程实用性。

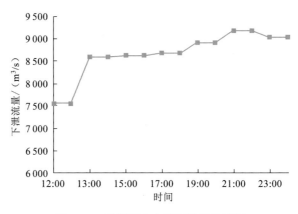

图 3-29　葛洲坝水电站下泄流量过程

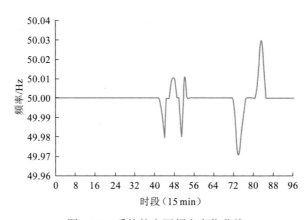

图 3-30　系统的电网频率变化曲线

3.4　流域梯级电站群多尺度精细化发电优化调度

随着流域梯级电站群的陆续建成投运，梯级电站群开展联合精细化调度对梯级发电调度模型的准确性提出了新的要求。流域梯级电站群精细化调度建模研究的关键在于如何准确建立梯级电站的实际调蓄过程和电站的水能−电能转换关系。模型所反映的电站调蓄过程受调度模型时间尺度影响，时间尺度越小，调度模型越能准确反映实际的调蓄过程。然而，调度模型时间尺度受制于模型求解方法，时间尺度太小，调度模型虽能更准确地反映实际工况，但不易求解或难以求解。因此，亟须探求时间尺度对调度模型所反映电站调蓄过程准确度的影响规律，研究既可较好反映电站实际工况又能兼顾模型求解算法计算能力的梯级电站联合优化调度模型。而在电站的水能−电能转换关系方面，实际的水电站水能−电能转换关系复杂，受水电站运行方式、机组动力特性、机组水头及过机流量等因素影响，传统的以固定出力系数反映水能−电能转换关系的方法已不能满足精细化调度需求，如何准确建立水电站的水能−电能转换关系也是梯级电站精细化调度建模研究的关键。

近年来，针对梯级水电站精细化调度建模问题，相关学者开展了大量研究。魏加华等（2006）提出了年、月、旬自适应水量调度模型框架，建立了多尺度、多用户复杂条件下的流域水量调度模型。张梦然等（2013）提出了长中短期不同尺度调度模型的分层结构与相互嵌套原理，建立了基于发电收益最大的三峡水库四层嵌套发电调度模型。马超（2008）考虑将短期调度模型的一些指标和参数加入长期调度中，以实现不同时间尺度调度模型的耦合，进而建立了三峡–葛洲坝梯级电站多尺度多目标调度模型。申建建等（2014b）在水电站短期优化调度研究中，提出了一种变尺度优化调度方法，通过增大时段步长消除时段间的耦合约束，以提高模型的求解效率。然而，已有研究多围绕不同时间尺度调度模型的循环嵌套机制，或是运用大时间尺度来提高模型求解的速度，关于时间尺度对发电调度模型准确度影响的机理性分析、多种时间尺度在同一模型中应用的研究尚不多见。在精细化出力计算方面，薛金淮（2008）指出取固定 K 值进行水能计算误差非常大，水电站调度中不宜使用综合出力系数，并建议在各类水能计算中，时段尽可能精确到日，并且要考虑水头、电站运行方式的影响。目前，主要有两类提高出力计算精度的方法：统计学方法（林志强 等，2014；刘荣华 等，2012；徐廷兵 等，2012）、精细化出力计算方法（丁小玲 等，2015；唐明 等，2007）。已有方法很好地解决了综合出力系数对模型精度的影响，但是统计学方法拟合依赖大量的历史运行数据，不适用于金沙江下游梯级溪洛渡水电站、向家坝水电站等刚投产运行的水电站，且统计学方法无法反映水电站不同时期的实际调度工况，当水电站水头高、机组类型复杂时统计学方法的精度尚需进一步研究探讨；而精细化出力计算方法则多应用于短期优化调度中，其在中长期优化调度中的应用尚未见诸报端。

为实现流域梯级电站群精细化调度建模，本章研究从调度模型时间尺度对调度模型准确度的影响分析入手，运用控制变量法及逐步逼近的思想，分析并推求了影响不同时间尺度模型准确度的关键影响因子，并在对比分析不同调度期、不同水位工况和不同来水情景下，在不同时间尺度调度模型准确度的基础上，运用比对分析和相关性分析等方法探究了关键因子对模型准确度的响应规律，提出梯级水电站多尺度建模方法；同时，考虑将短期调度中基于最优流量分配的全站经济运行总表引入中长期水能计算中，提出了基于“最小点–调峰上临界点–调峰下临界点–最大点”的中长期精细化出力计算方法，进而建立了能较准确反映梯级水电站实际工况的精细化发电调度模型。金沙江下游梯级水电站实例研究表明：所建精细化调度模型通过合理选取不同时期的时间尺度，可在保证模型准确度的前提下，有效减小调度问题的规模，为流域梯级电站群联合调度研究提供精确、实用的调度模型，为其他大型梯级水电站精细化建模提供参考，也可为大规模水电站群的精确建模、模型降维求解提供新的思路。

3.4.1　多尺度精细化发电调度模型

1. 影响发电调度模型准确度关键因子分析

理想的精细化中长期发电调度模型是以日为时间尺度，然而以日为时间尺度的模型维度高，模型求解困难，且当涉及多个电站时，维数灾加剧了这一问题。因此，在实际中长期调度中多以旬和月为时间尺度。时间尺度的扩大虽有效解决了模型不易求解的难题，但以旬、月为尺度的调度模型存在对径流过程的坦化，模型无法准确反映水电站的实际调度工况。由式（3-52）可知，发电量 P 与时段内平均发电引用流量 Q_t 和平均水头 H_t 有关，而 Q_t 和 H_t 则由模型的实际入库径流过程和水位变化过程决定。

$$P=\sum_{t=1}^{T} N_t \cdot \Delta t = \sum_{t=1}^{T} K Q_t H_t \cdot \Delta t \tag{3-52}$$

式中：N_t 为 t 时段的平均出力；K 为电站的综合出力系数；Δt 为调度期内的时段长度；T 为调度期内的时段数。

综上所述，为解决该难题可从两个方面进行考虑：①不同时间尺度模型对实际入库径流的坦化；②不同时间尺度模型反映的水位变化过程，分析不同时间尺度调度模型间的差异。在实际工况中，不同时间尺度模型间的差异由以上两方面因素共同作用，同时考虑两种因素的变化时研究工作难以开展。因此，拟采用控制变量法，在分析某一因素的作用机理时假定其他因素不变。

1）不同时间尺度模型对实际入库径流的坦化

在中长期调度模型中，选取月、旬等为时间尺度时，将月、旬内的流量视为平均流量，使模型的入库径流过程与实际的入库径流过程产生了偏差。由于不同时间尺度模型对入库径流的坦化程度不同，模型间的偏差也不同。在分析入库径流过程的偏差对模型间偏差的影响时，假定水电站的水位在调度期内保持不变，即水电站入库流量等于出库流量，主要从以下两个方面分析。

首先，计算弃水量的偏差。

当水电站实际入库流量较大，平均入库流量在满发流量附近时，不同时间尺度模型对径流的坦化造成了模型入库径流的差异，用不同尺度模型计算弃水量存在偏差（图 3-31），进而影响模型的计算发电量。不同尺度模型弃水量计算偏差及其导致的发

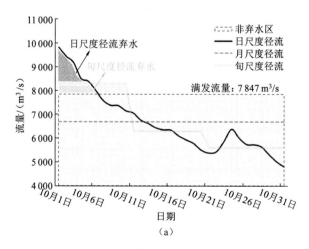

图 3-31　不同时间尺度模型入库径流和弃水量差异

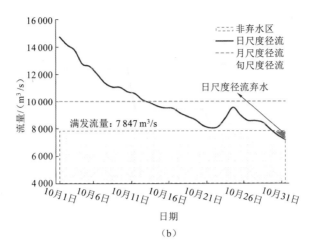

（b）

图 3-31　不同时间尺度模型入库径流和弃水量差异（续）

电量偏差与实际径流入库径流过程、满发流量所处位置有关。实际入库径流越平缓，弃水量计算偏差越小；满发流量靠近实际最大流量或实际最小流量时，弃水量计算偏差较小，当满发流量大于实际最大入库流量或小于实际最小入库流量时，弃水量计算偏差为 0。

　　为量化由于不同时间尺度模型对实际入库径流的坦化带来的模型发电量偏差，以调度期内平均水头下因弃水而损失的电量差为调度模型的计算电量偏差。现有两种不同尺度的调度模型 1 和模型 2，调度模型因弃水而带来的计算电量偏差为

$$\Delta P_{弃水} = P_{\text{loss},1} - P_{\text{loss},2} = K\overline{H}W_{弃水,1} - K\overline{H}W_{弃水,2} = K\overline{H}(W_{弃水,1} - W_{弃水,2}) \qquad (3\text{-}53)$$

式中：$\overline{H}$ 为调度期的平均水头；$P_{\text{loss},1}$、$P_{\text{loss},2}$ 分别为模型 1 和模型 2 的弃水损失电量；$W_{弃水,1}$、$W_{弃水,2}$ 分别为模型 1 和模型 2 总弃水量。

　　然后，计算发电引用流量过程和水头过程的偏差。

　　当调度期内无弃水且水位保持不变时，调度模型的入库流量等于发电引用流量。现有两种不同尺度的调度模型 1 和模型 2，其发电引用流量过程满足式（3-54）所示关系。

$$\sum_{t=1}^{T_1} Q_{t,1} \cdot \frac{S}{T_1} = \sum_{t=1}^{T_2} Q_{t,2} \cdot \frac{S}{T_2} = \overline{Q} \cdot S \qquad (3\text{-}54)$$

式中：T_1 为调度模型 1 的时段数；S 为调度期的总时段长度；$\overline{Q}$ 为调度期内的平均发电引用流量。

　　当调度期内水位 L 不变且下泄流量下游水位关系 $f(Q_{t,1})$ 在 $\overline{Q}$ 附近近似为斜率为 ΔH 的线性关系时，式（3-52）可改写为（3-55）。

$$P_1 = \sum_{t=1}^{T_1} KQ_{t,1}\left[\overline{H} + \Delta H(\overline{Q} - Q_{t,1})\right] \cdot \frac{S}{T_1} \qquad (3\text{-}55)$$

式中：$\overline{H}$ 为平均下泄流量 $\overline{Q}$ 对应的水头。

　　两种不同模型计算发电量偏差可表示为式（3-56），化简后为式（3-57）。

$$P_1-P_2=\sum_{t=1}^{T_1}KQ_{t,1}\left[\bar{H}+\Delta H(Q-Q_{t,1})\right]\cdot\frac{S}{T_1}-\sum_{t=1}^{T_2}KQ_{t,2}\left[\bar{H}+\Delta H(Q-Q_{t,2})\right]\cdot\frac{S}{T_2} \qquad (3\text{-}56)$$

$$\Delta P=P_1-P_2=-K\Delta HS\cdot\left[\sum_{t=1}^{T_1}(Q_{t,1})^2\cdot\frac{1}{T_1}-\sum_{t=1}^{T_2}(Q_{t,2})^2\cdot\frac{1}{T_2}\right] \qquad (3\text{-}57)$$

若假设 T_1 能被 T_2 整除,式(3-57)可变换为式(3-58)。

$$\Delta P_{\text{组}}=P_1-P_2=-K\Delta H\frac{S}{T_1}\sum_{n=1}^{T_2}\sum_{t=1}^{T_1/T_2}\left\{\left[Q_{t+(n-1)\frac{T_1}{T_2},1}\right]^2-(Q_n^2)^2\right\} \qquad (3\text{-}58)$$

$$Q_{i+(n-1)\frac{T_1}{T_2},1}=Q_{j+(n-1)\frac{T_1}{T_2},1}=Q_{n,2},\quad\forall i,j\in\left\{1,\cdots,\frac{T_1}{T_2}\right\}\text{且}i\neq j,n\in\left\{1,\cdots,T_2\right\} \qquad (3\text{-}59)$$

当式(3-56)满足式(3-59)时,模型间偏差最小为 0。因此,仅考虑 2)因素时,径流变化程度越小,模型准确度越高。而径流的偏态系数 C_s 用于描述径流的变化程度,在实际的模型准确度分析中,可考虑用 C_s 来评价 2)因素对模型偏差的影响。

2)不同时间尺度调度模型反映的水位变化过程的差异

不同时间尺度调度模型在相同调度期内水位可变化次数不同,由此带来调度模型反映的水电站水位变化过程的差异,也是影响模型准确度的另一重要因素,图 3-32 为某电站调度期内所有时段入库流量均为 4 500 m³/s 时,月、旬、日尺度模型的水位变化过程。

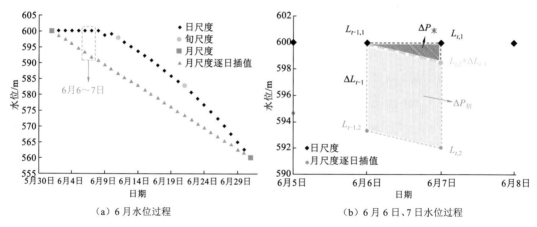

(a)6 月水位过程　　　　　　　　　　　(b)6 月 6 日、7 日水位过程

图 3-32　不同时间尺度模型反映水位变化过程

首先,计算弃水量的偏差。

与 1)中情况相同,当水电站的入库流量在满发流量附近时,由于不同尺度水位变化过程不同,时段的下泄流量不同,存在水位坡降较大的模型出现弃水、水位坡降较小的模型不出现弃水而导致计算弃水量偏差的情况。

然后,计算发电引用流量过程和水头过程的偏差。

调度模型的水位过程对时段内的平均发电引用流量和时段内的平均水头均产生影响,难以直接分析因水位变化过程差异导致的计算发电量差异。因此,研究工作以日尺度和月尺度模型为例,运用逐步逼近的思想,分析模型反映水位变化过程差异与模型计算发电量偏差的关系。

由图 3-32（a）可知，日尺度模型（模型 1）水位过程由 T_1 个离散点组成，月尺度模型（模型 2）由 2 个离散点组成。为了实现日尺度模型和月尺度模型在同时间尺度上的比较，将模型 1 在初末水位上线性插值得到 T_1 个离散点，并将该模型称月尺度模型的逐日插值模型（模型 3）。

在分析水位过程差异影响时，将调度期内的入库流量设定为恒定的 I。假定水电站水位与库容呈线性关系。此时，当时段内水位变化幅度相同时，由此而产生的流量变化也相同。入库流量为 I 时，模型 2、模型 3 在全时段下泄流量为 $Q=I+\Delta Q$，ΔQ 为由水位变化产生的流量。由此，模型 3 在调度期内的发电量可表示为式（3-60），化简后为式（3-61）。

$$P_3 = \sum_{t=1}^{T_3} KQ \left[\frac{L_0 + \frac{(t-1)}{T_3}\Delta L + L_0 + \frac{t}{T_3}\Delta L}{2} - f(Q) - H_{\text{loss}} \right] \frac{S}{T_3} \quad (3\text{-}60)$$

$$P_3 = KQS \left[\frac{2L_0 + \Delta L}{2} - f(Q) - H_{\text{loss}} \right] = P_2 \quad (3\text{-}61)$$

式中：ΔL 为调度期初末水位之差。

由式（3-61）可知，在假定水电站水位与库容呈线性关系的前提下，模型 2 与模型 3 的偏差为 0。然而当调度期内初末水位相差较大时，该假定是有较大偏差的。因此，研究工作拟定了不同初末水位和径流的 500 种工况，模拟计算表明模型 2、模型 3 间的实际误差 $\Delta P_{\text{离}}$ 与初末水位差呈线性关系，则式（3-61）可改写为式（3-62），式中 $A_{\text{离}}$ 由模拟结果拟合给出。此时，可用模型 3 代替模型 2 来分析模型 1 与模型 2 之间的差异，由此部分产生的误差与模型的初末水位差有关。

$$P_3 = P_2 + A_{\text{离}}\Delta L \cdot S \quad (3\text{-}62)$$

由于模型 2 与模型 3 之间时段数相同，模型间的发电量差可由单时段发电量差累积得到。在分析模型单时段发电量差时，可分解为由初水位偏差造成的发电量差 $\Delta P_{\text{初}}$ 和减去 $\Delta P_{\text{初}}$ 后由末水位偏差带来的发电量差 $\Delta P_{\text{末}}$，如图 3-32（b）所示，其中 $\Delta P_{\text{初}}$ 可由式（3-63）计算给出。

$$\Delta P_{\text{初}} = \sum_{t=1}^{T_1} \Delta P_{\text{初}} = \sum_{t=1}^{T_1} KQ \frac{S}{T_1} \cdot (L_{t,1} - L_{t,2}) \quad (3\text{-}63)$$

当水电站初水位、入库流量一定且水电站无弃水时，水电站发电量与末水位呈线性相关关系，因此 $\Delta P_{\text{末}}^t$ 可用式（3-64）近似计算，参数 A、B 由实际模拟计算拟合得出。

$$\Delta P_{\text{末}} = \sum_{t=1}^{T_1} \Delta P_{\text{末}}^t = \sum_{t=1}^{T_1} \left\{ A \cdot \left[L_{t,1} - L_{t,2} - (L_{t-1,1} - L_{t-1,2}) \right] + B \right\} \quad (3\text{-}64)$$

由式（3-62）～式（3-64）可知，由不同模型反映的水位变化过程差异主要与调度期内的初末水位差、不同时间尺度模型反映水位过程的累积差有关。

综合上述分析可知，不同时间尺度模型间的偏差受弃水量计算偏差、径流变化程度、平均入库流量、调度期内初末水位差、不同时间尺度模型反映水位过程的累积差的影响。然而，各因素相互耦合，理论分析难以开展，在实际调度模型准确度分析中，研究工作针对弃水量计算偏差拟定了枯水期、消落期和蓄水期三种工况；针对径流变化拟定 55 种不同径流形式；针对径流量大小拟定了特丰、丰、平、枯、特枯五种来水情景；针对初末水位差及水位变化过程拟定维持水位、小幅消落、小幅上涨、大幅消落、大幅上涨五种水位控制方式及不同的初水位工况，并通过不同尺度调度模型模拟计算，运用统计学方法分析模拟计算结果，并结合上述理论分析成果实现不同时间尺度调度模型准确度的分析。

梯级水电站联合发电调度以充分发挥梯级水电站联合调度效用，最大化梯级电站综合效益为目标。在已有梯级水电站联合发电调度模型的基础上，引入梯级水电站多尺度建模的理论成果，并结合中长期精细化出力计算方法，建立了梯级水电站精细化发电调度模型。

2. 梯级水电站精细化发电调度模型

1）目标函数

流域梯级水电站发电调度模型一般以发电量最大或者发电效益最大为优化目标，在本章所建立的多尺度精细化调度模型中以发电量最大为调度目标，其函数表达式为式（3-65）。此外，为兼顾梯级水电站保证出力，在式（3-66）的基础上增加保证出力综合效益，建立梯级水电站发电最大、保证出力尽可能多的发电调度模型，如式（3-66）所示。

$$\max E=\sum_{t=1}^{T}\sum_{i=1}^{M}N_i^t\Delta T_t=\sum_{t=1}^{T}\sum_{i=1}^{M}K_i^tQ_i^tH_i^t\Delta T_t \qquad (3\text{-}65)$$

$$\max E=\sum_{t=1}^{T}\sum_{i=1}^{M}K_i^tQ_i^tH_i^t\Delta T_t-\sum_{i=1}^{M}\alpha_i(N_{i,G}-N_i^{\min}) \qquad (3\text{-}66)$$

式中：E 为调度期内梯级电站总发电量；T 为调度期内时段数；M 为梯级电站数量；N_i^t 为第 i 个电站在时段 t 的出力；K_i^t 为对应的出力系数；Q_i^t 为对应的发电引用流量；ΔT_t 为 t 时段的时段长度，由本章所述梯级水电站多尺度建模分析结果给出；$N_i^{\min}$ 为电站 i 在调度期内最小出力；$N_{i,G}$ 为电站保证出力；α_i 为保证出力增量与发电效益间的转换系数。

2）约束条件

水量平衡公式：

$$V_i^{t+1}=V_i^t+(I_i^t-Q_i^t-S_i^t)\Delta T_t$$
$$I_i^t=q_i^t+\sum_{k=0}^{K}(Q_k^t+S_k^t) \qquad (3\text{-}67)$$

式中：V_i^t 为第 i 个电站在 t 时段初的库容；I_i^t 为入库流量；q_i^t 为区间入流；S_i^t 为弃水流量；K 为电站 i 的直接上游水电站个数；Q_k^t 和 S_k^t 分别为第 k 个直接上游电站的发电引用流量和弃水流量。

水力约束：

$$Z_i^{t\,\text{down}}=\begin{cases}Z_1^{\text{down}}(Q_i^t+S_i^t), & \text{无顶托}\\ Z_2^{\text{down}}(Q_i^t+S_i^t,Z_{i+1}^t), & \text{有顶托}\end{cases} \qquad (3\text{-}68)$$

式中：Z_i^t 为电站坝前水位；$Z_i^{t\,\text{down}}$ 为电站尾水位。

　　一般情况下，电站尾水位是其下泄流量的凹函数。但当上游电站坝址位于下游电站回水区，梯级水电站出现水头重叠情况（即"顶托"）时，电站尾水位还与其下游电站的坝前水位有关。

　　蓄水位约束：

$$Z_i^{t\min} \leqslant Z_i^t \leqslant Z_i^{t\max} \tag{3-69}$$

$$\left| Z_i^t - Z_i^{t+1} \right| \leqslant \Delta Z_i \tag{3-70}$$

式中：$Z_i^{t\min}$ 与 $Z_i^{t\max}$ 分别为电站 i 在时段 t 的最小和最大水位限制；ΔZ_i 为时段内的最大允许水位变幅。

　　在枯水期，$Z_i^{t\max}$ 一般为正常蓄水位，$Z_i^{t\min}$ 则为消落期最低水位；在汛期，$Z_i^{t\max}$ 为汛限水位，$Z_i^{t\min}$ 为死水位。

　　出力约束：

$$N_{i,G}^t \leqslant N_i^t \leqslant N_i^{t\max}(H_i^t) \tag{3-71}$$

式中：$N_i^{t\max}$ 为电站 i 在时段 t 的最大出力，最大出力由电站机组动力特性、电站外送电力限制、机组预想出力等综合确定。

　　其中，约束 $N_{i,G}^t \leqslant N_i^t$（保证出力约束）为柔性约束，在径流特枯水电站消落至最低水位尚不能满足保证出力需求时，可适当降低保证出力值，或不考虑保证出力约束。

　　流量约束：

$$Q_i^{t\min} \leqslant Q_i^t + S_i^t \leqslant Q_i^{t\max} \tag{3-72}$$

式中：$Q_i^{t\max}$ 为电站 i 在时段 t 的最大下泄流量；$Q_i^{t\min}$ 为最小下泄流量。

　　最大、最小下泄流量一般由大坝泄流能力、河道航运行洪需求、不同时期河道生态和供水等综合用水需求决定。

　　边界约束：

$$Z_{i,1} = Z_{i\,\text{begin}}, \quad Z_i^T = Z_{i\,\text{end}} \tag{3-73}$$

式中：$Z_{i\,\text{begin}}$ 为电站起调水位；$Z_{i\,\text{end}}$ 为调度期末控制水位。

　　水头计算公式：

$$H_i^t = (Z_i^t + Z_i^{t+1})/2 - Z_{i\,\text{down}}^t - H_{i\,\text{loss}}^t \tag{3-74}$$

式中：$H_{i\,\text{loss}}^t$ 为水头损失。

　　出力系数计算公式：

$$K_i^t = K(H_i^t, Q_i^t) \tag{3-75}$$

式中：K_i^t 为出力系数，是水头和发电引用流量的函数，其函数关系可由 3.4.2 节中提出的全站精细化出力系数表给出。

3.4.2　中长期精细化出力计算方法

1. 基于最优流量分配的全站经济运行总表

　　短期优化调度一般将查全站经济运行总表（又称最优流量分配表）的方式作为精细

化出力计算方法。全站经济运行总表由模拟计算电站全水头下的厂内经济运行空间最优化数学模型得到。该模型的一般求解方法为动态规划法，其求解步骤如下。

厂内经济运行空间最优化数学模型是在电站出力给定情况下，寻求总耗水量最小的机组负荷分配方式。在用动态规划方法求解该问题时，其动态规划递推公式如式（3-76）所示。其中，k 为计算阶段号，状态变量为 k 台机组的总出力 $\overline{N_k}$，决策变量为第 k 号机组出力 N_k。

$$\begin{cases} Q_k^*(\overline{N_k},H)=\min\left[Q_k(N_k,H)+Q_{k-1}^*(\overline{N_{k-1}},H)\right] \\ \overline{N_{k-1}}=\overline{N_k}-N_k \qquad\qquad (k=1,2,\cdots,n) \\ Q_0^*(\overline{N_0},H)=0 \end{cases} \qquad (3-76)$$

式中：$Q_k^*(\overline{N_k},H)$ 为水头 H 条件下，全站总负荷为 $\overline{N_k}$ 时，在各台机组间优化分配的总耗流量；$Q_k(N_k,H)$ 为第 k 号机组所带负荷为 N_k 时的耗流量；$Q_0^*(\overline{N_0},H)$ 为边界条件，起始阶段以前的耗流量为 0；$\overline{N_{k-1}}=\overline{N_k}-N_k$ 为状态转移方程。

2. 全站经济运行总表在中长期水能计算中的适用性分析

中长期优化调度模型与短期优化调度模型存在较大差异，中长期调度时间尺度为月、旬、日，短期调度时间尺度为小时、15 min；中长期调度中水能计算考虑全站水头、出力和发电引用流量，而短期调度中还需考虑机组开机方式，且全站水头、出力、发电引用流量需精确到机组。因此，全站经济运行总表在中长期优化调度出力计算中的适用性尚需探讨。图 3-33（a）～（c）为溪洛渡水电站高、中、低三种不同水头下由经济运行总表计算得出的机组发电引用流量、出力、出力系数（Q–N–K）的关系。同一水头下，K 随着 Q 的增大而减小，期间有振荡的现象，且振荡在满发流量附近消失，但出力系数有加速减小的现象。K 保持下降趋势，是因为水头损失随 Q 增大而增大；而振荡则是由于电站的高、低效运行区交替出现。当 Q 靠近 N 台机组满发流量时，电站所开启机组均高效运行，此时 K 较高；而当 Q 刚好超出 N 台机组满发流量时，则增开一台机组，此时开机机组多低

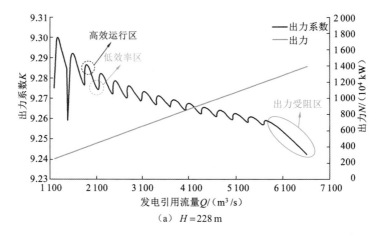

（a）$H=228$ m

图 3-33　最优流量分配下的水头、发电引用流量、出力及出力系数间的关系

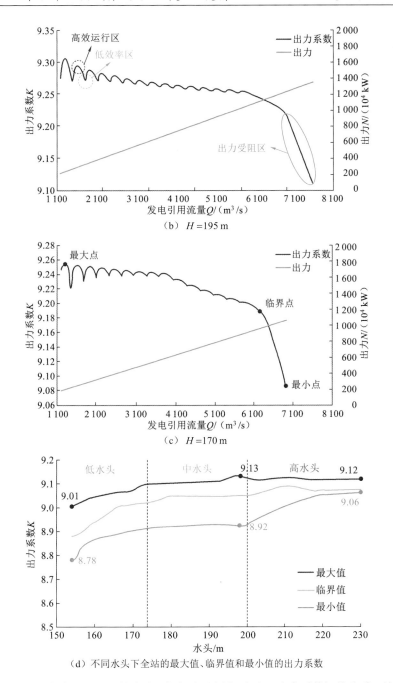

图 3-33　最优流量分配下的水头、发电引用流量、出力及出力系数间的关系（续）

效运行，K 较低；当机组全开且接近满发流量时，水轮机自身效率下降，出力系数会出现加速减小的情况，开始加速减小的点称下坠临界点，可由溪洛渡水电站三种不同类型机组的效率曲线拐点的过机流量乘以机组台数后相加得到。图 3-33（d）给出了不同水头下全站的最大值、临界值和最小值的出力系数。在高水头时，最大、最小出力系数差较小，约为 0.06，随着水头的减小差值逐渐增大，在中水头时可达 0.2，之后误差基本维持稳定。

根据上述分析,将最优流量分配表应用至中长期出力计算还应该解决以下两个方面的问题。

(1)由最优流量分配表计算得到出力系数仅适用于短期单时段的出力计算,应用至中长期调度时还应引入电站的日运行方式。

(2)出力系数的振荡现象。在中长期调度中,水电站的调蓄可避免水电站运行在低效区域,减轻出力系数的振荡。

3. 基于最优流量分配的中长期出力计算方法

1)电站日运行方式

根据目前金沙江下游梯级水电站接入电网方式,溪洛渡水电站左岸电厂通过三回 500 kV 线路上国家电网,右岸电厂通过四回 500 kV 线路上南方电网,溪洛渡电站同时受两个电网调度机构管理(称"一库两站,一厂两调");向家坝水电站全电厂通过四回 500 kV 线路上国家电网,如图 3-34 所示。南方电网和国家电网典型日负荷曲线差别较大,南方电网典型日负荷曲线为"三峰型",国家电网则为"双峰型",其典型日负荷曲线参数如图 3-35 所示。为保证溪洛渡水电站送向国家电网和南方电网的年总电量满足相关规定要求,送往各电网总电量比例设定为 1:1,即:溪洛渡水电站可按两电网典型日负荷曲线叠加后的曲线制作发电计划;向家坝水电站则依据国家电网典型日负荷曲线制作发电计划。

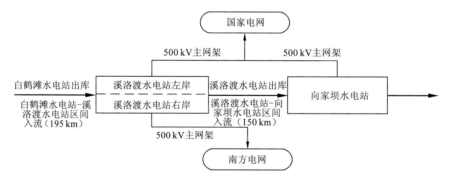

图 3-34 金沙江下游梯级电站接入电网方式

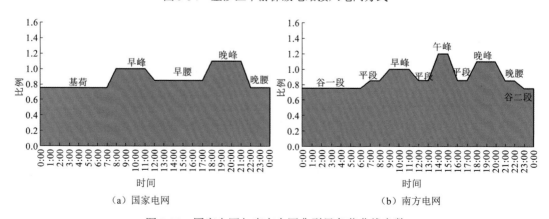

(a)国家电网 (b)南方电网

图 3-35 国家电网与南方电网典型日负荷曲线参数

在短期调度中，水头变化不大，全厂出力过程趋势与发电引用流量趋势基本相同。可考虑用电站日典型负荷曲线来近似发电引用流量曲线。因此，日运行方式下，平均流量 Q 对应的平均出力系数 K 可由式（3-77）给出。

$$K=\frac{1}{T}\sum_{t=1}^{T}k_t=\frac{1}{T}\sum_{t=1}^{T}f(q_t,H),\quad q_t=\frac{r_t}{\sum_{i=1}^{T}r_i}\cdot Q\cdot T \tag{3-77}$$

式中：q_t 为时段 t 的发电引用流量；k_t 为出力系数；r_t 为典型负荷曲线参数；$f(q_t,H)$ 为出力系数的函数。

当入库流量存在低于最小下泄或高于当前水头的满发流量时，按下述方式计算出力。

（1）当最小的 q_t 小于电站最小下泄流量 $Q_{\min}$ 时，谷段以最小流量下泄，其他时段按照丰平比和谷平比不变计算，如式（3-78）所示。

$$q_t=\frac{r_t-r_{\min}}{\sum_{i=1}^{T}(r_i-r_{\min})}(Q-Q_{\min})\cdot T+Q_{\min} \tag{3-78}$$

（2）当最大的 q_t 大于当前水头下的满发流量 $Q_{\max}$ 时，存在如下两种情况。

弃水调峰方式。电站有弃水调峰任务时，各时段按式（3-78）给出流量下泄，大于满发流量的部分按弃水处理。

非弃水调峰方式。电站无弃水调峰任务时，其余时段按照峰平比和谷平比不变计算，如式（3-79）所示。

$$q_t=\frac{r_t-r_{\max}}{\sum_{i=1}^{T}(r_i-r_{\max})}(Q-Q_{\max})\cdot T+Q_{\max} \tag{3-79}$$

根据式（3-79），计算得到考虑电站日运行方式时溪洛渡水电站的不同水头下 Q、K 的关系，如图 3-36 所示。由图 3-36（a）可知，弃水调峰运行方式下，日运行方式与单时段运行方式 K 值相差较大，最大可达 0.39（H=228 m）。溪洛渡水电站、向家坝水电站根据规程一般运行在腰荷，可适当承担电网调峰任务；当入库流量大于机组满发流量时，原则上应发预想出力，不宜弃水调峰。因此，溪洛渡水电站、向家坝水电站均不考虑弃水调峰运行，此种情况下，溪洛渡水电站高、中、低水头下单时段最优流量分配与考虑日运行方式的综合出力系数偏差不大，如图 3-36（b）和（d）所示。从电站峰段下泄大于下坠临界值流量开始，即图 3-36（c）中调峰上临界值，至电站谷段流量大于下坠临界值流量为止，即图 3-36（d）中调峰下临界值，非弃水调峰方式出力系数较单时段最优流量分配方式存在显著差异。此外，出力系数振荡现象也大为改善。

根据上述分析可知，对于溪洛渡水电站等大型水利枢纽，由于其本身装机容量大、电网调峰任务较轻，综合出力系数对电站的日运行方式总体不敏感，但在局部一定程度上受日运行方式的影响。

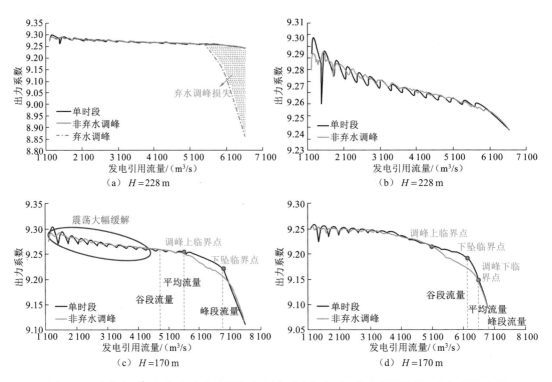

图 3-36　考虑电站日运行方式的溪洛渡水电站不同水头下的发电引用流量、出力系数关系

2）出力系数振荡的消除

电站日运行方式下出力系数的振荡现象依然存在，如图 3-36（b）所示。虽然，出力系数的振荡从振幅来看较小，约为 0.02，但在中长期优化调度中，会引起水位过程的振动，影响优化调度的结果。根据前述分析可知，电站发电流量–出力系数关系曲线可分为三段：①最小下泄—机组全开临界点；②机组全开临界点—出力系数下坠临界点；③出力系数下坠临界点–满发流量。因此，可通过分水头多段线性插值的方法拟合 K–Q–H 的关系曲线，在消除振荡的同时，保证曲线拟合的准确性。

由图 3-37 可知，分水头三段线性插值拟合方法拟合的 R^2 较高。全水头范围的拟合度均值为 0.998 9，最大均方根小于 0.01。据此可知，书中采取的拟合方法的拟合精度较高。

4．金沙江下游梯级水电站精细化出力系数表及应用

根据上述分析成果，以金沙江下游梯级溪洛渡水电站和向家坝水电站为研究实例，制定了溪洛渡水电站、向家坝水电站中长期精细化出力系数表，结果如表 3-21 所示。同水头下，溪洛渡水电站不同流量间出力系数偏差最大为 0.17；向家坝水电站不同流量间出力系数偏差最大为 0.21。同一流量下，溪洛渡水电站不同水头出力系数偏差最大为 0.10；向家坝水电站不同水头出力系数偏差最大为 0.12。将溪洛渡水电站最优流量分配表绘制为可视化曲面，如图 3-38 所示。由图 3-38 可看出，同一水头下出力系数随流量增大而减

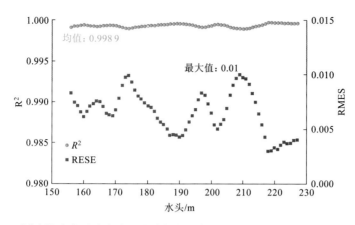

图 3-37　溪洛渡水电站分水头三段线性插值拟合确定性系数和均方根（RMES）

小。满发流量附近水电站出力受阻时，出力系数加速减小的情况也能得到准确体现；同一流量下，出力系数与水头呈现正相关关系。由此可见，所制定的中长期最优流量分配表能够较精确刻画电站 K–Q–H 的关系，可应用于中长期水能计算。

表 3-21　溪洛渡水电站、向家坝水电站中长期精细化出力系数表

溪洛渡水电站						向家坝水电站					
水头/m	流量/（m³/s）	出力系数	水头/m	流量/（m³/s）	出力系数	水头/m	流量/（m³/s）	出力系数	水头/m	流量/（m³/s）	出力系数
156	1 200	9.18	196	1 200	9.28	86	1 200	9.36	106	1 200	9.47
156	4 732	9.12	196	5 482	9.25	86	4 387	9.41	106	4 623	9.49
156	6 188	9.06	196	7 169	9.18	86	5 736	9.38	106	6 046	9.47
156	6 552	9.01	196	7 590	9.11	86	6 074	9.29	106	6 402	9.42
166	1 200	9.24	206	1 200	9.28	91	1 200	9.42	111	1 200	9.47
166	4 917	9.21	206	5 328	9.27	91	4 543	9.44	111	4 385	9.51
166	6 430	9.14	206	6 967	9.22	91	5 941	9.41	111	5 734	9.50
166	6 808	9.07	206	7 377	9.16	91	6 291	9.33	111	6 071	9.48
176	1 200	9.25	216	1 200	9.28	96	1 200	9.43	114	1 200	9.48
176	5 109	9.23	216	5 048	9.27	96	4 708	9.47	114	4 271	9.50
176	6 681	9.17	216	6 601	9.25	96	6 157	9.42	114	5 585	9.50
176	7 074	9.10	216	6 989	9.22	96	6 519	9.33	114	5 914	9.48
186	1 200	9.27	226	1 200	9.28	101	1 200	9.46			
186	5 296	9.24	226	4 814	9.26	101	4 864	9.49			
186	6 926	9.18	226	6 296	9.25	101	6 361	9.40			
186	7 333	9.11	226	6 666	9.24	101	6 735	9.30			

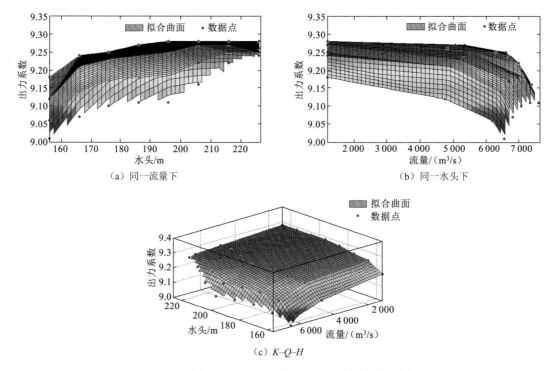

图 3-38　溪洛渡水电站中长期最优流量分配表拟合曲面

3.4.3　实例研究

金沙江下游梯级水电站中,溪洛渡水电站、向家坝水电站已经全面投产运行,乌东德水电站和白鹤滩水电站尚在建设中。在充分考虑梯级各水电站资料完整性、水电站特性、不同尺度调度模型建模求解可行性的基础上,选取梯级水电站中资料完整、调蓄能力较大的溪洛渡水电站作为研究对象进行多尺度发电调度建模分析。根据 3.4.1 节的研究成果,考虑影响调度模型准确度的弃水量计算偏差、径流变化程度、平均入库流量、调度期内初末水位差等关键因子,以及不同调度期径流和梯级水电站的运行特性,拟定了不同电站运行和来水工况,进而运用统计学方法定量分析关键因子对调度模型准确度的影响程度。

研究工作假定日尺度调度模型为准确的中长期调度模型,以月、旬、5 日三种尺度与日尺度调度模型的调度结果偏差为调度模型偏差。径流序列则选取屏山站 1956～2010年共 55 年的历史日径流序列,已有文献表明,该系列丰、平、枯相间出现,系列代表性好,且径流在年内具有明显分布特性(张睿 等,2013)。选取了溪洛渡水电站枯水期、消落期和蓄水期中比较有代表性的 1 月、6 月和 9 月为研究时段。为在同一标准上比较不同调度模型的偏差,研究工作提出了水电站发电调度模型的相对误差指标 γ,以量化偏差拓展到全年范围内对年发电量的影响程度,其计算方法为

$$\gamma = \frac{\Delta E}{\overline{E}_{年}} \cdot \frac{T_{年}}{T_{调度期}} \cdot 100\% = \frac{\left| E_{尺度} - E_{日} \right|}{\overline{E}_{年}} \cdot \frac{T_{年}}{T_{调度期}} \cdot 100\% \qquad (3\text{-}80)$$

式中：ΔE 为发电量的偏差；$\overline{E}_年$ 为水电站多年平均发电量；$E_{尺度}$ 为所选尺度模型的计算发电量；$E_日$ 为日尺度模型计算发电量；$T_{调度期}$ 为当前调度期的时间长度；$T_年$ 为一年的时间长度。

1）枯水期

根据调度规程，溪洛渡水电站枯水期在保证下游用水需求前提下维持高水位运行。因此，水位工况考虑初水位从 560～600 m 以 5 m 间隔选取，水位控制方式按：工况一，维持水位运行；工况二，水位小幅消落（消落 5 m）；工况三，水位小幅上涨（上涨 5 m）。径流方面考虑采用概率权重法计算各月不同来水频率下的月平均流量，并将屏山站 1956～2010 年的实测日径流序列同倍比放大到丰、平、枯平均径流以作为模型的输入条件。

表 3-22 给出了不同时间尺度模型在不同调度工况下模型相对误差的平均值和方差。总地来看，5 日、旬在不同来水情景和不同水位工况下模型相对误差及其方差均较小，说明在枯水期 5 日、旬均能较为准确地反映水电站的实际调度工况；而月尺度模型相对误差约为 1%，模型准确度虽较 5 日、旬有一定差异，但总体偏小。同一水位控制方式下，模型准确度随着平均径流增大而降低；同一来水情景下，水位上涨工况模型准确度高，水位下降工况模型准确度低，但总体相差不大。初水位对模型准确度存在一定的影响，初水位在正常蓄水位附近时模型准确度高，随着初水位降低，模型准确度降低，至一定程度后稳定（图 3-39）。

表 3-22 1 月不同来水情景下模型相对误差 单位：%

来水情景	相对误差	维持水位			小幅消落			小幅上涨		
		5 日	旬	月	5 日	旬	月	5 日	旬	月
丰水年	平均值	0.02	0.09	0.92	0.05	0.14	1.18	0.01	0.05	0.73
	方差	0.01	0.01	0.05	0.01	0.02	0.05	0.01	0.01	0.05
平水年	平均值	0.01	0.06	0.71	0.02	0.10	0.96	0.02	0.03	0.49
	方差	0.01	0.01	0.05	0.01	0.01	0.05	0.01	0.01	0.05
枯水年	平均值	0.01	0.03	0.52	0.04	0.06	0.76	0.03	0.01	0.25
	方差	0.01	0.01	0.04	0.01	0.01	0.05	0.01	0.01	0.05

枯水期径流量较小，径流期内变化较小，水电站一般维持在正常蓄水位运行，根据上述分析，枯水期选择月尺度也能保持较高的模型准确度。

2）消落期

根据溪洛渡水电站调度规程要求，汛前需消落至汛限水位。消落期工况考虑初水位从 560～600 m 以 5 m 间隔选取，末水位为汛限水位。考虑到消落期径流丰、枯差异较大，增加特枯和特丰两种情景。

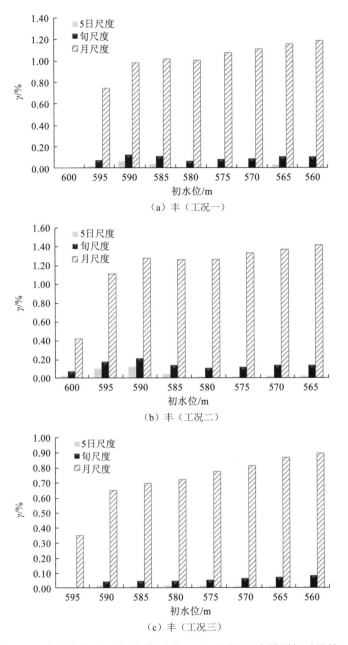

图 3-39　丰水情景下 1 月不同初水位工况下不同尺度模型相对误差 γ

6 月不同来水情景下不同尺度模型相对误差如表 3-23 所示，消落期模型相对误差较枯水期大，5 日尺度不同来水情景下的模型相对误差约在 0.5%，旬尺度模型相对误差在 1%～2%，月尺度模型误差在 3%～4%（特丰水年除外）。同一尺度下，相对误差随平均径流的增大而增大，除月尺度特丰水年情景外，增长幅度较小。从不同典型年来水情景下模型相对误差的方差来看，月尺度较大，旬和 5 日尺度较小，但总体还是偏大，说明消落期径流的期内变化对模型准确度存在很大的影响。

表 3-23　6 月不同来水情景下不同尺度模型相对误差　　　　单位：%

来水情景	5 日		旬		月	
	平均值	方差	平均值	方差	平均值	方差
特丰水年	0.48	0.300	2.31	1.057	12.37	7.085
丰水年	0.41	0.377	1.38	1.140	4.04	3.439
平水年	0.43	0.436	1.28	1.343	3.71	2.353
枯水年	0.35	0.307	0.82	0.983	3.82	1.748
特枯水年	0.38	0.174	0.64	0.354	3.54	1.238

　　为分析径流变化对模型准确度的影响，拟定了三种水位工况：工况一，初水位 600 m；工况二，初水位 580 m；工况三，初水位 560 m。末水位均为 560 m，并选取了丰、平、枯三种来水情景，分析了 6 月不同径流情景日径流序列变差系数 C_v 与模型相对误差 γ 的相关性。研究工作对 C_v-γ 进行了 Pearson 相关性检验，结果如表 3-24 所示。在 99% 置信水平上，月尺度模型的 γ 与 C_v 的相关性系数在各种情景下均大于 0.9，呈高度线性相关；而旬尺度在平水年和枯水年，γ 与 C_v 的相关性系数在 0.5～0.75，呈显著线性相关，在来水较丰的情况下，γ 与 C_v 的相关性不明显；5 日尺度，各种情景下 γ 与 C_v 的相关性系数较小，不存在线性相关关系。上述结果表明，径流的期内变化对大尺度调度模型准确度影响较大，模型准确度与径流的 C_v 存在明显的线性关系；而小尺度调度模型能够有效地降低径流期内变化对模型准确度的影响。

表 3-24　不同来水情景和水位工况下 C_v-γ 相关性分析结果

水位工况	丰水年			平水年			枯水年		
	5 日	旬	月	5 日	旬	月	5 日	旬	月
工况一	0.406**	-0.22	-0.965**	0.16	-0.645**	-0.954**	-0.25	-0.727**	-0.951**
工况二	0.443**	-0.21	-0.962**	0.09	-0.582**	-0.951**	-0.21	-0.647**	-0.949**
工况三	0.304*	-0.24	-0.952**	0.311*	-0.586**	-0.931**	-0.19	-0.640**	-0.925**

注：**为在 0.01 水平上显著相关；*为在 0.05 水平上显著相关

　　在消落期不同时间尺度模型还受弃水量计算偏差影响，5 日、旬尺度模型能较为准确地计算消落期的弃水量，而月尺度模型在计算弃水量时存在较大偏差，如图 3-40 所示。因此，在消落期随着平均径流增大，5 日尺度模型的误差基本维持稳定，旬尺度模型相对误差均匀增大，月尺度模型的误差开始均匀增大，直至模型出现弃水时，月尺度模型相对误差陡增，如图 3-41 所示。

　　消落期内整体径流量变化较大，且水电站在期内需消落至汛限水位，因此，在消落期需选择 5 日为调度模型的时间尺度。

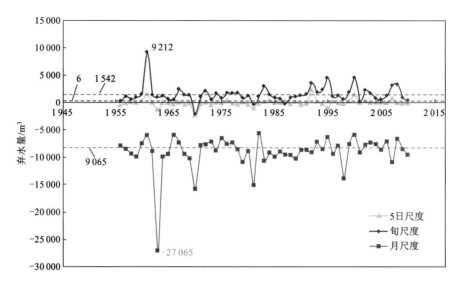

图 3-40　6 月特丰水年不同尺度模型逐年弃水量计算偏差

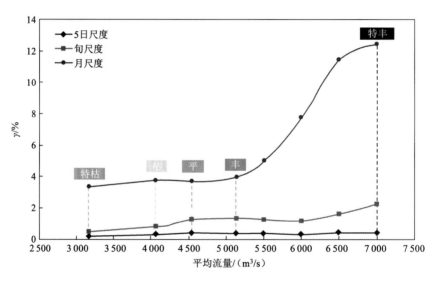

图 3-41　不同平均流量下模型相对误差变化

3）蓄水期

根据调度规程,溪洛渡水电站 9 月 10 日开始蓄水,9 月底蓄至正常蓄水位,蓄水期水电站水位工况考虑初水位为 560 m,末水位从 560～600 m 以 5 m 间隔选取。径流工况则考虑与枯水期一致。

9 月不同来水情况下不同尺度模型相对误差、弃水量计算偏差如表 3-25 所示,蓄水期不同尺度调度模型的相对误差均较大,5 日尺度约为 0.5%,旬尺度约为 1.5%,月尺度则在 10%左右,月尺度模型相对误差远大于 5 日尺度和旬尺度。同一尺度下,相对误差随径流量变化的趋势不明显。从不同年份来水输入下模型相对误差的方差来看,月、旬尺度偏差较大,5 日尺度较小,但总体较大,说明消落期径流的变化对模型准确度影响较大。

表 3-25　9 月不同来水情景下不同尺度模型相对误差、弃水量计算偏差

来水情景	相对误差	模型相对误差/%			弃水量计算偏差/（10^4m^3）		
		5 日	旬	月	5 日	旬	月
丰水年	平均值	0.40	1.74	9.30	-501	-427	-16 454
	方差	0.385	1.239	4.693	819	1 636	10 438
平水年	平均值	0.47	1.83	11.41	-779	-1 220	-28 414
	方差	0.542	1.391	5.802	1 294	2 096	15 784
枯水年	平均值	0.35	1.12	7.96	-450	-762	-12 485
	方差	0.315	0.720	7.215	563	987	12 288

从径流变化对模型准确度的影响来看，按照 6 月对径流变化的分析方法，拟定三种水位工况：工况一，末水位 600 m；工况二，末水位 580 m；工况三，末水位 560 m。初水位均为 560 m，9 月径流变化对模型准确度影响与 6 月基本一致，但相关性程度不如消落期显著，如表 3-26 所示。在 9 月共 55 年实测径流序列中，最大日径流序列变差系数 C_v 为 0.37，最小为 0.05，径流变化程度较 6 月缓和。由此可推断，模型准确度的变化趋势不全是由径流的变化主导的。

表 3-26　9 月不同来水情景和水位工况下 $C_v-\gamma$、$\Delta D-\gamma$ 相关性分析结果

来水情景	水位工况	$C_v-\gamma$			$\Delta D-\gamma$		
		5 日	旬	月	5 日	旬	月
丰水年	工况一	-0.403**	-0.403**	-0.708**	-0.760**	-0.554**	-0.972**
	工况二	-0.306*	-0.160	-0.553**	-0.139	-0.637**	-0.882**
	工况三	-0.205	-0.095	-0.304*	-0.158	-0.991**	-0.985**
平水年	工况一	-0.435**	-0.601**	-0.608**	-0.854**	-0.870**	-0.988**
	工况二	-0.341*	-0.342*	-0.691**	-0.743**	-0.752**	-0.946**
	工况三	-0.202	-0.459**	-0.421**	-0.425**	-0.789**	-0.639**
枯水年	工况一	-0.122	-0.008	-0.537**	-0.854**	-0.870**	-0.988**
	工况二	-0.279*	-0.503**	-0.621**	-0.743**	-0.752**	-0.946**
	工况三	-0.426**	-0.038	-0.666**	-0.425**	-0.789**	-0.639**

注：**为在 0.01 水平上显著相关；*为在 0.05 水平上显著相关；ΔD 为计算弃水量偏差

从弃水量计算偏差方面来看，各尺度模型相对误差与弃水量计算偏差在 99%置信水平上存在明显的线性相关关系。在各种工况下，月尺度模型弃水量计算偏差与相对误差高度线性相关，旬尺度模型弃水量计算偏差与相对误差显著线性相关，5 日尺度模型在末水位较高时，模型弃水量计算偏差与相对误差显著线性相关。由此可以看出，大尺度模型受弃水量计算偏差影响较大，模型准确度与弃水量计算偏差存在明显的线性相关关系，使用小尺度模型能有效减小弃水量计算偏差的影响。

在蓄水期,径流量级较大,选用大尺度调度模型会因弃水量计算偏差导致模型计算误差较大甚至错误,而选取小尺度调度模型能有效减小弃水量计算偏差,且同时能减小径流变化对模型准确度的影响。

4）金沙江下游梯级水电站多尺度模型

传统的中长期发电调度模型在整个调度期内一般选取相同时间尺度,然而根据本节分析结果,不同时间尺度在不同调度期内对模型准确度的影响程度不同,为了尽可能准确地描述金沙江下游梯级水电站在不同调度期的实际工况,且同时考虑不同调度期模型准确度的一致性,研究工作根据水电站的调度规程、不同调度期内平均径流、历史日径流序列的变差系数、水位控制方式、是否存在弃水等方面综合考虑,依据发电调度模型准确度的分析成果,拟定了不同月份的建议时间尺度,相关结果如表 3-27 所示。汛期水电站机组满发、且水电站按照防洪方式运行,因此汛期的调度模型不在本章开展研究。

表 3-27　各月径流特性、水电站运行特性及建议尺度

调度期	月份	弃水	平均入库流量/（m³/s）			日径流序列 C_v			水位控制方式	建议尺度
			平均值	最大值	最小值	平均值	最大值	最小值		
枯水期	11	无	3 403	5 040	2 331	0.16	0.39	0.09	维持高水位	旬
	12	无	2 151	3 007	1 678	0.10	0.18	0.06	维持高水位	月
	1	无	1 672	2 275	1 295	0.07	0.20	0.03	维持高水位	月
	2	无	1 439	2 123	1 165	0.04	0.12	0.01	维持高水位	月或 5 日**
	3	无	1 363	1 850	1 109	0.04	0.15	0.01	水位小幅消落	月或 5 日**
	4	无	1 556	2 353	1 153	0.10	0.26	0.03	水位小幅消落	月或 5 日**
消落期	5	无	2 385	4 321	1 282	0.19	0.42	0.06	水位大幅消落	旬或 5 日*
	6	少量	4 875	8 471	2 260	0.34	0.64	0.11	水位大幅消落	5 日
蓄水期	9	有	9 642	16 093	4 847	0.20	0.38	0.05	稳步蓄水	5 日
	10	有	6 518	10 101	4 175	0.21	0.38	0.09	维持高水位	5 日

注：*55 年实测径流中,有 16 年在 5 月开始涨水,因此,在 5 月开始涨水的年份,5 月考虑选择 5 日尺度,其余年份可选择旬尺度；**在特枯年份 2～4 月径流可能出现小于最小下泄的情况,此时应该考虑选用 5 日尺度

3.5　小　　结

本章围绕流域梯级电站发电优化调度技术研究,分别针对中长期发电调度、短期发电调度、厂内实时 AGC 和多尺度相互耦合的精细化调度方式,从理论模型构建、算法技术突破、求解方法优化、实际工程应用等方面开展了系统论述。中长期发电调度方面,构建了长江中上游大规模梯级水电站群长期发电优化调度模型,针对传统方法在求解该问题时计算时间长、多约束耦合难以处理、易于陷入局部最优等缺陷,采用分区优化控制的方

法对梯级水库群进行分层分区,从而降低问题空间维数,同时提出了一种全局寻优能力强、计算精度高的 EGPSO 算法,将上述方法应用于长江中上游骨干性水库群优化调度中,得到研究区域中各库发电调度过程,计算结果表明,梯级水电站群联合调度能提高梯级整体发电量和水量利用率。本书提出的分区优化算法能在复杂约束环境下得到可行解,结果精度和计算效率可满足实际生产需求,调度方案相较传统的 DPSA 更优,是求解多约束条件下大规模水电站群优化调度问题的一种有效方法。短期发电和厂内 AGC 方面,针对多电网调峰要求下梯级水电站短期发电调度问题,提出了一种水电站群多电网调峰调度及电力跨省区协调分配方法,利用受端电网负荷间的互补特性对电站不同时段调峰容量进行协调分配。同时分析了电网 AGC 与水电站 AGC 的耦合关系,阐明了水电站 AGC 的任务、基本组成与工作方式,所提方法可合理分配梯级各电站所需承担的系统负荷,并根据各级电站时段负荷需求,制定该电站最优开停机计划与机组间最优负荷分配方案,为电站运行工作人员提供方案选择依据。发电调度的多尺度相互耦合方面,以调度模型时间尺度对调度模型准确度的影响分析为切入点,探求了影响模型准确度的关键因子(计算弃水量偏差、径流量大小、径流变化程度、初末水位差),并在分析不同时间尺度模型准确度的基础上,提出了梯级电站群多尺度建模方法。

第4章　流域梯级电站群多目标发电优化调度技术

4.1　流域梯级电站群单目标发电优化调度

　　流域梯级电站群优化问题是一类非线性、非凸且多维决策问题，在对其进行求解时，还需处理包括水量平衡、水力联系、水位限制、流量限制、出力限制等多维约束条件，求解难度较大。经典的数学规划方法，如 DP、POA、DDDP 等算法，曾被广泛应用于水库优化问题之中，并在单库优化调度问题中取得了不错的反响。例如，杨峰等（2005）介绍了 DP 算法在水库发电调度中的应用，并指明该方法能够为水库调度提供有力的依据；周佳等（2010）将 POA 改进算法应用于四川某梯级水电站中长期发电优化调度中，结果表明该算法能够有效求解水电站发电优化调度问题；周志军等（1997）将 DDDP 算法用于岗南水电站和黄壁庄水电站优化调度问题中，结果表明 DDDP 算法可操作性强，能够取得较好的效果。但随着社会经济发展对水电能源的需求和水利行业的快速发展，越来越多的水电站陆续完成，水电站调度问题逐渐从对单水电站的优化转变为对水电站群的优化，而这些经典的数学规划方法在应对梯级水电站调度问题时纷纷表现出了其不足之处，其中最明显的问题是维数灾问题（王丽萍 等，2015；向凌 等，2004）。为解决经典数学规划在应对水电站群调度时的维数灾问题，学者将智能算法引入调度问题中，在可接受的计算时间内，通过算法本身的进化机制，找到相对最优的可行解，为水电站提供调度方案。然而，由于智能算法的随机搜索机制各不相同，不同智能算法在水电站调度问题上也表现出了不同的适应性。早期的智能算法，如遗传算法和粒子群算法等，已被广泛应用于水电站优化调度中，但随后被诸多学者指出该类算法存在计算精度不高、容易陷入局部最优的弊端。此外，以往学者在应用智能算法求解梯级水电站调度问题时，更多的是依赖算法本身的进化机制，搜索求解过程速度较慢。因此，需要寻求一种具有更加有效进化机制的智能算法，提高计算精度，实现梯级电站群联合优化调度问题的高效求解。

　　为实现梯级电站群联合优化调度问题的高效求解，本书提出了一种改进的布谷鸟算法（gradient- based cuckoo search，GCS），通过引入参数自适应调整策略、弹性边界策略，并调整原始算法中的 Lévy 飞行规则和种群更新策略，避免了陷入局部最优的同时提高了搜索效率，从而提高了算法求解性能。最后将算法与调度模型相结合，引入梯度搜索策略，提高了算法对梯级电站群联合优化调度问题的求解能力。

4.1.1　单目标发电优化调度模型

1. 目标函数

梯级电站群联合发电优化调度模型以发电量最大为优化目标，通过搜索调度期内各

个时段的水位或者库容的最优变化过程，最大限度地提高梯级水电站的发电量。目标函数为

$$E = \max \sum_{t=1}^{T} \sum_{i=1}^{N} k_i Q_i^t H_i^t \Delta t \tag{4-1}$$

式中：E 为梯级水电站的总发电量；T 为调度内划分的总时段数；N 为总水电站数；k_i 为水电站 i 的综合出力系数；Q_i^t 为水电站 i 在时段 t 内的发电引用流量；H_i^t 为水电站 i 在时段 t 内的净水头；Δt 为时段长度。

2. 约束条件

1）水力联系

水力联系公式为

$$\begin{cases} I_i^t = O_{i-1}^t + R_i^t \\ O_{i-1}^t = Q_{i-1}^t + S_{i-1}^t \end{cases} \tag{4-2}$$

式中：I_i^t 为水电站 i 在时段 t 内的入库流量；O_{i-1}^t 为水电站 $i-1$ 的出库流量；R_i^t 为区间入流；S_{i-1}^t 为弃水流量；Q_{i-1}^t 为发电引用流量。

2）水量平衡

水量平衡公式为

$$V_i^t = V_i^{t-1} + (I_i^t - O_i^t) \cdot \Delta t \tag{4-3}$$

式中：V_i^t 为水电站 i 在时段 t 的库容。

3）水位约束

水位约束公式为

$$Z_i^{t\,\min} \leqslant Z_i^t \leqslant Z_i^{t\,\max} \tag{4-4}$$

$$\left| Z_i^t - Z_i^{t-1} \right| \leqslant Z_i^{t\,\text{step}} \tag{4-5}$$

式中：$Z_i^{t\,\min}$ 和 $Z_i^{t\,\max}$ 分别为水电站 i 在时段 t 内的最小和最大水位限制；$Z_i^{t\,\text{step}}$ 为水位变幅约束。

4）出力约束

出力约束公式为

$$N_i^{t\,\min} \leqslant N_i^t \leqslant N_i^{t\,\max} \tag{4-6}$$

式中：$N_i^{t\,\min}$ 和 $N_i^{t\,\max}$ 分别为水电站 i 在时段 t 内的最小和最大出力限制。

5）边界设置

边界设置公式为

$$Z_{i,0} = Z_{i,\text{start}}, \quad Z_{i,T} = Z_{i,\text{end}} \tag{4-7}$$

式中：$Z_{i,\text{start}}$ 为水电站 i 的初始水位；$Z_{i,\text{end}}$ 为水电站 i 的期末水位。

4.1.2　单目标发电优化调度模型求解方法

传统的智能算法在求解上述问题时存在搜索速度较慢、求解精度不高且易陷于局部最优等现象,其核心在于智能求解算法的搜索策略。针对这些问题,考虑和借鉴不同生物繁衍行为,引入布谷鸟算法并对已有的智能算法进行改进,同时根据水电站水位变化与梯级总发电量变化之间的关系,提出了一种梯度搜索策略,有效提高了算法在求解梯级水电站调度问题时的收敛速度和求解精度。

1. 布谷鸟搜索算法基本原理与改进

布谷鸟搜索,简称 CS(cuckoo search)是一种由 Yang 和 Deb(2009)提出的元启发式算法,其灵感来自某些布谷鸟种类如犀鹃和圭拉鹃的寄生育雏行为,它们将蛋放在其他鸟的巢中,并去除该巢中其他的蛋,以增加自己的蛋的孵化概率。

CS 算法是一种基于种群的进化算法,在 CS 算法中,将被寄生的巢中的每一个蛋认为是一个解,布谷鸟的蛋则认为是新解,通过用新解(即布谷鸟的蛋)来取代巢中不太好的解,实现种群的进化过程。为了方便实现,认为每个巢中只有一个蛋,并定义以下规则:

(1)每个布谷鸟每次只产一个蛋,并将其放入随机选择的巢中。

(2)高质量的蛋会有更高的概率传递给下一代。

(3)可用于寄宿的巢的数量是固定的。布谷鸟入侵时,会以 P_a 的概率被寄主鸟发现并发生冲突,寄主鸟可以选择将这个外来蛋丢弃,也可以选择在新位置建新巢(即新的随机解)。为了方便实现,可以将本步简化为以 P_a 的概率将旧巢更换为随机解的新巢。

基于以上原理,当使用 CS 算法求解最小值问题时,CS 算法的伪代码如下,其流程如图 4-1 所示。

算法 1. 基于 Lévy 飞行的 CS 算法

目标函数 $f(\boldsymbol{x})$, $\boldsymbol{x} = (x_1, \cdots, x_d)^{\mathrm{T}}$

生成 n 个寄主的初始种群 $\boldsymbol{x}_i (i = 1, 2, \cdots, n)$

While($t <$ MaxIteration) or(stop criterion)

　　随机取一个布谷鸟并通过 Lévy 飞行产生一个新解,评估新解的适应度

　　从 n 个巢中随机选择一个巢 j

　　If　$f(\boldsymbol{x}_i) < f(\boldsymbol{x}_j)$

　　　　将 $\boldsymbol{x}_j$ 替换为新解 $\boldsymbol{x}_i$

　　End if

　　If　rand(0,1) $< P_a$

　　　　丢弃最差解 $\boldsymbol{x}_{\text{worst}}$,用随机新解替代

　　End if

　　If　$f(\boldsymbol{x}_i) < f(\boldsymbol{x}_{\text{best}})$

　　　　将当前最佳解 $\boldsymbol{x}_{\text{best}}$ 记录为 $\boldsymbol{x}_i$

　　End if

End while

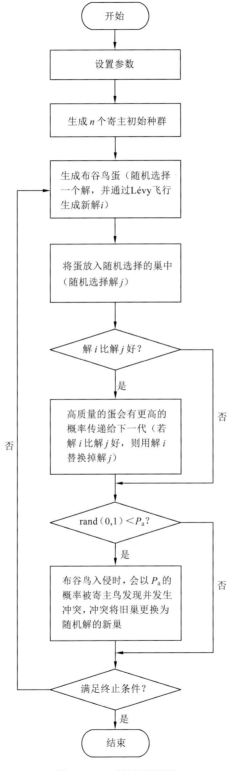

图 4-1　CS 算法流程图

布谷鸟在产蛋时,遵守 Lévy 飞行规律,即按以下公式生成新解:

$$x_i(t+1)=x_i(t)+\alpha \oplus \mathrm{Lévy}(\lambda) \tag{4-8}$$

式中:α 为步长参数,满足 $\alpha>0$;$\oplus$ 为点积;$\mathrm{Lévy}(\lambda)$ 为 Lévy 分布,并有

$$\mathrm{Lévy}\ u=t^{-\lambda},\ 1<\lambda\leqslant 3 \tag{4-9}$$

CS 算法具有两种搜索能力,即全局搜索能力和局部搜索能力,这两种能力由概率 P_a 控制,当随机数小于 P_a 时,旧解的丢弃与新随机解的产生代表着全局搜索。通过控制概率 P_a 的值,可以调整全局搜索与局部搜索时间的比例。此外,CS 算法使用了 Lévy 分布而不是常见的正态分布,有利于跳出局部收敛,加强全局搜索能力。但是,经过了大量标准函数测试之后,发现 CS 算法在应对部分函数时仍然存在局部收敛问题。因此,本书提出了几点改进方法,提高布谷鸟算法的性能。

改进的布谷鸟算法如下。

1)参数自适应调整策略

在 CS 算法中,迭代的最后一步是根据概率 P_a 判断是否放弃最差的方案。如果增大 P_a 的值,那么会有更大的概率放弃种群中最差的方案,而如果频繁将种群中的解以新的随机解更换,会降低种群的稳定性,减缓算法的收敛速度,但能提高种群的多样性,增大跳出局部收敛的可能性;如果减小 P_a 的值,则可以更多地保留种群的特征,利于加快收敛。根据这一特性,引入一种动态调整参数的策略,如下:

$$P_a=P_a^s+(P_a^e-P_a^s)\cdot\frac{\mathrm{CE}}{\mathrm{NE}} \tag{4-10}$$

式中:CE 为目标函数的当前评价次数;NE 为目标函数的最大评价次数;P_a^s 和 P_a^e 分别为初始和终止时刻 P_a 的值。

2)弹性边界策略

当生成一个新解的时候,新解中某一维的值可能不在规定的范围内,需要将其调整成为可行解。通常的做法是将其调整到边界上,但也可能会使边界上聚集过多相同的解,不利于算法进一步寻优,采用弹性边界处理方法如下:

$$x_i^d(t)=\begin{cases}\mathrm{UB}^d-\mathrm{rand}(0,1)\cdot\mathrm{mod}[x_i^d(t)-\mathrm{UB}^d,\mathrm{UB}^d-\mathrm{LB}^d],&x_i^d(t)>\mathrm{UB}^d\\\mathrm{LB}^d+\mathrm{rand}(0,1)\cdot\mathrm{mod}[\mathrm{LB}^d-x_i^d(t),\mathrm{UB}^d-\mathrm{LB}^d],&x_i^d(t)<\mathrm{LB}^d\end{cases} \tag{4-11}$$

式中:$\mathrm{mod}(a,b)$ 为求模运算;UB^d 和 LB^d 分别为解在第 d 维的上、下边界。

3)差分式 Lévy 飞行规则

根据原文献(Yang et al., 2010)中的内容,Lévy 飞行是 CS 中非常重要的新解生成策略,即

$$x_i^{t+1}=x_i^t+\alpha \oplus \mathrm{Lévy}(\lambda) \tag{4-12}$$

但是,该公式仅提供了 Lévy 飞行的基本思想,原文中并没有提及具体是如何实现的。之后学者对 Lévy 飞行有着不同的解读(Du et al., 2017; Mlakar et al., 2016),不同的解读

对算法的效果会产生不同的影响,本书使用式(4-13)所示的差分策略:

$$x_i^{d\prime}=x_i^d+\left[\text{sl}\cdot\text{Lévy}(u,c)\cdot(x_j^d-x_i^d)\right] \qquad (4\text{-}13)$$

式中: x_i 和 x_j 为随机选取的种群中的解;sl 为步长参数;Lévy(u,c) 为从 Lévy 分布中随机抽样的值。

Lévy 分布的概率密度函数为

$$f(x)=\sqrt{\frac{c}{2\pi}}\cdot\frac{e^{-\frac{c}{2(x-u)}}}{(x-u)^{3/2}} \qquad (4\text{-}14)$$

4)种群更新策略变更

原始的 CS 算法用新生成的解替代种群中随机选择的一个解,这两个解相互之间没有关联性,直接替代会造成有用信息的丢失。本书中变更了这种更新策略,改为将执行 Lévy 飞行的源解替换为新解。此外,使用来自全局最优解或者当前最优解的信息(来源于粒子群算法的思想)在一定程度上会提升收敛速度,但也会加大局部收敛的可能性,因此,本书不使用最优解的指导信息。

结合以上改进,新的改进算法如下。

步骤 1:初始化算法参数。

初始化布谷鸟搜索算法的相关参数,包括种群大小 ns,最差解丢弃概率 P_a^s 和 P_a^e,弹性系数 w,步长 sl,以及 Lévy 分布的基本参数 u 和 c。

步骤 2:初始化种群。

按式(4-15)随机生成 ns 个初始解,计算其适应度,并将其加入种群中。

$$x_i^d=(\text{UB}^d-\text{LB}^d)\cdot\text{rand}(0,1)+\text{LB}^d,\ d=1,2,\cdots,D \qquad (4\text{-}15)$$

步骤 3:通过 Lévy 飞行生成新解。

从种群中随机选择两个解 x_i 和 x_j,通过 Lévy 飞行公式(4-13)生成新解。

步骤 4:更新种群。

评价新解 $f(x_i')$ 的目标函数适应度,如果比 $f(x_i)$ 大,那么替换掉它。

步骤 5:丢弃种群中的最差解。

生成一个 0~1 的随机数,如果比 P_a 小,那么随机生成一个新解替换掉种群中的最差解。

步骤 6:判断算法是否达到终止条件。

若当前的目标函数评价次数大于最大评价次数,则终止算法,输出结果。

改进的布谷鸟搜索(improved cuckoo search,ICS)算法的伪代码如下。

算法 2. 改进的布谷鸟算法

目标函数 $f(x)$, $x=(x_1,\cdots,x_d)^\text{T}$

初始化算法参数

生成大小为 n 的初始种群 $x_i(i=1,2,\cdots,n)$

While（$t<$ MaxEvaluation）or（stop criterion）

 从初始种群中随机选择两个解 $\boldsymbol{x}_i, \boldsymbol{x}_j$

 For $d=1, \cdots, D$ do

$$x_i^{d'} = x_i^d + \left[\text{sl} \cdot \text{Lévy}(u,c) \cdot (x_j^d - x_i^d) \right]$$

 End for

 If $f(\boldsymbol{x}_i') < f(\boldsymbol{x}_i)$

  将 $\boldsymbol{x}_i$ 替换为新解 $\boldsymbol{x}_i'$

 End if

 If $\text{rand}(0,1) < P_a$

  丢弃最差解 $\boldsymbol{x}_{\text{worst}}$，用随机新解替代

 End if

End while

为了对 ICS 算法进行性能评估,本节选择了几个著名的标准测试函数,如表 4-1 所示,并将 ICS 算法的结果与改进的和声搜索（improved harmony search，IHS）算法（Mahdavi et al.，2007）、重力搜索算法（gravitational search algorithm，GSA）（Rashedi et al.，2009）和基本的 CS 算法的结果比较。所有测试函数均在平移和旋转条件下进行测试。

表 4-1　标准测试函数

函数	公式	求解空间	最优解
Ackley	$f_1 = -20\exp\left(-0.2\sqrt{\dfrac{1}{n}\sum\limits_{i=1}^{n}x_i^2}\right)$ $-\exp\left[\dfrac{1}{n}\sum\limits_{i=1}^{n}\cos(2\pi x_i)\right] + e + 20$	$[-32.768, 32.768]$	$f(0,\cdots,0)=0$
Griewank	$f_2 = 1 + \dfrac{1}{4\,000}\sum\limits_{i=1}^{n}x_i^2 - \prod\limits_{i=1}^{n}\cos\left(\dfrac{x_i}{\sqrt{i}}\right)$	$[-600, 600]$	$f(0,\cdots,0)=0$
Rastrigin	$f_3 = An + \sum\limits_{i=1}^{n}\left[x_i^2 - A\cos(2\pi x_i)\right]$	$[-5.12, 5.12]$	$f(0,\cdots,0)=0$
Rosenbrock	$f_4 = \sum\limits_{i=1}^{n-1}\left[100(x_{i+1}-x_i^2)^2 + (x_i-1)^2\right]$	$[-5, 10]$	$f(1,\cdots,1)=0$
Sphere	$f_5 = \sum\limits_{i=1}^{n}x_i^2$	$[-100, 100]$	$f(0,\cdots,0)=0$
Bent Cigar	$f_6 = x_1^2 + 10^6\sum\limits_{i=2}^{D}x_i^2$	$[-100, 100]$	$f(0,\cdots,0)=0$
Discus	$f_7 = 10^6 x_1^2 + \sum\limits_{i=2}^{D}x_i^2$	$[-100, 100]$	$f(0,\cdots,0)=0$
Happy Cat	$f_8 = \left\|\sum\limits_{i=1}^{D}x_i^2 - D\right\|^{1/4} + \left(0.5\sum\limits_{i=1}^{D}x_i^2 + \sum\limits_{i=1}^{D}x_i\right)\Big/D + 0.5$	$[-100, 100]$	$f(-1,\cdots,-1)=0$
Schwefel 2.22	$f_9 = \sum\limits_{i=1}^{n}|x_i| + \prod\limits_{i=1}^{n}|x_i|$	$[-10, 10]$	$f(0,\cdots,0)=0$

　　在本次数据试验中，所有测试函数的维度设为 10，函数的最大评价次数设为 100 000。ICS 算法的默认参数设置为 ns=30，P_a^s=0.3，P_a^e=0.1，sl=0.03，u=0，c=1.5。IHS 算法和 GA（遗传算法）的参数设置与文献（Rashedi et al.，2009；Mahdavi et al.，2007）相同。所有的试验在 2.7 GHz Intel i7-4800MQ 和 8 GB RAM 的电脑上运行，源代码用 Java SE8 编写。

　　使用 4 种算法分别对每个测试函数各运行 100 次后，如表 4-2 所示，得到包含平均值和方差在内的结果。结果表明，对于大部分测试函数来说，ICS 算法的性能优于 IHS 算法、GSA 和 CS 算法。个别函数如 Shifted Rosenbrock、Shifted Happy Cat 和 Rotated and Shifted Ackley，GSA 的表现略优。而对于 Shifted Sphere、Shifted Bent Cigar 和 Shifted Discus 函数，ICS 算法的平均值和方差与最优解非常相近，并明显比其他方法好。ICS 算法对测试函数可以搜索到满意的解，改进策略有效提升原算法的性能。

表 4-2　算法结果与最优解结果的相对误差

函数	相对误差	IHS	GSA	CS	ICS
Shifted Ackley	平均值	4.17×10^{-3}	$\mathbf{6.41\times10^{-15}}$	1.16×10^{-2}	7.53×10^{-15}
	方差	1.28×10^{-3}	$\mathbf{5.54\times10^{-15}}$	1.16×10^{-1}	7.13×10^{-15}
Shifted Griewank	平均值	2.34×10^{-2}	1.50×10^{-2}	1.44×10^{-1}	$\mathbf{4.04\times10^{-5}}$
	方差	3.36×10^{-2}	2.01×10^{-2}	1.32×10^{-1}	$\mathbf{1.85\times10^{-4}}$
Shifted Rastrigin	平均值	4.88×10^{-5}	5.89	4.41	$\mathbf{1.00\times10^{-6}}$
	方差	3.03×10^{-5}	3.51	2.46	$\mathbf{9.84\times10^{-6}}$
Shifted Rosenbrock	平均值	2.17	$\mathbf{9.88\times10^{-1}}$	2.85	5.68
	方差	1.76	$\mathbf{1.75\times10^{-1}}$	2.14	1.70
Shifted Sphere	平均值	2.27×10^{-7}	6.88×10^{-32}	2.71×10^{-26}	**0.00**
	方差	1.41×10^{-7}	5.78×10^{-31}	9.62×10^{-26}	**0.00**
Shifted Bent Cigar	平均值	3.48×10	5.76×10^{2}	6.54×10^{-15}	**0.00**
	方差	2.50×10	8.49×10^{2}	7.40×10^{-15}	**0.00**
Shifted Discus	平均值	1.70×10^{-2}	9.08×10^{3}	7.25×10^{-15}	**0.00**
	方差	2.74×10^{-2}	3.27×10^{3}	7.14×10^{-15}	**0.00**
Shifted Happy Cat	平均值	1.73×10^{-1}	$\mathbf{3.61\times10^{-2}}$	3.14×10^{-1}	1.58×10^{-1}
	方差	4.17×10^{-2}	$\mathbf{1.63\times10^{-2}}$	1.67×10^{-1}	3.67×10^{-2}
Shifted Schwefel 2.22	平均值	2.03×10^{-3}	4.51×10^{-13}	5.48×10^{-13}	$\mathbf{1.11\times10^{-14}}$
	方差	5.72×10^{-4}	2.35×10^{-12}	2.97×10^{-12}	$\mathbf{5.92\times10^{-15}}$
Rotated and Shifted Sphere	平均值	2.25×10^{-7}	1.63×10^{-1}	8.81×10^{-15}	**0.00**
	方差	1.59×10^{-7}	9.49×10^{-1}	6.93×10^{-15}	**0.00**
Rotated and Shifted Ackley	平均值	7.33×10^{-1}	$\mathbf{6.66\times10^{-15}}$	2.53	4.22×10^{-12}
	方差	1.03	$\mathbf{6.89\times10^{-15}}$	1.08	4.21×10^{-11}

注：表中加粗的数值为最优值

2. 约束处理策略

1) 编码方式

通常来说,将智能算法应用到水库调度问题时,可以选择将水位过程或者流量过程作为决策变量。本书选择将水位过程作为决策变量,编码为

$$X = \begin{bmatrix} X_1 \\ X_2 \\ \vdots \\ X_N \end{bmatrix} = \begin{bmatrix} x_1^1 & \cdots & x_1^d & \cdots & x_1^T \\ x_2^1 & \cdots & x_2^d & \cdots & x_2^T \\ \vdots & & \vdots & & \vdots \\ x_N^1 & \cdots & x_N^d & \cdots & x_N^T \end{bmatrix} \tag{4-16}$$

式中:N 为梯级水电站数量; T 为总时段数。

在生成初始种群的时候,通过式(4-17)随机生成初始解:

$$x_i = x_i^{\min} + \text{rand} \cdot (x_i^{\max} - x_i^{\min}) \tag{4-17}$$

式中:$x_i^{\max}$ 和 $x_i^{\min}$ 分别为水电站 i 的水位上、下边界值; rand 为 $0 \sim 1$ 的随机数。

由于发电调度中水电站之间的约束条件较为复杂,一般来说随机生成的初始解很容易超出约束范围。因此,在初始种群生成阶段,为了方便起见,对于不可行解可以直接丢弃,并再次随机生成新的初始解,校验是否满足约束条件,直到种群被填满为止。

在随机搜索阶段,如果新解不满足约束条件,则不能将其丢弃,否则会丢失进化信息以至于影响算法收敛。若水电站 i 在某时段的水位不在可行范围内,可按式(4-18)将其修正至边界值:

$$x_{i+1} = \begin{cases} x_{i+1}^{\min}, & x_{i+1} < x_{i+1}^{\min} \\ x_{i+1}^{\max}, & x_{i+1} > x_{i+1}^{\max} \end{cases} \tag{4-18}$$

式中:$x_{i+1}^{\min}$ 和 $x_{i+1}^{\max}$ 分别为该时段的最小和最大水位,并有

$$x_{i+1}^{\max} = \min\left[x_i + \Delta z, Z(x_i, Q_i^{\min}), Z(x_i, Q_i^{P\min}), z^{\max} \right] \tag{4-19}$$

$$x_{i+1}^{\min} = \max\left[x_i - \Delta z, Z(x_i, Q_i^{\max}), z^{\min} \right] \tag{4-20}$$

$$Z(x_i, Q_i) = Z\left[V(x_i) + (I_i - Q_i)\Delta t \right] \tag{4-21}$$

式中:$Q_i^{\min}$ 和 $Q_i^{\max}$ 分别为最小和最大下泄流量; $Q_i^{P\min}$ 为保证出力时的最小下泄流量; $z^{\min}$ 和 $z^{\max}$ 分别为该时段设定的最小和最大水位; Δz 为水位变幅限制; $Z(V)$ 和 $V(Z)$ 为水位库容曲线中表达的水位和库容换算关系。

在对不可行解进行修正的时候,首先从时段 1 按式(4-18)修正至时段 T,若在中间某个不可预计的时段中修正失败,则尝试从时段 T 反向修正至断点时段。如果双向修正都不成功,那么保留正向和反向的修正,并将这个解的适应度记为 0。适应度为 0 的解在进化过程中会以较大的概率被其他可行解替代。

2) 梯度搜索策略

一般情况下,在随机搜索阶段,新解的生成会遵循算法自身的进化机制产生。但是在经过多次试验后,发现如果完全依赖算法自身的进化机制,存在以下问题:①完全发散的

随机搜索产生的解，在解码之后水位过程波动较大，不符合实际调度过程；②由于梯级水电站之间约束较为复杂，算法会消耗大量时间在解的修正上，收敛速度慢。因此，根据梯级水电站自身的特性，提出了一种基于梯度信息的解的调整策略，加快算法的局部收敛能力。

对于任意一个可行解，可以将其在某个时段的水位调整 Δl，如图 4-2 所示，这个微小的变动将会使整个梯级的发电量发生改变。当对水电站 i 在时段 t 的水位 Z_i^t 进行调整时，该水电站在时段 t 和时段 $t+1$ 的发电量均会发生变化，相应的所有下游水电站在时段 t 和时段 $t+1$ 的发电量也会发生变化。

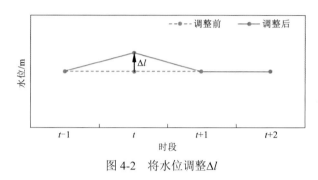

图 4-2　将水位调整 Δl

经过 Δl 调整后，水电站 i 在时段 t 的发电量变化量 ΔP_i^t 为

$$\begin{cases} Z_i^{t\,\text{adjust}} = Z_i^t + \Delta l \\ \Delta Q_i^t = \left[V_i(Z_i^t + \Delta l) - V_i(Z_i^t) \right] / \Delta T_t \\ \Delta H_i^t = \Delta l / 2 - \text{Zd}_i(Q_i^t + \Delta Q_i^t) + \text{Zd}_i(Q_i^t) \\ \Delta P_i^t = k_i(Q_i^t + \Delta Q_i^t)(H_i^t + \Delta H_i^t) - k_i Q_i^t H_i^t \end{cases} \quad (4\text{-}22)$$

式中：$V_i(Z)$ 为水位库容曲线表的拟合函数；$\text{Zd}_i(Q)$ 为下泄流量与尾水位对照表的拟合函数。

水电站 i 在时段 $t+1$ 的发电量变化量为

$$\begin{cases} \Delta Q_i^{t+1} = \left[V_i(Z_i^t) - V_i(Z_i^t + \Delta l) \right] / \Delta T_{t+1} \\ \Delta H_i^{t+1} = \Delta l / 2 - \text{Zd}_i(Q_i^{t+1} + \Delta Q_i^{t+1}) + \text{Zd}_i(Q_i^{t+1}) \\ \Delta P_i^{t+1} = k_i(Q_i^{t+1} + \Delta Q_i^{t+1})(H_i^{t+1} + \Delta H_i^{t+1}) - k_i Q_i^{t+1} H_i^{t+1} \end{cases} \quad (4\text{-}23)$$

受水电站 i 下泄流量变化的影响，下游水电站在时段 t 的发电量变化量为

$$\begin{cases} \Delta Q_j^t = \Delta Q_i^t \\ \Delta H_j^t = \text{Zd}_j(Q_j^t) - \text{Zd}_j(Q_j^t + \Delta Q_j^t) \\ \Delta P_j^t = k_j(Q_j^t + \Delta Q_j^t)(H_j^t + \Delta H_j^t) - k_j Q_j^t H_j^t \end{cases} \quad (4\text{-}24)$$

下游水电站在时段 $t+1$ 的发电量变化量为

$$\begin{cases} \Delta Q_j^{t+1} = \Delta Q_i^{t+1} \\ \Delta H_j^{t+1} = \text{Zd}_j(Q_j^{t+1}) - \text{Zd}_j(Q_j^{t+1} + \Delta Q_j^{t+1}) \\ \Delta P_j^{t+1} = k_j(Q_j^{t+1} + \Delta Q_j^{t+1})(H_j^{t+1} + \Delta H_j^{t+1}) - k_j Q_j^{t+1} H_j^{t+1} \end{cases} \quad (4\text{-}25)$$

在进行解的调整时，需要将其向好的方向调整，而在确定调整的好坏时，不需要精确计算发电量变化了多少，只需要知道增量为正或为负即可。如果为正，则本次调整为好的调整，否则不进行调整。

水电站 i 在时段 t 的发电量变化量[式（4-22）]的导数为

$$
\begin{cases}
\dfrac{\partial Q_i^t}{\partial l} = \lim\limits_{\Delta l \to 0} \dfrac{\Delta Q_i^t}{\Delta l} = \dfrac{1}{\Delta T_t} \lim\limits_{\Delta l \to 0} \dfrac{V_i(Z_i^t + \Delta l) - V_i(Z_i^t)}{\Delta l} = \dfrac{1}{\Delta T_t} \cdot V_i'(Z_i^t) \\[2mm]
\dfrac{\partial H_i^t}{\partial l} = \lim\limits_{\Delta l \to 0} \dfrac{\Delta l/2 - \mathrm{Zd}_i(Q_i^t + \Delta Q_i^t) + \mathrm{Zd}_i(Q_i^t)}{\Delta l} = \dfrac{1}{2} - \mathrm{Zd}_i'(Q_i^t) \cdot \dfrac{\partial Q_i^t}{\partial l} \\[2mm]
\dfrac{\partial P_i^t}{\partial l} = k_i \cdot \left(Q_i^t \dfrac{\partial H_i^t}{\partial l} + H_i^t \dfrac{\partial Q_i^t}{\partial l} \right)
\end{cases}
\tag{4-26}
$$

水电站 i 在时段 $t+1$ 的发电量变化量[式（4-23）]的导数为

$$
\begin{cases}
\dfrac{\partial Q_i^{t+1}}{\partial l} = \lim\limits_{\Delta l \to 0} \dfrac{V(Z_i^t) - V(Z_i^t + \Delta l)}{\Delta l \Delta T_{t+1}} = -\dfrac{1}{\Delta T_{t+1}} \cdot V'(Z_i^t) \\[2mm]
\dfrac{\partial H_i^{t+1}}{\partial l} = \dfrac{1}{2} - \lim\limits_{\Delta l \to 0} \dfrac{\mathrm{Zd}(Q_i^{t+1} + \Delta Q_i^{t+1}) - \mathrm{Zd}(Q_i^{t+1})}{\Delta l} = \dfrac{1}{2} - \mathrm{Zd}'(Q_i^{t+1}) \cdot \dfrac{\partial Q_i^{t+1}}{\partial l} \\[2mm]
\dfrac{\partial P_i^{t+1}}{\partial l} = k \cdot \left(Q_i^t \dfrac{\partial H_i^{t+1}}{\partial l} + H_i^t \dfrac{\partial Q_i^{t+1}}{\partial l} \right)
\end{cases}
\tag{4-27}
$$

下游水电站在时段 t 的发电量变化量[式（4-24）]的导数为

$$
\begin{cases}
\dfrac{\partial Q_j^t}{\partial l} = \dfrac{\partial Q_i^t}{\partial l} \\[2mm]
\dfrac{\partial H_j^t}{\partial l} = \lim\limits_{\Delta l \to 0} \dfrac{\mathrm{Zd}_j(Q_j^t) - \mathrm{Zd}_j(Q_j^t + \Delta Q_j^t)}{\Delta l} = -\mathrm{Zd}_j'(Q_j^t) \cdot \dfrac{\partial Q_j^t}{\partial l} \\[2mm]
\dfrac{\partial P_j^t}{\partial l} = k_j \cdot \left(Q_j^t \dfrac{\partial H_j^t}{\partial l} + H_j^t \dfrac{\partial Q_j^t}{\partial l} \right)
\end{cases}
\tag{4-28}
$$

下游水电站在时段 $t+1$ 的发电量变化量[式（4-25）]的导数为

$$
\begin{cases}
\dfrac{\partial Q_j^{t+1}}{\partial l} = \dfrac{\partial Q_i^{t+1}}{\partial l} \\[2mm]
\dfrac{\partial H_j^{t+1}}{\partial l} = -\mathrm{Zd}_j'(Q_j^{t+1}) \cdot \dfrac{\partial Q_j^{t+1}}{\partial l} \\[2mm]
\dfrac{\partial P_j^{t+1}}{\partial l} = k_j \cdot \left(Q_j^{t+1} \dfrac{\partial H_j^{t+1}}{\partial l} + H_j^{t+1} \dfrac{\partial Q_j^{t+1}}{\partial l} \right)
\end{cases}
\tag{4-29}
$$

综上所述，梯级总发电量变化的导数为

$$
\dfrac{\partial E}{\partial l} = \Delta T_t \dfrac{\partial P_i^t}{\partial l} + \Delta T_{t+1} \dfrac{\partial P_i^{t+1}}{\partial l} + \sum_{j=i+1}^{N} \left(\Delta T_t \dfrac{\partial P_j^t}{\partial l} + \Delta T_{t+1} \dfrac{\partial P_j^{t+1}}{\partial l} \right)
\tag{4-30}
$$

当 $\dfrac{\partial E}{\partial l} > 0$ 时，本次调整有效；否则拒绝调整。对于梯级水电站而言，完整的梯度搜索流程图如图 4-3 所示。

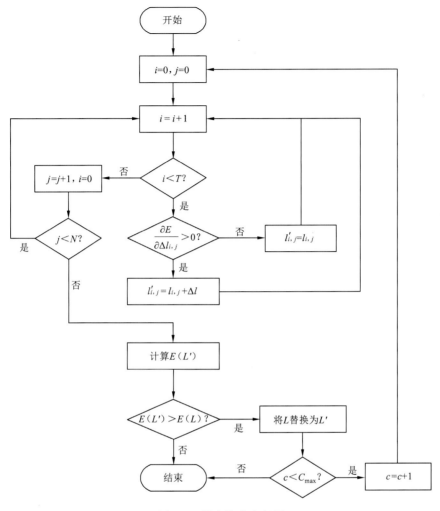

图 4-3　梯度搜索流程图

3）GCS 算法的实现

基于梯度搜索策略的改进布谷鸟（GCS）算法（图 4-4）求解梯级电站群联合优化调度问题的实现方式如下。

步骤 1：随机生成初始种群。

步骤 2：对初始种群中的初始解进行适应度计算。

步骤 3：通过 Lévy 飞行原理生成新的解。

步骤 4：如果新解超出约束范围，通过双向修正策略进行调整。

步骤 5：对新解执行梯级调整。

步骤 6：更新种群。

步骤 7：去掉种群中的最劣解。

步骤 8：重复步骤 3～7 直到满足结束条件。

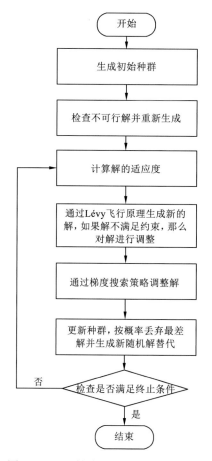

图 4-4　GCS 算法求解调度问题流程图

4.1.3　实例研究

1.　研究对象及其主要参数

为验证 GCS 算法求解梯级长期发电调度问题时的求解精度和效率，本例以金沙江下游包含乌东德水电站、白鹤滩水电站、溪洛渡水电站和向家坝水电站 4 座梯级水电站为研究对象，对该方法进了测试。首先建立金沙江下游梯级水电站的拓扑结构，如图 4-5 所示，4 座水电站的主要参数如表 4-3 所示。

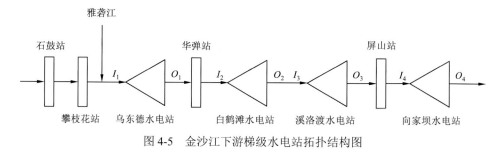

图 4-5　金沙江下游梯级水电站拓扑结构图

表 4-3　金沙江下游梯级水电站主要参数

参数	乌东德水电站	白鹤滩水电站	溪洛渡水电站	向家坝水电站
死水位/m	945	765	540	370
正常蓄水位/m	977	825	600	380
汛限水位/m	952	785	560	370
装机容量/（10^4 kW）	1 020	1 600	1 260	600
总库容/（10^8 m^3）	74.08	206.27	126.7	51.63
最小下泄流量/（m^3/s）	906	905	1 500	1 500

如图 4-5 所示，流域中有 4 个水文站点：石鼓站、攀枝花站、华弹站和屏山站。这 4 个水文站的径流可以通过水文预测方法预测，但雅砻江支流的流量因缺少资料无法预测，因此，本例中将乌东德水电站的入库流量通过华弹站的流量概化，白鹤滩水电站和溪洛渡水电站之间的区间来水通过屏山站的流量概化，即

$$I_1 = Q_{\text{Huatan}} \tag{4-31}$$

$$\Delta I_3 = Q_{\text{Pingshan}} - Q_{\text{Huatan}} \tag{4-32}$$

本例中将通过 GCS 算法求解得到的方案与通过 IHS 算法（Mahdavi et al.，2007）、GSA（Rashedi et al.，2009）和标准的 CS 算法得到的方案进行对比。径流分别选择了丰水年、平水年和枯水年三种典型来水。GCS 算法的参数设置为 ns=40, P_{a}^s=0.3, P_{a}^e=0.1, sl=0.03, u=0, c=1.5, 其他算法与引用的文献中的参数相同。所有算法的最大评价次数设置为 12 000，各水电站的初始水位和期末水位设置为其正常蓄水位。调度期为一年，调度时段为旬，每种算法各独立运行 100 次。

2．典型年分析

1）丰水年

丰水年屏山站径流量过程如图 4-6 所示，选择图 4-6 中的 4 个丰水年历史径流作为调度模型的输入，计算结果如表 4-4 所示。从表 4-4 中可以看出，GCS 算法的计算效果明显比其他 3 种方法要好。由 GCS 算法计算得到的 4 个丰水年发电量分别为 2 322×10^8 kW·h、2 237×10^8 kW·h、2 263×10^8 kW·h 和 2 484×10^8 kW·h，与 IHS 算法、GSA 和 CS 算法相比，总发电量平均增加了 4.2%、8.6%和 2.6%。同时，GCS 算法求解的方差值小于其他 3 种方法的 10 倍以上，可以看到 GCS 算法具有较强的稳定性。图 4-7 展示了 4 种算法的收敛速度，GCS 算法的收敛速度最快，IHS 算法和 CS 算法尚未收敛，而 GSA 已经陷入了局部最优。

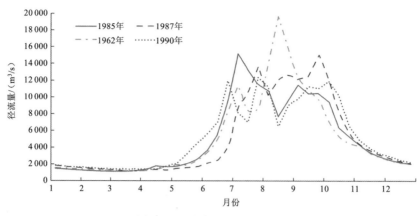

图 4-6   丰水年屏山站径流量

表 4-4   丰水年各算法发电量   单位：10^8 kW·h

算法	1985 年发电量		1987 年发电量		1962 年发电量		1990 年发电量	
	平均值	方差	平均值	方差	平均值	方差	平均值	方差
IHS	2 216	27.94	2 158	34.23	2 171	39.95	2 382	40.66
GSA	2 135	12.48	2 067	12.45	2 076	9.70	2 292	12.54
CS	2 250	10.77	2 189	3.82	2 214	5.33	2 421	10.34
GCS	2 322	0.52	2 237	0.02	2 263	0.17	2 484	0.52

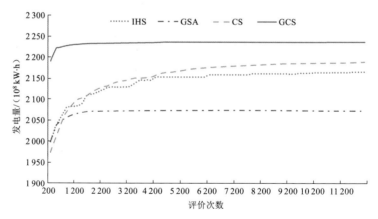

图 4-7   丰水年情况下各算法的收敛速度

2）平水年

平水年屏山站径流量过程如图 4-8 所示，选择图 4-8 中的 4 组平水年历史径流作为调度模型的输入，计算结果如表 4-5 所示。从表 4-5 中可以看出，对于平水年情形，GCS 算法的计算效果也明显好于其他 3 种方法。由 GCS 算法计算得到的 4 个平水年发电量分别为 2 105×10^8 kW·h、2 228×10^8 kW·h、2 181×10^8 kW·h 和 2 159×10^8 kW·h，与 IHS 算法、GSA 和 CS 算法相比，平均增加了 5.8%、8.6% 和 3.3%。同时，GCS 求解的方差值小于其他 3 种方法的 10 倍以上，可以看到 GCS 算法具有较强的稳定性。图 4-9 展示了 4

种算法的收敛速度,可以看出,GCS 算法的收敛速度最快。与丰水年情形相同的是,GSA 的表现同样不是很好,明显陷入了局部收敛。

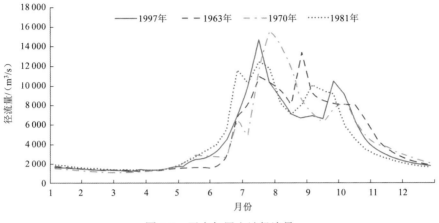

图 4-8 平水年屏山站径流量

表 4-5 平水年各算法发电量 单位：$10^8 kW·h$

算法	1997 年发电量		1963 年发电量		1970 年发电量		1981 年发电量	
	平均值	方差	平均值	方差	平均值	方差	平均值	方差
IHS	1 966	284.55	2 107	29.49	2 037	208.99	2 065	35.92
GSA	1 953	8.57	2 021	204.31	1 984	10.67	2 007	10.42
CS	2 039	5.24	2 140	11.24	2 096	12.60	2 098	6.48
GCS	2 105	0.38	2 228	0.44	2 181	0.13	2 159	0.37

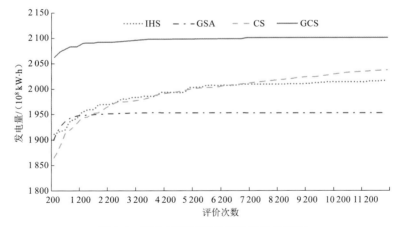

图 4-9 平水年情景下各算法的收敛速度

3）枯水年

枯水年屏山站径流量过程如图 4-8 所示,选择图 4-10 中的 4 组枯水年历史径流作为调度模型的输入,计算结果如表 4-6 所示。从表 4-6 中可以看出,对于枯水年情形 GCS 算法的计算效果均好于其他 3 种方法，与丰水年和平水年一致。由 GCS 算法计算得到的 4 个枯水年发电量分别为 $1\,992\times10^8\,\text{kW·h}$、$2\,019\times10^8\,\text{kW·h}$、$1\,944\times10^8\,\text{kW·h}$ 和 $1977\times10^8\,\text{kW·h}$，与 IHS 算法、GSA 和 CS 算法相比，平均增加了 5.0%、7.7% 和 3.2%。同时，GCS 算法计算的结果具有最小的方差值，稳定性最好。

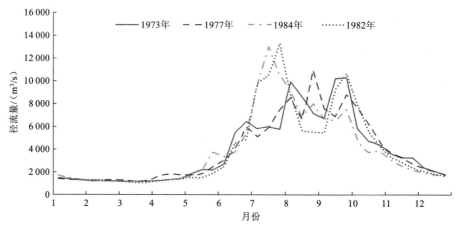

图 4-10　枯水年屏山站径流量

表 4-6　枯水年各算法发电量　　　　　　　　单位：$10^8\,\text{kW·h}$

算法	1973 年发电量		1977 年发电量		1984 年发电量		1982 年发电量	
	平均值	方差	平均值	方差	平均值	方差	平均值	方差
IHS	1 893	37.97	1 913	33.33	1 862	31.05	1 886	38.38
GSA	1 851	6.98	1 867	6.63	1 809	6.63	1 838	6.74
CS	1 928	6.09	1 946	7.73	1 894	4.48	1 919	4.49
GCS	1 992	0.21	2 019	0.07	1 944	0.16	1 977	0.17

4.2　兼顾总发电量和保证出力的流域梯级电站群多目标发电调度

　　梯级水电站在调度运行时往往要考虑多个目标的综合效益，通常情况下部分目标之间是相互制约和冲突的关系，需要均衡考虑这些冲突目标间的关系，获得一个相对合理的多目标方案，使综合效益最大。针对梯级水电站多目标优化问题，部分学者通过权重法、约束法等将多目标优化问题转变为单目标优化问题进行求解，在一定情形下具有较好的效率，但是存在一定的局限性。例如，权重法通过对每个目标分配权重系数，求出各目标值与权重的乘积的和，即最终综合评价值，但权重的确定本身具有一定的主观性，不能准确地反映目标之间的相互关系;约束法则将部分目标转化为约束进行处理,虽然使问题得到了简化,但这些被约束化的目标却难以进一步优化。近年来,随着计算机技术的发展,通过模拟生物进化机制形成了一类全局概率性多目标优化算法,并广泛应用于各个领域的多目标问题求解中。

以 NSGA、NSGA-II、SPEA 等为代表的多目标优化算法在水库优化调度领域得到了广泛的应用,这引起了国内外学者的重视。目前关于多目标优化算法的研究更多的是算法本身的优化,针对梯级水电站的特性而设计的策略尚不成熟。因此,本章以布谷鸟搜索算法为基础,引入布谷鸟搜索算法改进思路,提出了多目标布谷鸟搜索（multi-objective cuckoo search,MoCS）算法,实现了梯级水电站多目标优化调度的求解。同时,对多目标优化算法的两个阶段分别进行了针对性优化,提高了 MoCS 求解梯级水电站多目标问题的能力。在本书研究的基础上,探究了气候变化对金沙江下游梯级水电站多目标调度的影响。

4.2.1　兼顾总发电量和保证出力的多目标发电调度模型

流域梯级电站群的总发电量和保证出力是水电站优化调度的两个重要指标,其中梯级总发电量反映了梯级水电站对流域水资源的利用情况,体现出水电站运行的经济效益;保证出力则反映了梯级水电站运行的可靠性,对于电力系统稳定运行有着重要意义。由此,本书以梯级水电站总发电量和保证出力为调度目标,建立了金沙江下游梯级水电站多目标发电优化调度模型。

1. 目标函数

梯级水电站发电量最大是多目标发电调度模型的其中一个优化目标,通过搜索调度期内各个时段的水位或者库容的最优变化过程,最大限度地提高梯级水电站的发电量。目标函数为

$$f_1 = \max \sum_{t=1}^{T} \sum_{i=1}^{N} k_i Q_i^t H_i^t \Delta t \tag{4-33}$$

梯级水电站保证出力最大,即时段最小出力最大是多目标发电调度模型的另一个优化目标,目标函数为

$$f_2 = \max \left(\min \left\{ N_1, N_2, \cdots, N_T \right\} \right) \tag{4-34}$$

2. 约束条件

1）水力联系

水力联系公式为

$$\begin{cases} I_i^t = O_{i-1}^t + R_i^t \\ O_{i-1}^t = Q_{i-1}^t + S_{i-1}^t \end{cases} \tag{4-35}$$

式中：I_i^t 为水电站 i 在时段 t 内的入库流量；O_{i-1}^t 为水电站 $i-1$ 的出库流量；R_i^t 为区间入流；S_{i-1}^t 为弃水流量；Q_{i-1}^t 为发电引用流量。

2）水量平衡

水量平衡公式为

$$V_i^t = V_i^{t-1} + (I_i^t - O_i^t) \cdot \Delta t \qquad (4\text{-}36)$$

式中：$V_{i,t}$ 为水电站 i 在时段 t 的库容。

3）水位约束

水位约束公式为

$$Z_i^{t\min} \leqslant Z_i^t \leqslant Z_i^{t\max} \qquad (4\text{-}37)$$

$$\left| Z_i^t - Z_i^{t-1} \right| \leqslant Z_i^{t\text{step}} \qquad (4\text{-}38)$$

式中：$Z_i^{t\min}$ 和 $Z_i^{t\max}$ 分别为水电站 i 在时段 t 内的最小和最大水位限制；$Z_i^{t\text{step}}$ 为水位变幅约束。

4）出力约束

出力约束公式为

$$N_i^{t\min} \leqslant N_i^t \leqslant N_i^{t\max} \qquad (4\text{-}39)$$

式中：$N_i^{t\min}$ 和 $N_i^{t\max}$ 分别为水电站 i 在时段 t 内的最小和最大出力限制。

5）边界设置

边界设置公式为

$$Z_i^0 = Z_{i,\text{start}}, \quad Z_i^T = Z_{i,\text{end}} \qquad (4\text{-}40)$$

式中：$Z_{i,\text{start}}$ 为水电站 i 的初始水位；$Z_{i,\text{end}}$ 为水电站 i 的期末水位。

4.2.2　兼顾总发电量和保证出力的多目标发电调度模型求解方法

NSGA-II 是一种流行的基于遗传算法的多目标优化算法，采用了精英策略，并通过拥挤度比较算子保持种群多样性，能够降低非劣排序遗传算法的复杂性，具有速度快、收敛性好的特点。在介绍 NSGA-II 基本原理前，首先介绍 NGSA-II 的两个重要步骤。

1．快速非支配排序算法

对于种群中的每一个个体 p，分别计算个体 p 对应的两个参数，其中 n_p 为种群中支配 p 的个数，s_p 为种群中被 p 支配的个体个数。找到种群中 $n_p = 0$ 的个体，记为第一层非支配解集 F_1；对于未记入 F_1 中的其他个体 k，遍历其受 F_1 中个体支配的次数 i 并执行 $n_k = n_k - i$，遍历完成后，将 $n_k = 0$ 的个体记入第二层非支配解集 F_2 中；重复上述操作直到整个种群被分级。

2. 拥挤度计算方法

基于目标函数对种群中的个体进行排序,首先记边界上的两个个体的拥挤度为无穷大,然后中间个体 i 的拥挤度为个体 $i-1$ 和个体 $i+1$ 构成的立方体的平均边长,如图 4-11 所示。

基于以上计算方法,NSGA-II 的流程如图 4-12 所示,基本原理如下。

(1)随机生成大小为 N 的初始种群,并对初始种群进行非支配排序,然后通过进化算法机制选择、交叉、变异操作生成子种群。

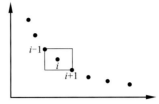

图 4-11　个体 i 拥挤度计算

(2)将父种群与子种群合并,经过快速非支配排序和拥挤度计算之后,根据支配关系和拥挤度选取其中较优的个体组成下一代种群。

(3)重复上述过程直到满足程序的终止条件。

在标准的 MOEAs 中,种群中的个体更多的是按照算法本身的特性随机生成下一代个体,但是在经过多次数值模拟后,发现如果完全依赖算法自身的进化机制,计算得到的 Pareto 最优前沿不是很理想:①由于梯级水电站之间约束较为复杂,由算法随机生成的水位序列较难满足约束条件,收敛速度较慢;②由算法计算得到的 Pareto 最优前沿较为集中,多样性不理想。因此,本书引入改进的布谷鸟算法,并将其改造为改进多目标布谷鸟搜索(improved multi-objective cuckoo search,IMoCS)算法。同时,为了加强算法种群多样性,本书提出了一种自调整发散性算子策略,能够使种群中的个体以多种方式进化,避免以固定策略进化产生的个体过于集中的现象;此外,将梯度搜索策略引入多目标布谷鸟算法中,结合外部档案集策略,提高算法的求解能力。

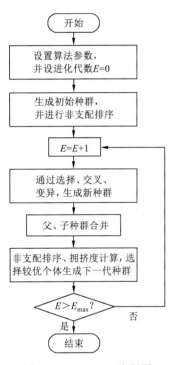

图 4-12　NGSA-II 流程图

1)编码方式

应用 MoCS 解决水电站多目标发电调度问题时,选择将水位过程或者流量过程作为决策变量,本章仍然将水位过程作为决策变量,编码为

$$X = \begin{bmatrix} X_1 \\ X_2 \\ \vdots \\ X_N \end{bmatrix} = \begin{bmatrix} x_1^1 & \cdots & x_1^d & \cdots & x_1^T \\ x_2^1 & \cdots & x_2^d & \cdots & x_2^T \\ \vdots & & \vdots & & \vdots \\ x_N^1 & \cdots & x_N^d & \cdots & x_N^T \end{bmatrix} \tag{4-41}$$

式中:N 为梯级水电站数量;T 为总时段数。

在生成初始种群的时候,通过式(4-42)随机生成初始解:

$$x_i = x_i^{\min} + \text{rand} \cdot (x_i^{\max} - x_i^{\min}) \tag{4-42}$$

式中：$x_i^{\max}$ 和 $x_i^{\min}$ 分别为水电站 i 的水位上、下边界值；rand 为 0～1 的随机数。

若生成的个体不满足约束条件，则进行水位修正。

2）单入式外部档案集

首先，在 MoCS 算法中引入外部档案集概念，将历代种群的精英个体保存到外部档案集中。当档案集中的个体数量超出档案集限制时，通过快速非支配排序和拥挤度计算筛选出第一层非支配解集并去除非最优解。

当每代种群的精英个体填充到外部档案集时，若采取将全部精英个体存入外部档案集后再选优的方法，可能会出现部分区域解比较集中的现象，这些区域中个体拥挤度较小，在选择时有较大的可能被去除，以至于最终的非劣解集整体分布不均匀。因此，在填充外部档案集时，一次只填入一个解，筛选完成后再填入下一个解，如图 4-13 所示，以使 Pareto 最优前沿更加均匀。

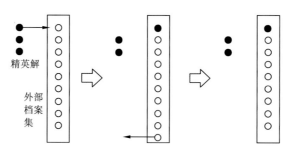

图 4-13　单入式外部档案集填充

3）自调整发散性算子策略

为提高种群的多样性，在新个体生成时，采用发散性算子策略（图 4-14），在种群中随机选择一定数量的个体，单独执行以总发电量为目标的单目标进化策略，再随机选择一定数量的个体，单独执行以保证出力为目标的单目标进化策略，其他个体则继续执行原算法的进化策略。

同时，对各算子数量进行自适应调整，当算法进化一定代数后，检查对应的算子最大目标值是否有所变化。若有变化，则说明该目标还有优化空间，适当增加对应的进化算子；若无变化，则适当减少对应的进化算子。该策略的目的在于扩大算法搜索前沿边缘的能力。

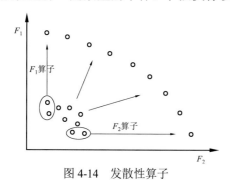

图 4-14　发散性算子

4）梯度搜索策略

在 MoCS 算法的选择操作结束后，根据 4.1 节中的梯度搜索策略（图 4-15），以水位循环调整的方式，对种群中的个体进化局部优化，以增强局部搜索能力。

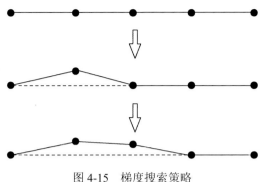

图 4-15　梯度搜索策略

5）多目标发电调度算法实现

根据以上描述，本书中的 IMoCS 算法的流程如图 4-16 所示。

步骤 1：随机生成初始种群。

步骤 2：对初始种群中的初始解进行适应度计算。

步骤 3：通过 Lévy 飞行原理生成新的解。

步骤 4：如果新解超出约束范围，通过双向修正策略进行调整。

步骤 5：基于梯度搜索策略对新解进行调整。

步骤 6：按照不同的算子对种群个体进行更新。

步骤 7：对种群中的解进行快速非支配排序和拥挤度计算，将种群中的精英个体逐一保存到外部档案集中，并以一定的概率去掉种群中的最劣解。

步骤 8：重复步骤 3～7 直到满足结束条件。

步骤 9：输出外部档案集中的精英个体作为 Pareto 最优前沿。

4.2.3　实例研究

本节以金沙江下游四库梯级为例，应用 IMoCS 对梯级水电站多目标发电调度模型进行求解。以图 4-17 所示的三种典型年来水作为输入，得到梯级水电站总发电量和保证出力的非劣调度方案集，并与未采用改进措施的 MoCS 结果进行比较，结果如图 4-18 所示。

图 4-16　ImoCS 算法流程图

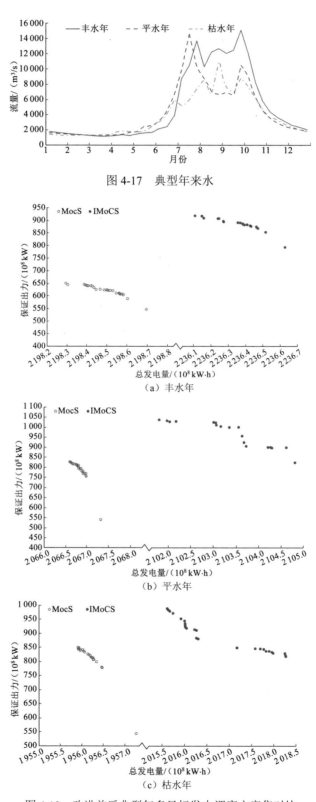

图 4-17　典型年来水

（a）丰水年

（b）平水年

（c）枯水年

图 4-18　改进前后典型年多目标发电调度方案集对比

从图 4-18 可以看出，应用本书所提出的 IMoCS 求解得到的 Pareto 最优前沿明显处于 MoCS 所求得的非劣前沿上方，说明 MoCS 在求解梯级水电站问题时已经明显出现了局部收敛的问题，而本书所提出的改进措施能够有效提高 MOEAs 求解水电站多目标调度问题的能力，充分发掘优化空间。

表 4-7 以丰水年为例列出了 IMoCS 求解得到的 Pareto 最优前沿，从表 4-7 中可以看出，梯级水电站总发电量和保证出力的变化趋势完全相反，两者是相互冲突、相互制约的关系。若想提高梯级水电站保证出力，需要付出总发电量减少的代价。

表 4-7　丰水年来水情况下 IMoCS 非劣调度方案集

方案号	总发电量/(10^8 kW·h)	保证出力/(10^8 kW)	方案号	总发电量/(10^8 kW·h)	保证出力/(10^8 kW)
1	2 236.630	791.370	26	2 236.392	883.572
2	2 236.629	791.642	27	2 236.384	883.762
3	2 236.628	791.889	28	2 236.384	883.762
4	2 236.518	854.341	29	2 236.384	887.811
5	2 236.472	868.536	30	2 236.384	887.811
6	2 236.471	869.621	31	2 236.369	889.953
7	2 236.471	869.621	32	2 236.369	889.953
8	2 236.470	871.247	33	2 236.359	890.950
9	2 236.466	871.349	34	2 236.359	890.950
10	2 236.466	871.349	35	2 236.356	891.174
11	2 236.465	872.268	36	2 236.356	891.174
12	2 236.465	872.268	37	2 236.274	893.941
13	2 236.463	875.631	38	2 236.274	893.941
14	2 236.463	875.631	39	2 236.272	896.383
15	2 236.432	876.582	40	2 236.272	896.383
16	2 236.432	876.582	41	2 236.248	907.783
17	2 236.427	878.822	42	2 236.248	907.783
18	2 236.427	878.822	43	2 236.243	907.861
19	2 236.411	882.069	44	2 236.243	907.861
20	2 236.411	882.069	45	2 236.160	908.266
21	2 236.411	882.648	46	2 236.160	908.266
22	2 236.411	882.648	47	2 236.149	917.206
23	2 236.395	882.929	48	2 236.149	917.206
24	2 236.395	882.929	49	2 236.111	917.900
25	2 236.392	883.572	50	2 236.111	917.900

4.3 考虑最小下泄流量的流域梯级电站群多目标发电优化调度

流域梯级电站群联合调度涉及发电、防洪、航运等目标,流域梯级电站群以发电量最大或发电效益最大为目标制定联合发电优化调度方案时,水电站枯水期尽量维持高水位运行,以增加水头效益,从而实现全年发电效益的最大化。水电站群联合运行时枯水期发电对全年发电效益有着重要意义,按照电网对水电能源充分发挥容量效益的供电要求,需尽量提高枯水期发电能力,缓解区域电网其他电源的供电压力,从而达到平衡电力系统负荷、提高电网供电安全的目的。航运调度包括上游航运和下游航运两部分,上游航运效益主要与库区碍航流量淤积有关,而下游航运一般用水库下泄流量满足最低通航流量的程度来体现,对于梯级水电站群联合调度,其最下游水电站下泄流量对梯级下游河道渠化、最大通航能力、全年通航天数有着重要影响。然而,增加枯水期发电或加大下泄流量使水电站坝前水位提前降低并快速消落,降低了枯水期甚至全年的平均发电水头,水电站群全年发电量降低,因此,流域梯级水电站群全年发电量、通航流量和容量效益是三个相互矛盾、相互制约的调度目标,传统调度方法难以同时优化。本节以金沙江下游乌东德水电站、白鹤滩水电站、溪洛渡水电站、向家坝水电站四个巨型水电站组成的水电站群系统为研究对象,建立以发电量最大、最小下泄流量最大和时段最小出力最大为目标的流域梯级水电站群多目标发电优化调度模型,运用多目标优化算法对模型进行求解,从而得到水电站群均衡优化的非劣调度方案集。

4.3.1 考虑最小下泄流量的多目标发电优化调度模型

在确定预报来水情况下,以梯级总发电量最大、最小下泄流量最大和时段最小出力最大为目标,构建多目标发电优化调度模型,其目标函数和约束条件的数学描述如下。

1. 目标函数

1) 梯级总发电量最大

$$\max f_1 = \max E = \sum_{i=1}^{M_h} \sum_{t=1}^{T} N_i^t(Q_i^t, H_i^t) \cdot \Delta T \tag{4-43}$$

式中:E 为梯级总发电量;N_i^t 为第 i 个水电站在第 t 时段的出力,由 Q_i^t、H_i^t 计算求得;M_h 为梯级电站个数;T、ΔT 分别为时段总长度和某一时段长度。

2) 最小下泄流量最大

$$\max f_2 = \max Q_s = \max \left\{ \min q_{M_h}^t \right\} \tag{4-44}$$

式中:Q_s 为梯级水电站群最下一级电站调度期内最小下泄流量;$q_{M_h}^t$ 为梯级水电站群最下一级水电站在第 t 时段的下泄流量。

3）时段最小出力最大

$$\max f_3 = \max N_{\text{f}} = \max \left\{ \min \sum_{i=1}^{M_{\text{h}}} N_i^t \right\} \qquad (4\text{-}45)$$

式中：N_{f} 为梯级水电站群在调度期内时段最小出力。

2．约束条件

模型包含水量平衡约束、库容限制、电站下泄流量限制等，与 3.2.1 节构建模型约束条件完全一致，这里不再赘述。

4.3.2　考虑最小下泄流量的多目标发电优化调度模型求解方法

1．编码方式及约束处理

综合考虑金沙江下游梯级电站发电调度运行特点，应用多目标粒子群算法（multi-objective particle swarm optimization，MOPSO）求解流域梯级水电站群多目标发电优化调度模型时，选取电站坝前水位作为决策变量进行个体编码，个体粒子为各电站逐时段水位过程，采取和单目标优化一致的编码方式，对于种群中第 k 个粒子可描述为

$$\boldsymbol{X}_k = \begin{bmatrix} z_1^1 & z_2^1 & \cdots & z_{T-1}^1 & z_T^1 \\ z_1^2 & z_2^2 & \cdots & z_{T-1}^2 & z_T^2 \\ \vdots & \vdots & & \vdots & \vdots \\ z_1^{M_k-1} & z_2^{M_k-1} & \cdots & z_{T-1}^{M_k-1} & z_T^{M_k-1} \\ z_1^{M_k} & z_2^{M_k} & \cdots & z_{T-1}^{M_k} & z_T^{M_k} \end{bmatrix} \qquad (4\text{-}46)$$

梯级水电站群多目标发电调度中边界约束和单目标优化调度一致，因此，模型求解采用类似的约束处理方法，即约束廊道法。通过水量平衡方程和水位库容关系等特征曲线，将流量约束、出力约束转换为对水位的限制，并与原水位范围取交集，形成水位约束廊道，在寻优过程中，当决策变量超出该廊道边界时，直接将其置于边界值。

2．调度目标归一化处理

模型中涉及发电量、最小下泄流量、时段最小出力三个调度目标，目标函数计算包含了电量、流量、出力三个不同的量纲，为模型计算中粒子适应度函数的计算带来了障碍。因此，研究将上述三个目标进行归一化处理，使其成为无量纲函数值，归一化计算可表述为

$$f_1(x_i) = \frac{E_i - E_{\min}}{E_{\max} - E_{\min}}, \quad f_2(x_i) = \frac{Q_{\text{s}}^i - Q_{\text{s}}^{\min}}{Q_{\text{s}}^{\max} - Q_{\text{s}}^{\min}}, \quad f_3(x_i) = \frac{N_{\text{f}}^i - N_{\text{f}}^{\min}}{N_{\text{f}}^{\max} - N_{\text{f}}^{\min}} \qquad (4\text{-}47)$$

式中：x_i 为进化种群中第 i 个粒子；E_i 为该方案的年发电量；$E_{\max}$ 和 $E_{\min}$ 分别为种群中所有粒子年发电量的最大值和最小值；Q_{s}^i 为第 i 个粒子梯级最下一级电站最小下泄流量；$Q_{\text{s}}^{\max}$、$Q_{\text{s}}^{\min}$ 分别为种群中最小下泄流量的最大、最小值；N_{f}^i 为当前粒子的时段最小出力；$N_{\text{f}}^{\max}$ 和 $N_{\text{f}}^{\min}$ 为种群中调度方案时段最小出力的最大值和最小值。

4.4 实例研究

金沙江下游依次建设乌东德水电站、白鹤滩水电站、溪洛渡水电站、向家坝水电站四个梯级水电站。向家坝水电站是金沙江干流下游水电规划的最下游梯级电站，电站开发任务是以发电为主，同时改善航运条件，向家坝水电站坝址下游为通航河道，坝址至宜宾河段现为 IV 级航道，未来将通过整治达到 III 级航道标准，长江宜宾至重庆河段现为 III 级航道，远期规划为 I 级航道（张毅 等，2012）。金沙江下游梯级电站下游河段有水富港、宜宾港两座大型港口。水富港是云南最重要的港口之一；宜宾港位于长江、岷江、金沙江三江汇合处，是四川最重要的港口之一，也是长江最上游的枢纽港。两个港口在云南、四川及长江流域沿线的综合交通和区域经济中发挥着极为重要的作用。

金沙江下游梯级水电站位于金沙江通航河段上，金沙江航道是长江航道的上游延伸段，但由于山区型河流存在诸多不稳定因素，极大地限制了金沙江航道的建设。目前金沙江常年通航河段仅有新市镇–宜宾河段，根据河流自然状况、航行条件和城镇的分布情况，习惯上以水富为界分为上下两段，水富至宜宾段航道长约 30 km，落差为 8.09 m，平均比降为 0.27‰，可常年通航 300 HP+2×300 t 船队（张毅 等，2012）。向家坝水电站大坝下游紧接水富河段，下游 2.5 km 为水富港、33 km 为宜宾港，该河段目前按 V 级航道标准进行维护，如果按 IV 级航道标准，枯水碍航期一般情况下在五个月左右，主要原因是枯水期浅滩航深不足、航道尺寸不够（毕方全，2007）。因此，提高金沙江下游梯级水电站出流，能够有利于加深下游河道的枯水期通航水深和通航能力，保障向家坝水电站下游港口的安全高效运行。

研究选取不同频率来水作为模型输入，采用 MOPSO 对水电站群多目标发电优化调度模型进行求解，算法参数设置如下：原始种群规模为 100，外部精英种群 N_Q =150，原始种群进化中加速常数 $c_1 = c_2 = 2$，惯性权重 w=0.8，粒子速度 V_{max} =0.5，$V_{i,min} = -V_{i,max}$，最大迭代次数 GenNum=5 000。计算得到关于梯级水电站总发电量、下泄流量、保证出力的非劣调度方案集，同时，为对计算结果进行对比分析，将 DDDP 算法用于该模型的求解中。由于 DDDP 算法无法直接求解多目标优化问题，故采用约束法最小下泄流量和保证出力作为约束条件，将多目标模型转化为以梯级总发电量最大为目标的单目标优化问题。通过逐步调整时段最小下泄流量和保证出力的边界条件，多次计算得到一组由 150 个调度方案集组成的非劣前端，图 4-19 给出不同频率来水下非劣前沿，由于篇幅有限，仅给出 30% 频率来水下不同方法非劣前沿对比，如图 4-20 所示。表 4-8～表 4-10 给出 30%、50%、70% 三种不同频率来水情况下部分非劣调度方案集。

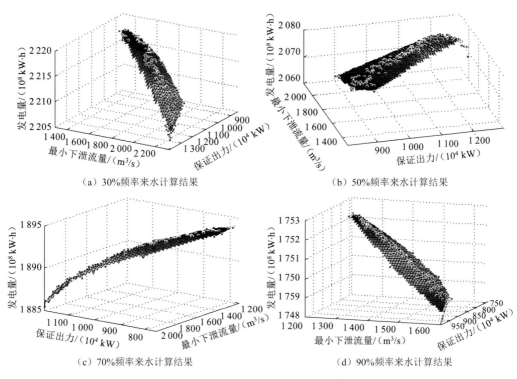

（a）30%频率来水计算结果　　　　　　（b）50%频率来水计算结果

（c）70%频率来水计算结果　　　　　　（d）90%频率来水计算结果

图 4-19　不同频率来水 MOPSO 非劣前沿

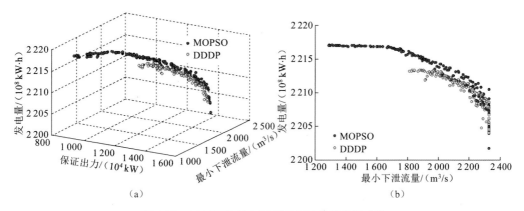

（a）　　　　　　　　　　　　　　　　（b）

图 4-20　30%频率来水下不同方法非劣前沿对比

表 4-8　30%频率来水情况下部分非劣调度方案集

方案编号	发电量 /(10^8 kW·h)	保证出力 /(10^4 kW)	最小下泄流量 /(m^3/s)	方案编号	发电量 /(10^8 kW·h)	保证出力 /(10^4 kW)	最小下泄流量 /(m^3/s)
1	2 201.65	1 405.02	2 330.00	6	2 209.27	1 328.29	2 288.34
2	2 204.59	1 393.39	2 330.00	7	2 209.77	1 315.03	2 292.70
3	2 206.96	1 386.22	2 330.00	8	2 210.69	1 297.39	2 251.48
4	2 208.11	1 369.87	2 324.47	9	2 211.07	1 279.03	2 179.95
5	2 208.64	1 348.63	2 254.03	10	2 211.69	1 261.92	2 138.08

续表

方案编号	发电量 /(10^8 kW·h)	保证出力 /(10^4 kW)	最小下泄流量 /(m^3/s)	方案编号	发电量 /(10^8 kW·h)	保证出力 /(10^4 kW)	最小下泄流量 /(m^3/s)
11	2 212.07	1 240.65	2 165.92	21	2 215.87	1 086.99	1 822.45
12	2 212.48	1 232.59	2 099.13	22	2 216.24	1 066.72	1 763.67
13	2 212.99	1 215.02	2 134.83	23	2 216.47	1 028.73	1 717.16
14	2 213.44	1 198.36	2 037.79	24	2 216.61	991.02	1 704.11
15	2 213.73	1 158.75	2 048.63	25	2 216.83	961.32	1 414.95
16	2 214.29	1 166.31	1 954.93	26	2 216.87	951.07	1 458.28
17	2 214.64	1 133.12	1 928.86	27	2 216.92	931.80	1 519.59
18	2 214.93	1 120.60	1 915.74	28	2 216.96	918.87	1 377.30
19	2 215.35	1 108.51	1 883.79	29	2 217.00	892.87	1 452.90
20	2 215.52	1 096.16	1 789.43	30	2 217.06	871.69	1 290.74

表 4-9　50%频率来水情况下部分非劣调度方案集

方案编号	发电量 /(10^8 kW·h)	保证出力 /(10^4 kW)	最小下泄流量 /(m^3/s)	方案编号	发电量 /(10^8 kW·h)	保证出力 /(10^4 kW)	最小下泄流量 /(m^3/s)
1	2 063.52	1 317.64	2 160.00	16	2 077.00	1 077.79	1 813.71
2	2 067.46	1 303.18	2 160.00	17	2 077.18	1 071.42	1 806.92
3	2 069.93	1 290.99	2 160.00	18	2 077.50	1 043.94	1 757.71
4	2 071.22	1 273.26	2 160.00	19	2 078.00	1 029.21	1 745.62
5	2 072.39	1 252.71	2 160.00	20	2 078.24	985.35	1 729.72
6	2 072.87	1 227.55	2 149.59	21	2 078.49	1 006.63	1 684.04
7	2 073.56	1 213.30	2 103.27	22	2 078.73	975.34	1 660.52
8	2 074.24	1 192.54	2 079.81	23	2 078.82	958.06	1 530.17
9	2 074.79	1 175.09	2 060.20	24	2 078.89	938.80	1 534.14
10	2 075.01	1 161.77	2 055.18	25	2 078.97	906.14	1 503.94
11	2 075.44	1 157.19	2 011.32	26	2 079.05	894.27	1 467.07
12	2 075.76	1 138.16	1 947.58	27	2 079.13	893.72	1 389.51
13	2 076.18	1 127.02	1 939.13	28	2 079.20	878.67	1 413.94
14	2 076.40	1 105.16	1 895.99	29	2 079.32	850.87	1 492.47
15	2 076.80	1 095.78	1 857.64	30	2 079.44	825.18	1 340.04

表 4-10　70%频率来水情况下部分非劣调度方案集

方案编号	发电量 /(10^8 kW·h)	保证出力 /(10^4 kW)	最小下泄流量 /(m^3/s)	方案编号	发电量 /(10^8 kW·h)	保证出力 /(10^4 kW)	最小下泄流量 /(m^3/s)
1	1 884.30	1 227.53	2 010.00	4	1 886.74	1 179.86	2 010.00
2	1 884.95	1 213.93	2 010.00	5	1 887.44	1 164.48	2 001.77
3	1 885.53	1 197.54	2 010.00	6	1 888.09	1 150.10	2 010.00

方案编号	发电量/（10^8 kW·h）	保证出力/（10^4 kW）	最小下泄流量/（m^3/s）	方案编号	发电量/（10^8 kW·h）	保证出力/（10^4 kW）	最小下泄流量/（m^3/s）
7	1 888.55	1 131.75	1 936.16	19	1 892.41	960.49	1 632.48
8	1 889.09	1 123.51	1 954.83	20	1 892.60	958.25	1 512.61
9	1 889.33	1 112.30	1 905.59	21	1 892.78	932.10	1 588.80
10	1 889.65	1 102.59	1 908.50	22	1 892.89	922.77	1 567.03
11	1 890.03	1 089.72	1 826.80	23	1 893.07	907.63	1 521.54
12	1 890.40	1 071.46	1 835.62	24	1 893.25	886.21	1 473.43
13	1 890.60	1 051.77	1 825.57	25	1 893.36	845.29	1 461.44
14	1 891.08	1 035.65	1 802.35	26	1 893.52	854.20	1 304.04
15	1 891.38	1 029.71	1 740.48	27	1 893.63	830.77	1 371.35
16	1 891.63	1 020.96	1 699.73	28	1 893.78	824.18	1 389.56
17	1 891.83	999.31	1 716.75	29	1 893.85	807.38	1 341.64
18	1 892.14	985.74	1 660.07	30	1 893.98	776.88	1 260.05

由结果可知，梯级总发电量、时段最小下泄流量、保证出力三个目标在三维空间中非劣前沿呈扁平狭长曲面，从非劣解集的分布趋势可以看出，当向家坝水电站时段最小下泄流量增加即金沙江下游河道航运效益增加时，梯级电站群总发电量随之降低，证明该河段发电效益与航运效益相互制约，而随着保证出力的增大，梯级末端向家坝水电站最小下泄流量也逐渐增加，说明金沙江下游梯级保证出力和最下游电站最小下泄流量表现出良好的一致性，梯级总发电量和保证出力两调度目标变化趋势呈反比关系，两目标冲突关系显著。对比 DDDP 算法求得的调度方案集，MOPSO 更加接近 Pareto 真实前沿，同时分布范围更广，证明 MOPSO 计算精度高，分布性好。为进一步说明金沙江下游梯级各电站运行情况，四种不同频率来水情景下最小下泄流量最大（时段最小出力最大）方案、发电量最大方案和均衡方案的出力情况对比如图 4-21 所示，50%频率来水条件下三种方案中梯级各电站水位过程如图 4-22 所示。

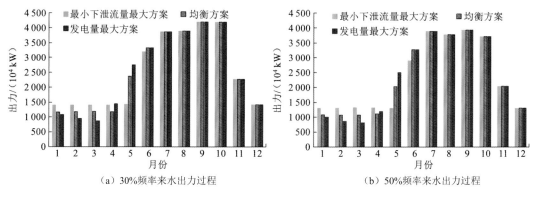

（a）30%频率来水出力过程　　　　（b）50%频率来水出力过程

图 4-21　不同频率来水部分调度方案出力情况对比

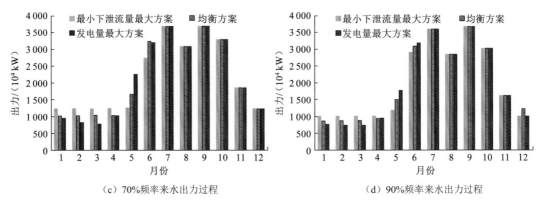

（c）70%频率来水出力过程　　　　　　　　（d）90%频率来水出力过程

图 4-21　不同频率来水部分调度方案出力情况对比（续）

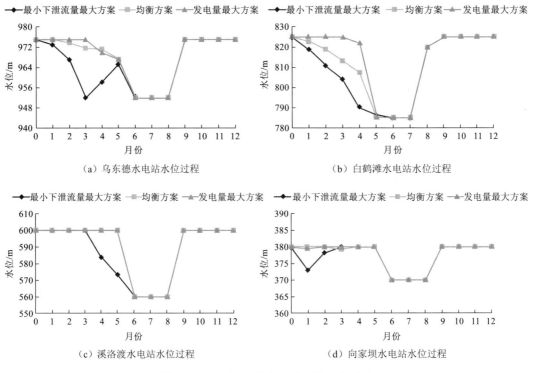

（a）乌东德水电站水位过程　　　　　　　　（b）白鹤滩水电站水位过程

（c）溪洛渡水电站水位过程　　　　　　　　（d）向家坝水电站水位过程

图 4-22　50%频率来水不同方案水位过程

　　从图 4-22 可知，金沙江下游梯级电站在 7~12 月运行稳定，三种调度方案出力过程基本一致，各电站运行水位也无明显差异，主要是因为金沙江下游梯级 6 月末进入汛期，各电站必须按照洪水调度要求在汛限水位运行，而后 9 月开始蓄水并于 9 月末、10 月初蓄至正常蓄水位，并在不蓄不供期维持正常蓄水位运行。而 1~6 月尤其是 4~6 月各调度方案有所不同，最小下泄流量最大方案着重考虑了航运效益和容量效益，由于金沙江下游梯级电站中调节性能强的电站（乌东德水电站、白鹤滩水电站、溪洛渡水电站，尤其是白鹤滩水电站最为显著）在枯水期加大了下泄流量，保证出力和通航保证率增加，保障了电网和下游航道港口的安全稳定运行,但降低了全年平均水头,牺牲了梯级电站部分发电效益;发电量最大方案中梯级电站在 1~4 月维持在高水位运行,控制下泄流量,充分发挥了水电站水头效益,但枯水期来水较少时保证出力和下泄流量十分有限,一般梯级最小出力和向家坝水电站时段最小下泄流量也在这一时期出现。同时,发电量最大方案在汛前 5 月、6 月集中消落,若这一时期来水较大或汛期提前,将面临极大的弃水风险,最小下泄流量最大方案和均衡方案水位消落过程相对平缓,避免了因集中消落带来的出力激增,缓解了受端电网被动消纳和负荷平衡调节的压力。

4.5　小　　结

　　本章在流域梯级电站群多尺度精细化发电优化调度这一单目标优化技术基础上,围绕当前水电站群实际运行环境和水电能源管理需求,在调度目标这一维度上进一步扩展,分别开展了单目标发电调度、兼顾总发电量和保证出力的多目标发电调度、考虑最小下泄流量的多目标发电调度等关键问题的理论攻关和应用示范。针对单目标发电调度,在考虑梯级水电站水力联系的基础上,探讨了水电站水位变化与梯级总发电量变化之间的关系,并根据该原理提出了一种基于梯度信息的局部策略,将提出的 ICS 算法与梯度搜索策略相结合,有效提高了算法求解水电站调度问题的能力;围绕流域梯级水电站群多目标发电调度问题,以总发电量和保证出力为目标,建立了梯级水电站多目标发电调度模型,并根据 NSGA-II 算法原理对 CS 算法进行了改造,提出了能用于求解多目标优化问题的MoCS 算法;分析流域梯级水电站群发电、出力、通航之间的竞争关系,以总发电量最大、通航流量最大、时段保证出力最大为目标建立了水电站群多目标优化调度模型,并运用提出的 MOPSO 对模型进行求解,获得了均衡优化发电、通航、出力三个目标的非劣解集,并设计了系统水量、电量平衡约束处理的两个阶段调整方法,模型求解表明 MOPSO 计算精度高、非劣解集分布性好,为缓解煤炭资源消耗大、污染排放强度高、水电能源难以充分利用的现状提供了新的思路。

第5章 流域梯级电站群一体化与跨区域多电网优化调度技术

随着大规模水电能源基地的形成,电力供需矛盾逐步缓解,厂网利益协调发展显得更加重要。从电网水调部门的角度,应坚持以提高水能资源利用效率为中心,对全网直调水电进行统一调度。然而,三峡水电站–葛洲坝水电站、乌东德水电站–白鹤滩水电站–溪洛渡水电站–向家坝水电站等大规模梯级电站的巨大装机容量使同一流域电站群处于不同电网调度层级,且向不同电网送电,或单一电站不同机组向不同电网送电(武新宇 等,2012),电网与水电站协同运行方式发生了重大变化,流域梯级电站群在省内及省际电网联络线接入点的拓扑结构日趋复杂;同时,梯级电站间水力、电力联系紧密,各级电站调节性能差异化较大,其短期联合优化调度极为困难,依据梯级电站调度图的传统优化方式难以起到真正的指导作用。综上所述,需综合考虑各级电站发电能力及其互联电网的吸纳能力,在满足电网安全稳定运行的前提下,合理协调电网效益与电站效益间的矛盾,遵循"电网统一调配,电站分层、分区、分级控制"的原则,迅速响应不同层级下电网调度区域的调峰、调频等复杂运行需求,充分挖掘流域梯级电站群的整体发电能力,以达到全网的安全、稳定、经济运行。

本章将系统考虑电网调度要求、短期预报径流、机组和枢纽建筑物运行工况等多方面因素,分析电网调度对流域梯级电站群短期负荷实时调整、负荷备用及调峰等运行要求,研究厂网协调模式下流域梯级电站群分层、分级、分区原则,将流域梯级电站群短期发电量最大或效益最优作为优化目标,以中长期优化运行计划为指导,建立流域梯级电站群短期发电优化调度模型,给出最优发电流量和有功负荷分配方案,制定满足电网安全经济运行要求的流域梯级电站群短期最优发电计划,从而提高流域梯级电站群的短期发电效益。

5.1 电力系统厂网协调模式与流域梯级电站群层级区划原则

5.1.1 电力系统厂网协调模式

电力系统运行过程中,电网调度员在综合考虑电网安全、稳定的前提下,通过优化调度手段平衡系统的发电量和所需负荷,实现系统的经济运行。厂网协调模式下的水电系统优化过程需要根据水电系统电力电量平衡(陈森林,2004)确定水电站群在电网负荷图中的工作位置,以达到水能资源的合理利用。同时,电网调度中心需综合权衡全网的运行质量和优化运行目标,以达到安全、稳定、经济运行的目的。因此,合理确定水电站在电网负荷图中的工作位置极为重要。

对于具有日调节以上能力的水电站可通过水量调配来承担电网中的变动负荷。根据水电站日可运用水量,在不发生弃水且保证电网安全稳定运行的前提下,尽量安排水电站承担电网的峰荷或腰荷,使火电站尽量担任基荷,保持出力均匀,以降低电力系统的单位一次能源消耗量,如有其他用水要求,则根据实际情况进行调整;在有弃水产生的情况下,水电站工作位置应根据来水量逐渐转移到基荷位置运行,以充分利用水能资源,减少弃水,减少电力系统一次能源消耗量;不同来水年份和季节,水电站日调度在电网中的工作位置应做适当的调整。

如果将一个来水年分为枯水期、汛前期、汛期和汛后期等时段,在不同时段中,水电站在电网中的短期运行方式不同。枯水期,在满足其他用水要求的情况下,水电站以最大工作容量承担电网的峰荷;汛前期,来水增加,水电站在电网负荷图上的工作位置为腰荷和基荷,以充分利用水能资源;汛期,电站满发,承担电网的基荷,尽量减少弃水;汛后期,电站来水减少,电站工作位置在电网负荷图中为腰荷和基荷。枯水年份,电站在电网负荷图上的工作位置可以上移,丰水年份则相反,可以适当下移。相同的是,无论是多年调节、年调节,还是日调节水电站,在丰水年或枯水年,水电站运行均以“充分利用水能资源”为目标进行工作安排。

某电网典型日负荷曲线如图 5-1 所示,图中 P_min 为一天中的最小负荷值,P_max 为一天中的最大负荷值,P_avg 为一天中的平均负荷值。

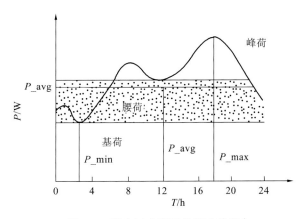

图 5-1　某电网典型日负荷曲线图

设定某日电网日负荷曲线中基荷位置相应的电量为 E_b,峰荷位置相应的电量为 E_p,水电站当日可运用水量蕴含的电量为 E_y,可用容量为 N,可根据电力电量平衡法(StÜtzle,1997)确定其在电网中的工作位置。水电站的出力过程对应电网中的负荷位置可描述为

$$P_h^t = \begin{cases} 0, & P^t \leqslant P_{req}^t \\ P^t - P_{req}^t, & P_{req}^t < P^t \leqslant P_{req}^t + N_h^t \\ N_h^t, & P^t > P_{req}^t + N_h^t \end{cases} \quad (5\text{-}1)$$

式中：P_h^t 为水电站在时段 t 承担的负荷；P^t 为电网时段 t 所需负荷；P_{req}^t 为时段 t 水电站在电网负荷图中的工作位置；N_h^t 为时段 t 电站可用工作容量。

其中，P_{req}^t 计算方法见文献（StÜtzle，1997），具体表述如下：

$$E_h = \int_0^T P_h(N_h)\,dt \qquad (5\text{-}2)$$

只需已知电站的计划发电量 E_h 和可运行的工作容量 N_h 采用迭代计算方法即可确定电站在电力系统负荷图中的工作位置。由此，可根据电网对网内梯级电站群发电量的消纳能力，确定电网所需电量，具体实施过程中可将其转化为梯级电站群发电量的不等式约束条件。

5.1.2　流域梯级电站群层级区划原则

我国流域水能资源的干支流分布并不均匀，电站布局呈现很强的区域性，且存在电网级别不同，不同电站隶属于同一级别的不同区域电网，或者同一电站的不同机组为同一级别不同电网供电的情况，电网拓扑结构极为复杂。如果将流域梯级电站群作为一个整体进行优化调度，决策变量维数高，水力、电力、机组等约束条件相互制约，联合优化求解极其困难。传统优化方法是根据各电站功能性差异及其对电网的影响程度，对梯级电站群进行简化，减少约束条件，实行整体优化调度。虽然此种方法可以预估出梯级电站群联合调度最大发电量，但在实际执行过程中，会产生较大偏差，难以匹配电网实际负荷需求，从而导致短期发电计划的多次调整与修正。因此，有必要结合流域梯级电站群区域分布特征、隶属电网关系及电站间的水力和电力补偿关系，对流域梯级电站群进行分层、分级、分区优化调度，建立精细化调度模型并求解，获得精确的流域梯级电站群短期优化调度方案，以满足电网实际运行需求。

1. 不同级别电网的层级划分

我国现行电力系统管理中，三峡水电站、葛洲坝水电站等水电站由于其巨大的装机容量，以及对电网的影响能力，由国家电网调度中心直接调度；而装机容量较小的电站则由各区域电网或省级电网调度。从各电站归口管理方式分析，通常将电站按装机容量划分级别，装机容量大的电站对电网稳定性影响最大，为最高级别，相应地由最高级别电网进行调度，低一级别的电站则由次一级的区域电网进行调度管理。同理，在电网整体优化过程中，首先优化最高级别电网直接调度电站的出力，然后优化低一级电网内电站出力，由主要到次要，依次逐级优化。将此划分作为第一层级的流域梯级电站群划分，称为"分层"。

2. 网内群落布局分级

隶属于同一区域电网的电站群由于所处河系不同，可能呈现明显的区域层次和群落布局，短期联合优化调度中各电站群落间水力联系不紧密。为此，可在分层分区的基础上，进行电网内部不同河系间的第三层级子区域划分,对于区域相对集中的电站群按照"梯级电站发电量最大或整体效益最大"原则,优化分配水头和流量等。将此不同河系梯级的划分称为"分级"。

3. 同一级别不同电网的区域划分

将流域梯级电站群分层后,归属于同一级别电网的电站群可能隶属于不同的区域电网。为分析各区域电网之间、各区域电网与流域梯级电站群之间的补偿关系,有必要将归属于同一级别电网的电站群按所隶属的区域电网进行划分,称为"分区"。从区域电网优化角度分析,主要针对该区域电网调度权限内的电站群,旨在分析该区域电网内部的发电能力和电力补偿关系。将此划分作为流域梯级电站群分层后的第二层级的划分。

4. 流域梯级电站群的分层、分级、分区优化方法

流域梯级电站群分层、分级、分区旨在不影响优化结果精度的前提下降低流域梯级电站群整体优化过程中的决策变量和约束条件的维度,使大规模流域梯级电站群优化调度问题转化为各子级电站群的优化调度,将复杂问题简单化,便于求解计算。流域梯级电站群分层、分级、分区方法如图 5-2 所示。根据流域梯级电站群区划原则,各个子区域可单独优化求解,则该流域梯级电站的总体优化调度可转化为如下形式:

流域梯级电站群整体优化=电网级别 Ⅰ 优化+电网级别 Ⅱ_区域电网 1 优化
+电网级别 Ⅱ_区域电网 2_梯级 A 优化
+电网级别 Ⅱ_区域电网 2_梯级 B 优化

将各电网内子区域梯级电站群优化调度结果线性叠加,就可获得整个流域梯级电站群联合优化调度最优结果。

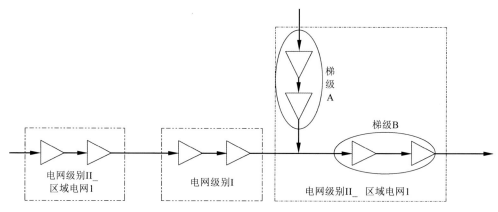

图 5-2　流域梯级电站群分层、分级、分区方法示意图

5.2 流域梯级电站群短期发电计划编制与经济运行一体化调度

5.2.1 流域梯级电站群短期发电计划编制与厂内经济运行

1. 短期发电计划编制

电网调峰需求下的流域梯级水电站群短期发电计划编制需综合考虑以下几方面原则:①尽量减少梯级枯水期弃水,增发枯水期电量;②在保证下游综合用水需求的前提下充分发挥电站调峰容量效益;③梯级出力过程应能够基本适应电网负荷变化趋势,考虑远距离送电调度需求和下游通航条件,应尽量减少日内出力的变化次数和调整幅度;④不弃水调峰;⑤日内调峰引起的水库水位波动在水库正常运行范围内;⑥机组出力变化在稳定运行限制范围内。根据以上原则,结合 3.2 节调峰调度目标和约束限制,提出一种梯级水电站精细化发电计划编制方法,发电计划编制流程图如图 5-3 所示。

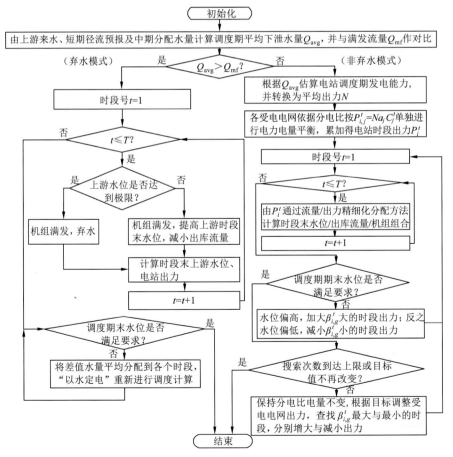

图 5-3 梯级水电站精细化发电计划编制流程

1）电站弃水与非弃水模式判断

将梯级水电站按上下游水力联系进行排序，从最上游电站开始，依次根据电站上游来水（或短期径流预报）和中期调度分配水量计算电站次日平均下泄流量 Q_{avg}，并将其与电站满发流量 Q_{mf} 比较。若 Q_{avg} 大于 Q_{mf}，则将电站调度模式设定为弃水模式；反之，设定为非弃水模式。弃水模式下电站所有机组均满发，不承担电网调峰任务，考虑到末水位控制要求，剩余的水量需作为弃水处理；非弃水模式下梯级出力过程应能适应电网负荷变化趋势，在不弃水或尽量少弃水的前提下充分发挥梯级调峰容量效益。

各电站发电模式确定以后，从上游至下游逐级进行梯级电站联合发电计划制作，第一级电站按天然径流预报进行调度计算，其他电站入库需考虑上游电站下泄、区间入流、水流滞时影响。

2）非弃水模式

（1）根据电站调度期平均发电流量 Q_{avg}，运用流量精细化分配方法计算电站调度期内预发电量，并将其转换成电站平均出力 N。

（2）结合电网次日预测负荷曲线形式，通过式 $P_i^t = N \cdot C^t$（C^t 为电网负荷曲线形式系数，其为电网各时段负荷与最大负荷的比值）计算电站初始出力过程 $\{P_i^1, P_i^2, \cdots, P_i^T\}$，并推求对应的调峰效益参数 β_i^t（β_i^t 的定义和计算流程见 5.2.2 节）；假设电站日发电出力需兼顾多个区域电网送电需求（类似于溪洛渡水电站同时向南方电网和国家电网供电的情形），则可根据受端电网分电比对电站日平均出力 N 进行分配如式（5-3）所示，各受端电网按自身预测负荷曲线形式单独进行电力电量平衡计算如式（5-4）所示，制定受端电网受电计划曲线 $\{P_{i,g}^1, P_{i,g}^2, \cdots, P_{i,g}^T\}$，求其累和即可得到 i 电站初始出力过程 $\{P_i^1, P_i^2, \cdots, P_i^T\}$。此外，对于多电网送电情形下的出力调峰效益参数 $\beta_{i,g}^t$，还需要结合不同电网负荷曲线形式分别计算，如式（5-5）所示。

$$N_g = N\alpha_g, \quad \alpha_1 + \alpha_2 + \cdots + \alpha_g + \cdots + \alpha_G = 1 \tag{5-3}$$

$$P_{i,j}^t = N_j C_j^t \tag{5-4}$$

$$\beta_{i,g}^t = \beta_{i,j,1}^t + \beta_{i,j,2}^t \tag{5-5}$$

式中：g 为受端电网编号；G 为电站送电电网个数；α_g 为各受端电网分电比系数。

（3）为保证所有开机机组均能运行在稳定区约束内，判断电站逐时段出力 $\{P_i^1, P_i^2, \cdots, P_i^T\}$ 是否满足稳定运行要求，将违反约束的出力修正至稳定运行边界。

（4）根据电站出力过程 $\{P_i^1, P_i^2, \cdots, P_i^T\}$，运用出力精细化分配方法，逐时段进行机组间出力优化分配，计算电站出库过程和调度期末水位 Z_i^T。若 Z_i^T 不满足调度期控制末水位要求，则按一定电量步长 ΔE 增加或减小电站时段出力，ΔE 可按分电比分成 G 份，即 $\Delta E_g = \alpha_g \Delta E$，各电网受电出力以 $\beta_{i,g}^t$ 为启发信息进行调整：计算末水位 Z_i^T 大于控制末水位 $Z_{i,end}$（发电不足），则将 ΔE_g 分配至 $\beta_{i,g}^t$ 较大时段以提升出力；反之，Z_i^T 小于 $Z_{i,end}$（发电过量），则减小 $\beta_{i,g}^t$ 较小时段出力，逐次调整各电网受电计划直至 ΔE 分配完毕，并迭代至 Z_i^T 满足调度期控制末水位要求。

（5）保持各受端电网分电比电量不变，基于5.2.2节调峰效益最大目标调整受端电网时段受电出力；计算并更新当前出力计划下各时段调峰效益参数 $\beta_{i,g}^t$，查找 $\beta_{i,g}^t$ 最大和最小时段，分别增大与减小出力，计算新的 $\beta_{i,g}^t$ 并转入步骤（3）；若达到最大搜索次数或相邻两次搜索所得目标差值在限定范围内，则寻优操作完成，输出电站次日出力方案。

3）弃水模式

弃水模式下电站各时段均按预想出力满发，电站出力过程不考虑电网调峰需求。

（1）从 $t=0$ 时段开始，假定电站面临时段按出入库平衡方式进行发电，计算此种情形对应工作水头下电站满发流量：若出库小于电站满发流量，则降低时段末水位以加大出库；反之，则升高时段末水位。

（2）根据调整后的末水位重新进行水量平衡计算，当电站下泄与最大满发流量不相等时，需继续对时段末水位进行迭代调整，直至电站出库等于满发流量或水位到达控制水位边界为止。

（3）令 $t=t+1$，假如 $t<T$，则重复步骤（1）和（2）中方法计算 t 时段末水位；否则，判断 $|Z_{i,T}-Z_{i,\text{end}}|<\varepsilon$ 是否成立，不成立则同时增加或减小各时段出库，重新进行水量平衡计算，并迭代调整时段下泄直至满足调度期末水位控制要求为止。

2. 厂内经济运行优化

厂内经济运行优化问题可解耦为外层机组组合（unit commitment，UC）优化和内层机组间负荷经济分配（economic load dispatch，ELD）两个嵌套子问题（Lu et al.，2015），其综合考虑短期入库径流预报信息和运行水位控制要求，结合电网负荷波动和机组出力状态实时信息反馈，在给定电站有功出力任务要求下，通过合理制定机组最优开停状态组合和机组间负荷分配策略，使水电站运行达到时间和空间上的最优。采用改进二进制蜂群算法（improved binary-bee colony optimization，IB-BCO）进行多机组巨型水电站机组组合问题求解，并在机组组合优化过程中嵌套出力精细化分配方法求解 ELD 子问题，以提高模型计算效率。

5.2.2 流域梯级电站群短期发电计划编制与经济运行模型及耦合特性

1. 梯级电站短期发电计划编制模型

梯级电站日发电计划编制是依据电站次日径流来水预报与给定的运用水量，结合其互联电网电力负荷特性，遵循电网给定的典型负荷曲线形式，以发电量最大、经济效益最大或调峰量最大为目标，给出电站间的出力分配、电站预计出力曲线及按此曲线运行的库水位过程线，编制梯级电站次日发电计划。其中给定运用水量由梯级电站中期调度将季或月水库运用水量分解到每天而获得。此种"以水定电"的方式编制梯级电站日发电计划，主要用来作为向电网调度中心进行发电计划申报的数据基础。电站运行管理单位应根据月发电生产计划、设备检修计划、新设备投产计划并结合电力安全经济运行的特点，编制次日发电运行方式建议，于当日上午报电网调度审批后，于当日晚上前下达到运行管理单位运行中控室。

梯级电站日发电计划编制过程中，电站出力过程由发电引用流量和时段内平均水头确定。以下为日发电计划编制的几种数学模型。

1）发电量最大数学模型

$$E = \max \sum_{i=1}^{M_\mathrm{h}} \sum_{t=1}^{T} N_i^t(Q_i^t, H_i^t) \cdot \Delta T \tag{5-6}$$

式中：E 为水电站总发电量；N_i^t 为第 i 个水电站在第 t 时段的出力，由 Q_i^t、H_i^t 确定；M_h 为梯级电站个数；ΔT 为时段时长；T 为时段数。

2）经济效益最大数学模型

$$C = \max \sum_{i=1}^{M_\mathrm{h}} \sum_{t=1}^{T} N_i^t(Q_i^t, H_i^t) \cdot \Delta T \cdot \eta_i^t \tag{5-7}$$

式中：C 为梯级电站总的经济效益；η_i^t 为第 i 个电站 t 时段的上网电价。

3）调峰量最大数学模型

$$\min E_{\text{peak}} = \sum_{t=1}^{T} \max \left(P_{\text{load}}^t - \sum_{i=1}^{M_\mathrm{h}} N_i^t \right) \tag{5-8}$$

式中：E_{peak} 为电力系统峰荷；P_{load}^t 为第 t 时段系统的负荷。

梯级水电站短期发电计划编制是水电能源优化运行的重要内容，其通过考虑电站丰、枯来水特性和年内枯水期、汛期、消落期、蓄水期调度边界约束差异性，在给定次日可用水量、发电任务或调峰要求的前提下，通过优化方法对电站次日可用水量或控制电量在全时段进行合理分配，以制定电站未来时段最优出力、下泄流量及水位控制方案。通常，不同调度时期，水电站在电力系统中的运行位置不同，主要表现为：丰水期，电站来水较多，电站常按预想出力满发，不具备调峰能力，将其运行于电网负荷图中的基荷和腰荷位置，以最大限度地利用水能资源；平水期，来水较丰水期减少，电站工作位置下移至电网负荷图中的腰荷位置，电站按发电量最大或发电效益最大方式控制，承担一定调峰任务的同时尽量减小弃水；枯水期，电站来流较少但水头较高，水电调峰能力强，将其运行在电网负荷尖峰时段，以承担电网的调峰调频任务。

根据不同时期运行模式和侧重点不同，梯级水电站通常按发电量最大（刘胡 等，2000）、发电效益最优（马跃先，1999）或调峰效益最大（Swain et al.，2011）目标进行调度计算，而本章主要讨论调峰效益最大目标下的梯级水电站短期发电计划编制模型，目标形式如下：

$$F = \max \sum_{i=1}^{N} \sum_{t=1}^{T} P_i^t(Q_i^t, H_i^t) \cdot \Delta T \cdot \beta_i^t \tag{5-9}$$

式中：F 为梯级水电站调峰效益；N 为电站数；T 为时段数；ΔT 为时段长；P_i^t、Q_i^t 和 H_i^t 分别为 i 电站 t 时段出力、发电流量和工作水头；β_i^t 为 i 电站 t 时段的调峰效益参数，其与电网负荷形式、峰平谷区间划分和电站时段出力有关。

为充分利用水电站跟踪电网负荷变化的能力，使电站出力过程与电网调峰需求相匹配，根据孙昌佑等（2004）提出的峰荷比调峰方式计算各时段调峰效益参数 β_i^t，β_i^t 取值大小和电站时段出力相关，具体计算方法为：令 $\beta_i^t = \beta_{i,1}^t + \beta_{i,2}^t$，其中 $\beta_{i,1}^t$ 为定值，且 $\beta_{1峰} > \beta_{1平} > \beta_{1谷}$，而 $\beta_{i,2}^t$ 只与峰段计划出力有关，表征某种出力方案下峰段调峰效益大小；令 $r_t = \beta_{2实际}^t - \beta_{2理论}^t$（其中 $\beta_{2实际}^t$ 为 t 时段峰段实际出力与最小峰段出力的比值，$\beta_{2理论}^t$ 为 t 时段电网峰荷形式系数与最小峰荷形式系数的比值），按 r_t 大小对峰段调峰优先级进行排序，则 r_t 越大的峰段调峰优先级较低，对应的峰段调峰效益参数 $\beta_{i,2}^t$ 就越小。

2．梯级电站经济运行模型

水电站厂内经济运行包括空间最优化和时间最优化两个嵌套运行阶段。空间最优化主要以减小电站时段耗水率为目的，将电网调度中心某一时段下达至水电站的有功出力在开机机组间进行合理、高效分配，其主要着眼于水电站单时段调度的最优，不涉及机组时段间的开停优化；时间最优化则建立在空间最优化基础上，不仅考虑单时段内机组出力情况最优化，而且涉及由于应对电网负荷波动而产生的机组开停机状态转换附加耗水量和其他以水当量折算的损耗对全时段最优造成的影响（Nazari et al.，2010）。

以调度期内总耗水量最小为目标建立厂内经济运行模型，决策变量由表示机组开停机状态的 0/1 整形变量和表示机组有功出力的连续变量构成，目标形式如下：

$$W_i = \min \sum_{t=1}^{T} \sum_{k=1}^{K} \left[u_{i,k}^t \cdot q_{i,k}^t (h_{i,k}^t, N_{i,k}^t) \cdot \Delta T + u_{i,k}^t (1 - u_{i,k}^{t-1}) \cdot q_{i,sk}^t + u_{i,k}^{t-1} (1 - u_{i,k}^t) \cdot q_{i,ck}^t \right] \qquad (5\text{-}10)$$

式中：W_i 为给定电站有功出力设定值下 i 电站总耗水量；K 为机组台数；T 为时段数；ΔT 为时段长；$N_{i,k}^t$、$q_{i,k}^t$、$h_{i,k}^t$ 分别为机组 k 在 t 时段的出力、发电流量和净水头；$q_{i,sk}^t$、$q_{i,ck}^t$ 分别为机组开停机耗水量；$u_{i,k}^t$ 为 t 时段机组 k 的开停机（0/1）状态。

3．发电计划编制与厂内经济运行约束描述

1）水库水力联系

水库水力联系公式为

$$I_i^t = Q_{i-1}^{t-\tau} + S_{i-1}^{t-\tau} + R_i^t \qquad (5\text{-}11)$$

2）水量平衡

水量平衡公式为

$$V_i^t = V_i^{t-1} + (I_i^t - Q_i^t - S_i^t) \cdot \Delta t \qquad (5\text{-}12)$$

3）电站库容/流量/出力约束

电站库容/流量/出力约束公式为

$$\begin{cases} V_i^{t\min} \leqslant V_i^t \leqslant V_i^{t\max} \\ Q_i^{t\min} \leqslant Q_i^t + S_i^t \leqslant Q_i^{t\max} \\ P_i^{t\min} \leqslant P_i^t \leqslant P_i^{t\max} \end{cases} \qquad (5\text{-}13)$$

4）末水位控制约束

末水位控制约束公式为

$$Z_{i,T} = Z_{i,\text{end}} \tag{5-14}$$

5）电站出力/水位/流量变幅约束

电站出力/水位/流量变幅约束公式为

$$\begin{cases} |P_i^t - P_i^{t-1}| \leqslant \Delta P_i \\ |Z_i^t - Z_i^{t-1}| \leqslant \Delta Z_i \\ |Q_i^t - Q_i^{t-1}| \leqslant \Delta Q_i \end{cases} \tag{5-15}$$

6）单站负荷平衡

单站负荷平衡公式为

$$L_i = \sum_{k=1}^{K} N_{i,k}^t u_{i,k}^t \tag{5-16}$$

7）机组稳定运行限制

机组稳定运行限制公式为

$$\begin{cases} N_{i,k}^{\min} \leqslant N_{i,k}^t \leqslant (\text{POZ}_{i,k}^1)^{\text{low}} \\ (\text{POZ}_{i,k}^{m-1})^{\text{up}} \leqslant N_{i,k}^t \leqslant (\text{POZ}_{i,k}^m)^{\text{low}} \quad (m=2,3,\cdots,M) \\ (\text{POZ}_{i,k}^M)^{\text{up}} \leqslant N_{i,k}^t \leqslant N_{i,k}^{\max} \end{cases} \tag{5-17}$$

8）机组最短开停机历时限制

机组最短开停机历时限制公式为

$$\begin{cases} T_{i,k}^{t\,\text{off}} \geqslant T_{i,k}^{\text{down}} \\ T_{i,k}^{t\,\text{on}} \geqslant T_{i,k}^{\text{up}} \end{cases} \tag{5-18}$$

式（5-11）～式（5-18）中：I_i^t 为 i 电站 t 时段入库径流；S_{i-1}^t 为 $i-1$ 号电站 t 时段弃水流量；τ 和 R_i^t 分别为 $i-1$ 与 i 电站间水流时滞和区间入流；V_i^t 为 i 电站 t 时段末库容；$V_i^{t\max}$ 与 $V_i^{t\min}$、$Q_i^{t\max}$ 与 $Q_i^{t\min}$、$P_i^{t\max}$ 与 $P_i^{t\min}$ 分别为 i 电站 t 时段库容、下泄流量和出力的上、下限；$Z_{i,T}$、$Z_{i,\text{end}}$ 分别为 i 电站调度期末计算水位和控制末水位；ΔP_i、ΔZ_i、ΔQ_i 分别为 i 电站 t 时段最大出力、水位和流量变幅；L_i 为 i 电站承担的有功出力设定值；$(\text{POZ}_{i,k}^m)^{\text{low}}$ 和 $(\text{POZ}_{i,k}^m)^{\text{up}}$ 分别为 i 电站 k 号机组第 m 个汽蚀振区的上、下限；M 为机组汽蚀振区个数；$T_{i,k}^{\text{up}}$、$T_{i,k}^{\text{down}}$ 分别为机组 k 持续开停机历时限制；$T_{i,k}^{t\,\text{on}}$、$T_{i,k}^{t\,\text{off}}$ 分别为机组 k 在 $t-1$ 时段以前的持续开停机历时。

由于优化目标和调度模式存在差异，发电计划编制不考虑单站负荷平衡约束，而厂内则不考虑控制末水位约束。此外，由于电站在承担调峰任务时出力波动较大，为避免机组频繁开停，在进行厂内优化时需对机组开停机历时约束着重考虑。

4. 发电计划编制与厂内经济运行耦合特性

1）水电站日发电计划编制与厂内经济运行共性

水电站日发电计划编制与厂内经济运行都围绕提高电站水能利用率，增加电站经济效益这一目的而产生并执行。首先，两者均以电网短期负荷预测和水电站短期径流预报为基础，在相同时间尺度下以水电站可运行机组为载体进行逐小时流量或负荷的优化分配；其次，两者都受负荷平衡、水量平衡、机组出力限制、水库库容限制和下泄流量限制等电站安全稳定运行条件的约束；最后，优化过程中相同的已知条件包括研究时段始末电站水库上下游水位、库容曲线、下泄流量与下游水位曲线、机组状态及综合效率曲线、机组电气接线方式与水力布置方式等。

2）优化目标差异性

水电站日发电计划编制是水电站短期发电优化调度的计划阶段。由于同一电站（国际电站及混合抽水蓄能电站除外）内机组上网电价一般相同，其日发电计划编制是在中长期水库调度控制点水位消落过程指导下确定电站日发电用水量，建立以电站发电量最大为目标的优化模型；而梯级的各级水电站则可能存在上网电价不同的现象，因此，在编制日发电计划的过程中需综合考虑梯级间的水力、电力联系，根据不同情况选择梯级发电计划编制的目标函数，如梯级电站发电量最大、经济效益最大或调峰量最大。从水电能转换的约束关系分析，无论是单体电站还是梯级电站的日发电计划编制，都属于"以水定电"范畴（汛期电站出力满发情况不在讨论范围内）。

水电站厂内经济运行是水电站短期优化调度的执行阶段。水电站依据电网审核后下达的日负荷曲线，在电站库水位约束范围内，以电站耗水量最小为目标建立优化模型；如果将其扩展至梯级水电站，则梯级的厂间经济运行负责将梯级负荷分配至各级电站，然后由各级电站开展厂内经济运行，同样需考虑电站间的水力、电力联系。同样，由水电能转换的约束关系分析，厂内经济运行（此处以具有日调节能力以上的水库水电站为研究对象）属于"以电定水"范畴。

3）工作流程关联性

梯级电站日发电计划编制与厂内经济运行由梯级调度中心负责。梯级调度中心于每日 10 时前收到各级电站运行单位次日运行方式建议后，梯级调度中心水调部门编制梯级电站日发电计划；之后，水调部门将初步制定的日发电计划交予梯级调度中心的电调部门进行厂内经济运行仿真验证，以确保次日水电站发电过程中减少耗水量且所有时段电站下泄流量能够满足下游综合用水要求，再返回水调部门重新修正梯级电站日发电计划；如此反复修正，确定梯级电站次日发电计划，由梯级调度中心上报电网调度部门，经电网调度部门综合协调全网电源点发电量与电网负荷需求，进一步审核并下达梯级电站次日发电计划指令，再由梯级调度中心将优化分配后的负荷指令下达至各级电站执行，具体流程如图 5-4 所示。

通过比较分析前述梯级水电站发电计划编制和厂内调度目标及约束可知，两者在调度模式上存在共性与差异，在业务流程上存在相关性，理清两者间的耦合特性（程春田

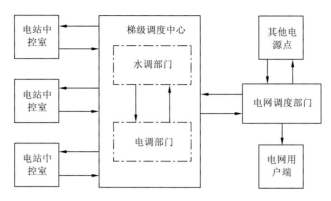

图 5-4　电网调度部门与梯级调度中心工作流程图

等，2012）可为一体化调度模式的构建提供理论支持。流域集控中心水调与电调部门、发电计划编制与厂内经济运行耦合特性如图 5-5 所示。

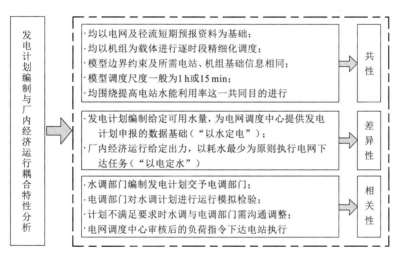

图 5-5　发电计划编制与厂内经济运行耦合特性

5.2.3　短期发电计划编制与经济运行一体化调度模式

结合梯级短期发电计划编制和厂内优化调度在模型、耦合特性方面的分析结果，综合考虑梯级上下游水库间复杂水力、电力联系，在发电计划编制和厂内经济运行研究基础上，构建两者的一体化调度模式（Wardlaw et al.，1999）。将发电计划编制模块制定的梯级出力计划作为厂内模型的输入，通过模拟厂内优化调度过程对出力计划可行性进行仿真校验，并将厂内优化所得时段下泄流量、调度期计算末水位结果反馈至发电计划编制模块，并结合电站调峰控制模式对初始出力方案进行循环修正直至满足各类边界约束为止，最终制定能满足电站和机组多重复杂运行约束要求，兼顾电网调峰需求的梯级次日最优出力计划、机组开停状态组合和机组间负荷优化分配策略，实现梯级水电站短期发电计划编制与厂内经济运行一体化调度。构建的一体化调度模式主要通过出力过程循环修正方法将发电计划编制和厂内经济运行两个子模块进行嵌套整合，是一种贴近工程实际的梯级电站出力计划精细化制定方法。发电计划编制与厂内经济运行一体化调度模式总体框架如图 5-6 所示,一体化调度主要包括以下三部分:①基于调峰量效益大目标的梯级电站短期发电计划编制(为一体化调度提供初始解);②基于总发电耗水最小目标的厂内经济运行(对梯级出力计划可行性进行仿真校验);③发电计划编制与厂内经济运行流量/出力精细化分配(为发电计划编制"以水定电"和厂内"以电定水"优化计算提供支持)。

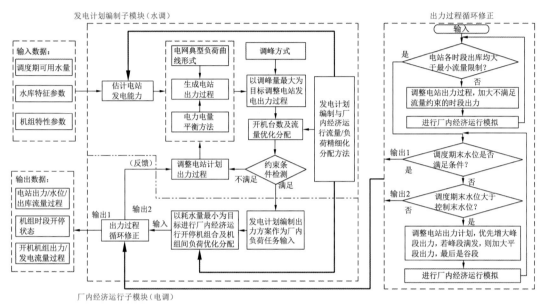

图 5-6　发电计划编制与厂内经济运行一体化调度模式总体框架

梯级水电站短期发电计划编制与厂内经济运行一体化调度模式总体步骤如下。

步骤 1:进行梯级水电站精细化发电计划制作,编制电站出力、下泄流量控制方案,记录梯级各电站弃水与非弃水模式标志。

步骤 2:若某电站属于弃水模式状态,则无须进行出力过程循环调整操作,此时电站发电计划编制结果即为一体化模式输出结果;否则,转入下一步。

步骤 3:以电站发电计划编制出力过程作为输入,以耗水量最小为目标进行厂内经济运行仿真模拟计算,得到电站对应出库流量过程、水库水位过程、最优机组组合及机组间负荷分配方案。

步骤 4:根据厂内仿真结果判断电站时段出库流量是否满足最小出库流量限制。若各时段出库均满足流量限制约束,则转入下一步;否则,按一定步长将不满足约束时段出力值加大,其他时段出力值保持不变,转至步骤 3。

步骤 5:判断电站调度期计算末水位是否满足给定控制末水位约束要求。若计算末水位小于给定控制末水位,则根据调整后出力调用非弃水模式处理方法重新进行发电计划制作,转至步骤 2;否则,需加大电站出力,将可运用水量尽量安排至用电高峰时段,对于按峰荷比进行调峰的方式,各峰段可根据调峰效益参数间的比值等比例增加峰段出力;若峰段均满发,则加大平段出力。重新进行厂内经济运行仿真计算,循环调整出力直至满足控制末水位约束为止。

5.2.4　发电计划编制与厂内经济运行流量/出力精细化分配方法

日发电计划编制与厂内经济运行均是以机组为载体的精细化调度,在计算过程中需考虑最优开停机组合和负荷任务(流量)在机组间的优化分配问题。由于短期优化问题具有高维、非凸、非线性等特点,且涉及离散的 0/1 状态变量和连续的机组耗流量或出力变量,计算较为复杂,需寻找高效求解方法以满足工程实时性要求。为此,本节给出一种基于电站最优出力动力特性的流量/出力精细化分配方法,为发电计划编制和厂内经济运行优化调度提供支持。

1. 空间最优流量分配

当电站发电流量给定时,机组间流量精细化分配以总出力最大为优化准则,综合考虑机组出力流量特性、稳定运行出力限制和引水管道水头损失等多方面影响因素,运用 DP 法(张勇传,1998;Travers et al.,1998)进行求解。若以机组台数 k 为阶段号,以 k 台机组的总发电流量 $\overline{Q_k}$ 为状态变量,以第 k 号机组的发电流量 Q_k 为决策变量,则按机组台数和电站发电流量由小到大的顺序,逐阶段递推电站最优出力 $N_k^*(\overline{Q_k},H)$,即可推求机组间最优流量分配策略。基于最优原理建立的顺向梯队计算式如下:

$$\begin{cases} N_k^*(\overline{Q_k},H) = \max\left[N_k(Q_k,H) + N_{k-1}^*(\overline{Q_{k-1}},H)\right] & k=1,2,\cdots,n \\ \overline{Q_{k-1}} = \overline{Q_k} - Q_k, & k=1,2,\cdots,n \\ N_0^*(\overline{Q_0},H) = 0, & \forall \overline{Q_0} \end{cases} \quad (5\text{-}19)$$

式中:$N_0^*(\overline{Q_0},H)$ 为边界条件,即在起始阶段以前出力为 0。

推求所有 (H,Q) 组合下机组最优流量分配和出力策略,保存优化结果集,编制水电站空间最优流量分配表。

2. 任意机组组合情形下的电站最优出力动力特性

在 1 中所得电站机组空间最优流量分配表基础上,利用最优性原理推广定理(Nazari et al.,2010),获得任意机组组合情形下的电站最优流量分配方案,其表征了不同水头下电站耗流与最优发电出力间的离散化映射关系。为将此离散化映射关系转换为任意机组组合情形下电站最优出力动力特性,本章通过最小二乘法对电站机组空间最优流量分配表进行拟合,并以解析式形式表示电站出力特性,利用回归分析计算关系式中的系数,获得电站最优出力动力特性的二维多项式描述:

$$P(H,Q) = \beta_5 Q^2 + \beta_4 H^2 + \beta_3 HQ + \beta_2 Q + \beta_1 H + \beta_0 \quad (5\text{-}20)$$

式中:Q、H、P 分别为电站耗流量、工作水头和出力;$\beta_0 \sim \beta_5$ 为拟合参数。

溪洛渡水电站左岸开 9 台机组时的电站最优出力动力特性如图 5-7 所示。

在运用上述电站最优出力动力特性求解"以电定水"优化问题时,需结合二分法对相应的最优发电耗流进行迭代计算:①假设电站出力为 N 时,发电流量为 $Q \in [Q_{\min}, Q_{\max}]$,且令 $Q = (Q_{\min} + Q_{\max})/2$;②计算发电流量为 Q 时电站毛水头 H,并结合特定开机组合下

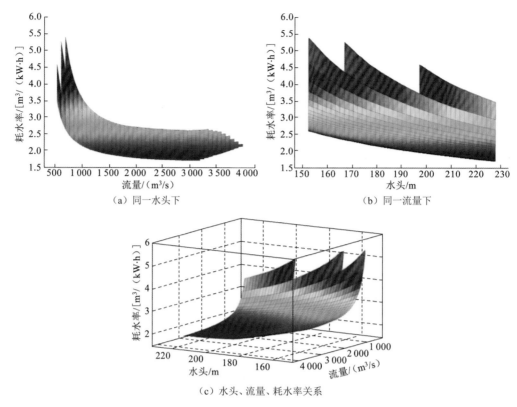

（a）同一水头下　　　　　　　　　（b）同一流量下

（c）水头、流量、耗水率关系

图 5-7　溪洛渡水电站左岸开 9 台机组时的电站最优出力动力特性

的电站最优出力动力特性，计算面临 (Q, H) 组合情形下对应的电站最优出力 N_1；③若 $|N_1 - N| > \varepsilon$，则假定的流量不满足要求，若 $N_1 < N$，则令 $Q_{min} = Q$，否则，令 $Q_{max} = Q$ 且 $Q = (Q_{min} + Q_{max})/2$，转至步骤②；④终止迭代，当前 Q 即为电站出力为 N 时对应的最优耗流量，同时输出机组间出力（流量）精细化分配策略。

　　水电站最优出力动力特性在"以水定电"情形下的运用方式则不再赘述。

5.2.5　实例研究

1. 研究对象概况

　　以溪洛渡-向家坝梯级水电站为调度对象，进行发电计划编制与厂内一体化调度模拟。溪洛渡-向家坝梯级水电系统是国家"西电东送"的骨干工程之一，以发电为主，兼有防洪、拦沙和改善下游航运条件等综合利用功能。根据目前接入电力系统的设计方案，溪洛渡水电站左、右岸电站分别向国家电网和南方电网送电，并按照"一厂两调"运行方式进行调度和管理。向家坝水电站是溪洛渡水电站的下游电站，承担向国家电网送电的任务，其水库回水与溪洛渡水电站尾水相衔接，可配合溪洛渡水电站进行反调节调度。溪洛渡-向家坝梯级水电系统"两库三厂两网调"的运行管理模式复杂，受水量调度、电量平衡和跨电网协同等多方面因素影响。

溪洛渡–向家坝梯级水电站发电计划编制必须遵循水库调度规程，从《金沙江溪洛渡水电站水库调度规程（试行）》[1]和《金沙江向家坝水电站水库调度规程（试行）》[2]中相关规定可总结和提炼出以下梯级短期调度编制原则与运行限制：

（1）溪洛渡水电站左、右岸机组分别供电国家电网和南方电网，原则上两个电网日受电量应平衡；丰水期，溪洛渡水电站主要运行于电网的腰荷位置，适度参与系统调峰；枯水期，电站调峰幅度应由入库流量情况、机组运行工况等因素综合确定。

（2）向家坝水电站对溪洛渡水电站进行反调节，在电网中主要承担基荷和腰荷；枯水期可适度参与系统调峰运行，其允许调峰幅度根据来水情况、机组状况和航运等因素综合拟定；电站日调峰运行时，要留有相应的航运基荷，日调峰运行引起的下游河道水位的变幅应满足相应的变幅和变率要求。

（3）两个电站在汛期入库流量大于电站总装机过水能力时，原则上按预想出力满发方式运行，不宜弃水调峰。

（4）在实际调度运行过程中，水库调度管理部门结合预报来水、电网负荷和机组当前运行状态信息，制定溪洛渡–向家坝梯级水电站日发电运行建议并上报国家电力调度通信中心（简称国调）和中国南方电网电力调度控制中心（简称南网总调），之后由三峡梯调成都调控分中心接受和执行国调与南网总调的调度指令，进一步编制溪洛渡–向家坝梯级水电站机组开停计划及负荷分配方案。

（5）溪洛渡水电站最大水头为 229.4 m，最小水头为 154.6 m，水位日变幅为 1 m，最大下泄流量为 43 700 m³/s，最小下泄流量为 1 200 m³/s；向家坝水电站下游最低通航水位为 265.8 m，相应流量为 1 200 m³/s，最大水头为 113.6 m，最小水头为 82.5 m，下游水位日变幅为 4.5 m、小时变幅为 1 m。

2．计算结果及分析

以溪洛渡–向家坝梯级水电站运行于蓄水期工况为例进行一体化调度仿真模拟，调度期为 1 天（96 时段）。溪洛渡水电站平均入库流量为 5 000 m³/s，日初、日末水位分别为 580 m 和 581 m，左右岸电站发电量分配比为 1:1。向家坝水电站日初、日末水位分别为 375 m 和 376 m，溪洛渡–向家坝梯级水电站区间入流为 0。假定溪洛渡–向家坝梯级水电站所有机组在调度期内均不检修，为避免机组频繁开停，将机组最短开停机历时设置为 2 h。此外，国家电网和南方电网典型负荷曲线形式参数和峰平谷起止时段设置如表 5-1 及表 5-2 所示。

基于表 5-1 和表 5-2 设定的负荷曲线形式参数和峰平谷起止时段，运用所提方法进行一体化调度仿真计算。为验证一体化调度模式的有效性，将制定的梯级水电初始发电计划和厂内优化运行仿真结果也一同展示。

① 成都勘测设计研究院有限公司，2012. 溪洛渡水电站水库调度规程（试行）[R]. 成都: 中国电建集团成都勘测设计研究院有限公司

② 中南勘测设计研究院有限公司，2012. 向家坝水电站水库调度规程（试行）[R]. 成都: 中国电建集团中南勘测设计研究院有限公司

表 5-1　国家电网典型负荷曲线形式参数和峰平谷起止时段

时段类型	起止时段	负荷曲线形式参数
谷段	0:00～8:00 / 22:00～24:00	0.75
早峰	8:00～12:00	1
晚峰	18:00～22:00	1.1
腰荷	12:00～18:00	0.85

表 5-2　南方电网典型负荷曲线形式参数和峰平谷起止时段

时段类型	起止时段	负荷曲线形式参数
谷段	其他	0.75
腰荷	7:00～9:00 / 21:00～23:00	0.85
早峰	9:00～12:00	1
午峰	14:00～16:00	1.2
晚峰	18:00～21:00	1.1

1）溪洛渡–向家坝梯级水电站初始发电计划编制结果

以梯级次日可运用水量为输入，编制梯级水电站发电出力、下泄流量和运行水位控制过程，所得初始发电计划编制结果如图 5-8～图 5-10 所示。由图 5-8 可知，溪洛渡–向家坝梯级水电站发电过程与电网负荷调峰要求相符，出力计划适应电网负荷变化趋势，在高峰时多发电，低谷时少发电，且高峰时段出力大小与各高峰时段负荷系数值成比例（按峰荷比确定高峰时段负荷分配顺序），满足峰荷比调峰规则要求。溪洛渡水电站左、右岸电站和向家坝水电站最大调峰幅度分别达 $567×10^4$ kW、$558×10^4$ kW 和 $424×10^4$ kW，充分发挥了电站的调峰效益，满足电网调峰需求。同时，溪洛渡水电站左岸发电量为 $7\,648×10^4$ kW·h，右岸发电量为 $8\,200×10^4$ kW·h，左、右岸发电量比为 0.93:1，与所设定的 1:1 发电量比接近，符合跨电网供电和溪洛渡水电站"一厂两调"运行要求。

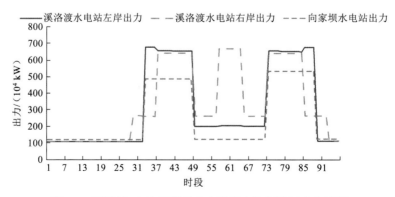

图 5-8　溪洛渡–向家坝梯级水电站发电计划编制出力过程

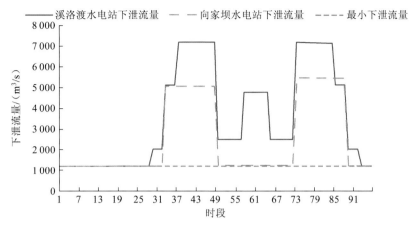

图 5-9 溪洛渡–向家坝梯级水电站发电计划编制下泄流量过程

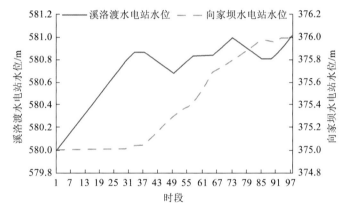

图 5-10 溪洛渡–向家坝梯级水电站发电计划编制水位过程

梯级水电站调峰运行时，需留有相应的航运基荷和电站最小出库流量，故在低谷时段分配了少许出力，这是合理的；同时，通过设定电站爬坡率对时段间负荷差额进行控制，保证调峰运行引起的下游河道水位变幅满足相应变幅和变率要求。图 5-9 给出了溪洛渡–向家坝梯级水电站下泄流量过程，从中可以看出，两个电站全时段出库均高于当日要求的最小通航保证流量 1 200 m^3/s，满足实际调度运行需求。并且，从图 5-10 也可以看出，经过 1 天的水量精细化调度后，溪洛渡–向家坝梯级水电站上游水位均能蓄放至调度期控制末水位，水库调度的周期性运行规划得到了保证。

2）厂内优化运行仿真

在 1）中梯级发电计划编制完成后，将制定的溪洛渡–向家坝梯级水电站出力计划作为厂内经济运行模块输入进行"以电定水"仿真计算，经厂内优化后的溪洛渡–向家坝梯级水电站各时段下泄流量结果如表 5-3 所示。由表 5-3 可以看出，由于厂内经济运行合理安排了整个调度期内机组开停机状态组合和开机机组间负荷分配策略，机组开停机状态转换造成的水量损耗和相同负荷情况下电站所需发电引用流量减少，电站水能利用率得到了有效提高，使优化运行仿真输出的电站时段发电耗流比原始出力方案耗流要小，故在某些时段（如 00:00～07:45），电站计算下泄出现小于规程规定最小下泄 1 200 m³/s 的情况，提出的建议不再满足调度要求。因此，还需对梯级初始发电计划进行修正。

表 5-3　溪洛渡–向家坝梯级水电站厂内优化仿真输出流量结果　　　（单位：m³/s）

时间	溪洛渡	向家坝	时间	溪洛渡	向家坝	时间	溪洛渡	向家坝	时间	溪洛渡	向家坝
0:00	1 188	1 193	6:00	1 185	1 193	12:00	2 450	1 194	18:00	7 054	5 605
0:15	1 188	1 193	6:15	1 185	1 193	12:15	2 450	1 194	18:15	7 055	5 606
0:30	1 188	1 193	6:30	1 185	1 193	12:30	2 450	1 194	18:30	7 055	5 607
0:45	1 188	1 193	6:45	1 185	1 193	12:45	2 450	1 195	18:45	7 046	5 608
1:00	1 188	1 193	7:00	1 981	1 193	13:00	2 450	1 195	19:00	7 042	5 609
1:15	1 188	1 193	7:15	1 981	1 193	13:15	2 450	1 195	19:15	7 042	5 609
1:30	1 188	1 193	7:30	1 981	1 193	13:30	2 450	1 195	19:30	7 042	5 604
1:45	1 188	1 193	7:45	1 981	1 193	13:45	2 450	1 195	19:45	7 028	5 605
2:00	1 186	1 193	8:00	5 043	4 948	14:00	4 705	1 195	20:00	7 028	5 599
2:15	1 186	1 193	8:15	5 043	4 948	14:15	4 713	1 195	20:15	7 028	5 599
2:30	1 186	1 193	8:30	5 043	4 948	14:30	4 713	1 195	20:30	7 028	5 600
2:45	1 186	1 193	8:45	5 043	4 948	14:45	4 713	1 195	20:45	7 021	5 601
3:00	1 186	1 193	9:00	7 080	4 948	15:00	4 712	1 195	21:00	5 057	5 602
3:15	1 186	1 193	9:15	7 071	4 948	15:15	4 712	1 195	21:15	5 057	5 602
3:30	1 185	1 193	9:30	7 071	4 948	15:30	4 712	1 195	21:30	5 057	5 602
3:45	1 185	1 193	9:45	7 071	4 949	15:45	4 712	1 195	21:45	5 057	5 602
4:00	1 185	1 193	10:00	7 071	4 945	16:00	2 448	1 195	22:00	1 989	1 197
4:15	1 185	1 193	10:15	7 063	4 945	16:15	2 451	1 196	22:15	1 989	1 197
4:30	1 185	1 193	10:30	7 063	4 941	16:30	2 451	1 196	22:30	1 989	1 197
4:45	1 185	1 193	10:45	7 063	4 941	16:45	2 451	1 196	22:45	1 989	1 197
5:00	1 185	1 193	11:00	7 063	4 941	17:00	2 451	1 196	23:00	1 186	1 197
5:15	1 185	1 193	11:15	7 054	4 941	17:15	2 451	1 196	23:15	1 186	1 197
5:30	1 185	1 193	11:30	7 054	4 941	17:30	2 451	1 196	23:30	1 186	1 197
5:45	1 185	1 193	11:45	7 054	4 937	17:45	2 451	1 196	23:45	1 186	1 197

3）一体化调度输出结果

通过分析前述计算结果可知，单纯由发电计划编制方法制定的溪洛渡–向家坝梯级水电站初始出力计划虽满足电网调峰需求和梯级电站规程要求，但各电站出力方式仍不是最优的，因厂内经济运行可通过协调电站全时段机组开停机状态组合和开机机组间负荷分配策略进一步减小电站耗水率，电站基荷时段下泄约束遭到破坏，同时电站调度期末水位也较原始计划有所上升。因此，为获得满足多重约束要求的梯级最优出力方式，且充分利用厂内节省水量,还需结合厂内仿真结果对梯级初始出力计划进行修正和调整。表 5-4 和表 5-5 给出了经一体化循环修正后输出的电站最终出力计划结果,由表中数据可知,在一体化调度运行模式中,厂内优化节省水量被用于提升基荷时段电站出力,以确保电站最小下泄流量满足运行约束要求(表 5-4),并利用剩余水量有效提高了梯级水电站在整个调度期内的平均出力(表 5-5)。为直观显示一体化调度模式的有效性和高效性,图 5-11 对溪洛渡–向家坝梯级水电站一体化运行输出出力相对于原始出力计划的增量进行了统计,结果显示,溪洛渡–向家坝梯级水电站系统次日计划总发电量增加 247×10^4 kW·h,增发电量显著,梯级水能利用率得到了有效提升。

表 5-4　溪洛渡–向家坝梯级水电站一体化调度输出下泄流量结果　　(单位:m³/s)

时间	溪洛渡	向家坝	时间	溪洛渡	向家坝	时间	溪洛渡	向家坝	时间	溪洛渡	向家坝
0:00	1 253	1 202	6:00	1 248	1 202	12:00	2 487	1 203	18:00	7 102	5 572
0:15	1 253	1 202	6:15	1 248	1 202	12:15	2 487	1 203	18:15	7 102	5 573
0:30	1 253	1 202	6:30	1 248	1 202	12:30	2 487	1 203	18:30	7 102	5 574
0:45	1 253	1 202	6:45	1 248	1 202	12:45	2 487	1 203	18:45	7 093	5 574
1:00	1 253	1 202	7:00	2 022	1 202	13:00	2 487	1 203	19:00	7 084	5 575
1:15	1 253	1 202	7:15	2 022	1 202	13:15	2 487	1 203	19:15	7 084	5 575
1:30	1 253	1 202	7:30	2 022	1 202	13:30	2 487	1 203	19:30	7 084	5 569
1:45	1 253	1 202	7:45	2 022	1 202	13:45	2 487	1 203	19:45	7 076	5 570
2:00	1 248	1 202	8:00	5 087	4 922	14:00	4 745	1 203	20:00	7 076	5 563
2:15	1 248	1 202	8:15	5 087	4 922	14:15	4 764	1 203	20:15	7 076	5 564
2:30	1 248	1 202	8:30	5 087	4 922	14:30	4 764	1 203	20:30	7 076	5 565
2:45	1 248	1 202	8:45	5 087	4 922	14:45	4 764	1 203	20:45	7 068	5 565
3:00	1 248	1 202	9:00	7 127	4 922	15:00	4 764	1 203	21:00	5 102	5 566
3:15	1 248	1 202	9:15	7 118	4 922	15:15	4 764	1 204	21:15	5 102	5 566
3:30	1 248	1 202	9:30	7 118	4 922	15:30	4 764	1 204	21:30	5 102	5 566
3:45	1 248	1 202	9:45	7 118	4 922	15:45	4 764	1 204	21:45	5 102	5 566
4:00	1 248	1 202	10:00	7 118	4 918	16:00	2 488	1 204	22:00	2 023	1 205
4:15	1 248	1 202	10:15	7 109	4 918	16:15	2 488	1 204	22:15	2 023	1 205
4:30	1 248	1 202	10:30	7 109	4 914	16:30	2 488	1 204	22:30	2 023	1 205
4:45	1 248	1 202	10:45	7 109	4 914	16:45	2 488	1 204	22:45	2 023	1 205
5:00	1 248	1 202	11:00	7 110	4 914	17:00	2 488	1 204	23:00	1 249	1 205
5:15	1 248	1 202	11:15	7 101	4 914	17:15	2 488	1 204	23:15	1 249	1 205
5:30	1 248	1 202	11:30	7 101	4 914	17:30	2 488	1 204	23:30	1 249	1 205
5:45	1 248	1 202	11:45	7 101	4 910	17:45	2 488	1 204	23:45	1 249	1 205

表 5-5 溪洛渡–向家坝梯级水电站一体化调度输出出力结果 （单位：10^4 kW）

时间	溪洛渡左	溪洛渡右	溪洛渡	向家坝	时间	溪洛渡左	溪洛渡右	溪洛渡	向家坝
0:00	119.9	118.3	238.2	123.9	8:15	685.4	264.6	950.1	486.0
0:15	119.9	118.3	238.2	123.9	8:30	685.4	264.6	950.1	486.0
0:30	119.9	118.3	238.2	123.9	8:45	685.4	264.6	950.1	486.1
0:45	119.9	118.3	238.2	123.9	9:00	665.8	646.6	1 312.4	486.1
1:00	119.9	118.4	238.3	123.9	9:15	664.9	645.9	1 310.8	486.2
1:15	119.9	118.4	238.3	123.9	9:30	664.8	645.9	1 310.6	486.3
1:30	119.9	118.4	238.3	123.9	9:45	664.7	645.8	1 310.5	486.4
1:45	120.0	118.4	238.4	123.9	10:00	664.6	645.7	1 310.3	486.2
2:00	120.0	118.4	238.4	123.9	10:15	663.7	645.0	1 308.7	486.3
2:15	120.0	118.4	238.4	123.9	10:30	663.6	645.0	1 308.6	486.0
2:30	120.0	118.5	238.5	123.9	10:45	663.5	644.9	1 308.4	486.1
2:45	120.0	118.5	238.5	123.9	11:00	663.4	644.8	1 308.3	486.2
3:00	120.0	118.5	238.5	123.9	11:15	662.5	644.2	1 306.7	486.3
3:15	120.0	118.5	238.5	123.9	11:30	662.4	644.1	1 306.5	486.4
3:30	120.1	118.5	238.6	123.9	11:45	662.3	644.0	1 306.4	486.2
3:45	120.1	118.5	238.6	123.9	12:00	207.6	265.1	472.7	124.4
4:00	120.1	118.5	238.6	123.9	12:15	207.6	265.1	472.7	124.4
4:15	120.1	118.6	238.7	123.9	12:30	207.6	265.1	472.7	124.4
4:30	120.1	118.6	238.7	123.9	12:45	207.6	265.2	472.8	124.4
4:45	120.1	118.6	238.7	123.9	13:00	207.6	265.2	472.8	124.5
5:00	120.2	118.6	238.8	123.9	13:15	207.6	265.2	472.8	124.5
5:15	120.2	118.6	238.8	123.9	13:30	207.6	265.2	472.8	124.5
5:30	120.2	118.6	238.8	123.9	13:45	207.6	265.2	472.9	124.5
5:45	120.2	118.6	238.8	123.9	14:00	212.3	670.0	882.4	124.5
6:00	120.2	118.7	238.9	123.9	14:15	213.2	672.4	885.5	124.6
6:15	120.2	118.7	238.9	123.9	14:30	213.1	672.3	885.4	124.6
6:30	120.3	118.7	238.9	123.9	14:45	213.1	672.2	885.4	124.7
6:45	120.3	118.7	239.0	123.9	15:00	213.1	672.1	885.3	124.7
7:00	117.1	269.2	386.3	124.0	15:15	213.1	672.1	885.2	124.8
7:15	117.1	269.2	386.3	124.0	15:30	213.1	672.0	885.1	124.8
7:30	117.1	269.2	386.3	124.0	15:45	213.1	671.9	885.0	124.9
7:45	117.1	269.3	386.4	124.0	16:00	207.5	264.9	472.4	124.9
8:00	685.4	264.7	950.1	486.0	16:15	207.5	265.0	472.5	124.9

续表

时间	溪洛渡左	溪洛渡右	溪洛渡	向家坝	时间	溪洛渡左	溪洛渡右	溪洛渡	向家坝
16:30	207.5	265.0	472.5	125.0	20:15	659.5	642.1	1 301.6	534.9
16:45	207.5	265.0	472.5	125.0	20:30	659.4	642.1	1 301.5	535.0
17:00	207.5	265.0	472.5	125.0	20:45	658.6	641.3	1 299.9	535.1
17:15	207.5	265.0	472.6	125.0	21:00	684.3	266.0	950.2	535.2
17:30	207.5	265.0	472.6	125.0	21:15	684.3	266.0	950.2	535.2
17:45	207.5	265.0	472.6	125.1	21:30	684.3	266.0	950.3	535.1
18:00	662.8	644.5	1 307.3	534.8	21:45	684.3	266.0	950.3	535.1
18:15	662.7	644.4	1 307.1	534.9	22:00	116.8	268.1	384.9	125.3
18:30	662.7	644.3	1 307.0	535.0	22:15	116.8	268.1	384.9	125.3
18:45	661.7	643.7	1 305.4	535.1	22:30	116.8	268.1	384.9	125.3
19:00	660.8	643.0	1 303.8	535.2	22:45	116.8	268.2	385.0	125.4
19:15	660.7	642.9	1 303.7	535.3	23:00	119.8	118.3	238.1	125.4
19:30	660.7	642.9	1 303.5	535.0	23:15	119.8	118.3	238.1	125.4
19:45	659.6	642.3	1 301.9	535.1	23:30	119.9	118.3	238.2	125.4
20:00	659.6	642.2	1 301.8	534.8	23:45	119.9	118.3	238.2	125.4

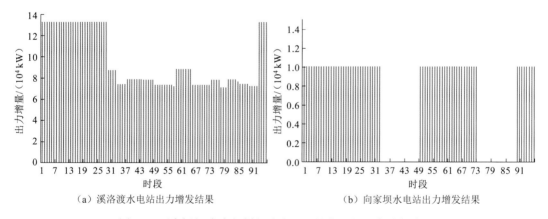

（a）溪洛渡水电站出力增发结果　　　　（b）向家坝水电站出力增发结果

图 5-11　溪洛渡–向家坝梯级水电站一体化运行出力增发结果

图 5-12 为溪洛渡–向家坝梯级水电站一体化调度模式编制得到的机组最优开停机状态组合。从中可以看出，调度期内各台机组开停机历时均符合初始设定的 2 h 最小开停机持续时长要求。并且，机组启停状态转换均发生在电站峰、平、谷时段出力转变点，电站平稳出力运行时未出现机组频繁开停的状况，这对于减少电站发电耗水量、避免机组间负荷大规模转移是有利的。

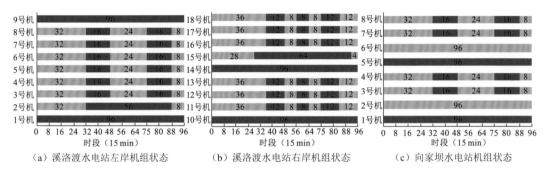

（a）溪洛渡水电站左岸机组状态　　（b）溪洛渡水电站右岸机组状态　　（c）向家坝水电站机组状态

图 5-12　一体化调度模式制定的机组开停机状态组合

深蓝色为开机状态，浅蓝色为停机状态

5.3　流域梯级电站群跨区域多电网短期联合调峰调度

随着我国"西电东送"和"一特四大"发展战略的实施，金沙江、雅砻江、大渡河等江河流域的大型水电基地陆续建成，中国水电已逐步迈入大规模联合调度及电力跨区跨省消纳的运行阶段（Shen et al., 2014）。目前，针对水电站群短期联合优化调度的探索已从理论研究转向实际应用，研究对象由单一水电系统逐渐扩展至水、火、新能源互联大系统（贺建波，2014），研究范围也从单一省级电网拓展至区域互联大电网（Zhou et al., 2015；Cheng et al., 2012）。在此新形势下，进一步开展大型水电站跨区跨省电力消纳方式研究已成为贯彻落实国家清洁能源发展战略的新任务。与常规水电仅针对同一电网送电的情形不同，目前已投运的大型国调或区域直调水电站如三峡水电站、葛洲坝水电站、溪洛渡水电站、向家坝水电站、锦屏水电站等，其电力电量分配需兼顾送端电网及各直流工程落点地的负荷需求，以迅速响应不同层级电网调度区域的调峰任务。为此，如何从厂网协调的角度出发，研究梯级水电站群跨区多电网调峰优化调度和电能优化配置方法，在送端交直流输电平台的约束下，挖掘电站发电能力及调峰潜力，合理安排梯级电能消纳方案以缓解各受端电网的调峰压力，是当前亟待解决的工程及科学问题。

多电网调峰需求下的梯级水电站群短期调度问题具有时空多维、送电电网负荷特性差异大、调度主体多元、电站调节性能和机组动态特性各异等诸多特点，水−机−电耦合紧密，较单一电网水电能源优化调度问题复杂得多，已有的面向单电网送电的水电站发电计划编制模式（Wang et al., 2015；王永强，2012；黄春雷 等，2005）已不适用。目前，针对水电多电网送电问题的研究多集中在红水河（武新宇 等，2012）、新安江−富春江（孟庆喜 等，2014；Cheng et al., 2012）、二滩（王华为 等，2015）等流域梯级调度及华东电网直流水电网省两级协调优化（程雄 等，2015），而对于涉及特高压直流输电的溪洛渡水电站、向家坝水电站、锦屏水电站等大型国调水电站多电网调峰优化调度鲜有报道，且已有研究多以电力控制或电量控制（程雄 等，2015；钟海旺 等，2015）方式进行电网受电计划编制，未能将水电站、送端电网及受端电网需求进行统筹考虑。为此，本章从区域电网调控中心制定网内水电出力计划的角度出发，基于厂网协调思想，提出一种水电站群跨区多电网调峰优化调度和电力跨省区协调分配方法。以受端电网余荷均方差最小为目标构建梯级电站多电网调峰调度模型，在给定电网受电量、电站调峰容量及输电线路稳定运行限制要求下，利用网间负荷互补特性，通过改进实数编码蜂群算法（improved-real binary-bee colony optimization，IR-BCO）对面临电网受电计划进行启发式搜索，并逐步迭代调整各电网受电计划，获得水电出力在各受端电网的最优分配方案。分别以金沙江下游溪洛渡–向家坝梯级水电站和华中区域人型国调及直调水电站群为研究对象进行了跨区多电网调峰调度仿真模拟，经验证，所提方法能有效解决大型国调及区域直调电站多电网送电问题，制定的电力网间分配计划能均衡地响应各受端电网调峰需求，充分发挥水电站调峰容量效益，为解决梯级电站多电网调峰优化调度和电能优化配置问题提供了一种有效途径。

5.3.1   流域梯级电站群跨区域多电网送电及调峰问题

随着水电站装机规模的逐步扩大及电力跨网配置能力的逐步增强，电力系统对水电调峰、调频和事故备用的需求日益突出，如何充分利用调节性能好的大型水电站对电力消纳地电网负荷进行调节，以缓解受端电网调峰压力，是我国已建成的三峡水电站梯级、金沙江下游溪洛渡–向家坝梯级水电站及部分建成的雅砻江、澜沧江等干流大规模梯级水电系统共同面临的现实问题。然而，与小规模梯级电站仅面向单一电网送电的方式不同，上述梯级水电系统中涉及的大型水电站如三峡水电站、溪洛渡水电站、向家坝水电站、锦屏水电站等，其电力需同时向多个省（直辖市、自治区）范围内输送，由于各受端电网用电负荷总量、尖峰量、峰谷差存在差异，且负荷变化规律和峰谷出现时间也不一致，同时协调梯级电站最优出力与多个电网的调峰需求十分困难。以溪洛渡–向家坝梯级水电站为例，如图 5-13 所示，依托金沙江一期直流输电及南方电网溪洛渡水电站直流输电平台，该梯级电能主要通过向家坝水电站–上海±800 kV 直流、溪洛渡水电站左–浙西±800 kV 直流、溪洛渡水电站左–株洲±800 kV 直流（筹建）及溪洛渡水电站右–广东±500 kV 直流四条远距离输电线路进行外送消纳（陈汉雄 等，2007）。中国长江三峡集团公司《关于溪向梯级电能消纳方案征求意见》规定：溪洛渡水电站丰水期全部电量由浙江、广东两省消纳，而枯水期存留部分电量由四川、云南消纳，电站调峰容量主要送浙江、广东电网加以利用；向家坝水电站丰水期全部电量主送上海，枯水期存留部分电量由四川、云南消纳，电站调峰容量主要送上海电网加以利用（由于向家坝水电站与云南电网无电气联系，故其枯水期存留云南电量与溪洛渡水电站存留四川电量进行置换）。然而，上述规定仅对溪洛渡–向家坝梯级水电站长时间尺度（如年、月）的电量平衡方式作了限定，却未涉及日内逐时段电力平衡方式，由于溪洛渡–向家坝梯级水电站多电网联合调峰机制尚未建立，上述四条跨区直流输电线路日输送电力均按固定送电协议执行，电网受电出力通常不能适应负荷变化趋势，达不到好的调峰效果，甚至会造成反调峰问题。因此，为有效发挥梯级调峰能力,合理安排梯级电力消纳方案以缓解受端电网调峰压力,进行多电网送电需求下的梯级短期发电计划编制研究十分必要。

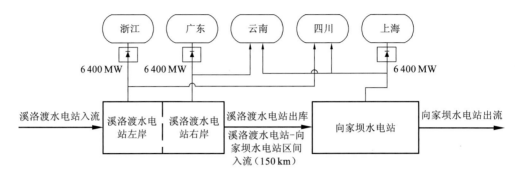

图 5-13 溪洛渡–向家坝梯级水电站系统送电范围

此外,上述问题在三峡水电站梯级、锦屏水电站梯级等大型水电系统中也普遍存在。总地来说,特高压输电技术的发展虽为大规模水电远距离输送、跨省区协调配置提供了有利条件,突破了大型梯级水电站联合调度运行的电力传送瓶颈,使水电站群跨区、跨网协同及面向多电网联合调峰成为可能,但传统面向单一电网的厂网协同方式却不适用于新形式调峰需求,亟须探索跨区域、跨省级电网受送电条件下水电站群联合调峰调度新模式。为此,需打破以往的网省自我平衡模式,开展水电站群跨区多电网联合调峰调度研究,科学地构建水电站群跨省区发电调度的模式体系(包括多电网调峰调度模型、多电网联合调峰及电能跨省区协调分配方法),利用受端电网间的负荷互济特点,进行水电大规模、远距离、跨省区联合调峰调度,充分发挥优质水电资源的调节性能,实现各区域乃至全国范围内水电资源的优化配置。

5.3.2 短期多电网调峰调度模型

本章针对跨电网梯级水电站群短期调度必须兼顾多个电网调峰的复杂应用需求,综合考虑受端电网负荷总量、尖峰量、峰谷差及峰谷时间的差异性与互补性,结合不同空间分布梯级电站群间的水力、电力峰谷补偿效应,建立了流域梯级电站群跨区多电网联合调峰优化调度模型,提出基于人工智能与传统优化技术相结合的高效求解方法,制定梯级水电站群面向分区电网的联合调峰及电力跨省区协调分配方案,缓解电网峰谷矛盾。

1. 调度目标

以调峰量最大为目标的梯级电站短期优化调度模型,其目的是使经水电系统削峰后的整个电网余荷在保证平坦的情况下尽可能小。然而,此定义下的目标函数不易求解,为此相关学者提出了多种目标改进形式(Shen et al., 2014;孟庆喜 等,2014;武新宇 等,2012),而本书将电网剩余负荷方差最小(Shen et al., 2014)为寻优目标。考虑水电站群多电网调峰需求,其目标形式转化如下:

$$\begin{cases} F = \min \sum_{g=1}^{G} w_g S_g \\ S_g = \sum_{t=1}^{T} (R_g^t - \overline{R_g})^2 \\ \overline{R_g} = \frac{1}{T} \sum_{t=1}^{T} R_g^t \\ R_g^t = \left(L_g^t - \sum_{i=1}^{I} p_{i,g}^t \right) \bigg/ L_g^{\max} \end{cases} \tag{5-21}$$

式中：R_g^t 为经过水电站调峰后 t 时段 g 号电网剩余负荷；$\overline{R_g}$ 为 g 号电网余荷平均值；L_g^t 为 t 时段 g 号电网负荷需求；$p_{i,g}^t$ 为电站 i 在 t 时段向 g 号电网的送电出力；$L_g^{\max}$ 为 g 号电网负荷最大值；G 为梯级电站送电电网总数；T 为总时段数；I 为电站个数；$w_g = (\delta_g \cdot r_g)/\lambda_g$ 为电网权重值，其中 δ_g 为人工松弛变量（反映人为调峰偏好，一般取 1），r_g 为水电站群向 g 号电网送电分电比（由水电与电网签订的购售电计划确定），λ_g 为 g 号电网峰谷差与所有受端电网峰谷差和的比值。

2．约束条件

1）水库水力联系

水库水力联系公式为

$$I_i^t = Q_{i-1}^{t-\tau_{i-1}} + S_{i-1}^{t-\tau_{i-1}} + R_i^t \tag{5-22}$$

2）水量平衡约束

水量平衡约束公式为

$$V_i^t = V_i^{t-1} + (I_i^t - Q_i^t - S_i^t) \cdot \Delta t \tag{5-23}$$

3）库容/流量约束

库容/流量约束公式为

$$\begin{cases} \underline{V_i^t} \leqslant V_i^t \leqslant \overline{V_i^t} \\ \underline{Q_i^t} \leqslant Q_i^t + S_i^t \leqslant \overline{Q_i^t} \end{cases} \tag{5-24}$$

4）水位/流量变幅约束

水位/流量变幅约束公式为

$$\begin{cases} |Z_i^t - Z_i^{t-1}| \leqslant \Delta Z_i \\ |Q_i^t - Q_i^{t-1}| \leqslant \Delta Q_i \end{cases} \tag{5-25}$$

5）末水位控制或电量控制约束

（1）末水位控制约束公式为

$$Z_{i,T} = Z_i^{\text{end}} \tag{5-26}$$

电站调度期末水位固定，通过合理安排可用水量在时段间的分配实现目标优化。

（2）电量控制约束公式为

$$\sum_{t=1}^{T} P_i^t \cdot \Delta T = E_i \tag{5-27}$$

电站调度期内发电量一定，通过合理安排电量在时段间的分配实现目标优化。

在短期调度过程中，水电站可按调度需求从以上两种方式中任选一种作为自身控制方式。

6）电站出力约束

电站出力约束公式为

$$\begin{cases} \underline{P_i^t} \leqslant P_i^t \leqslant \overline{P_i^t} \\ \left| P_i^t - P_i^{t-1} \right| \leqslant \Delta P_i \end{cases} \tag{5-28}$$

7）电站多电网送电量比例约束

电站多电网送电量比例约束公式为

$$\sum_{t=1}^{T} p_{i,g}^t \cdot \Delta t = \alpha_{i,g} \sum_{t=1}^{T} P_i^t \cdot \Delta t \tag{5-29}$$

8）电站出力平衡约束

电站出力平衡约束公式为

$$\sum_{g=1}^{G} p_{i,g}^t = P_i^t \tag{5-30}$$

9）区外高压直流送电出力限制约束

区外高压直流送电出力限制约束公式为

$$\begin{cases} \underline{NL_l} \leqslant NL_{l,g}^t \leqslant \overline{NL_l} \\ \left| NL_{l,g}^t - NL_{l,g}^{t-1} \right| \leqslant \Delta NL_l \end{cases} \tag{5-31}$$

10）机组稳定运行约束

机组稳定运行约束公式为

$$\begin{cases} N_{i,k}^{\min} \leqslant N_{i,k}^t \leqslant (POZ_{i,k}^1)^{\text{low}} \\ (POZ_{i,k}^{m-1})^{\text{up}} \leqslant N_{i,k}^t \leqslant (POZ_{i,k}^m)^{\text{low}} \quad (m=2,3,\cdots,M) \\ (POZ_{i,k}^M)^{\text{up}} \leqslant N_{i,k}^t \leqslant N_{i,k}^{\max} \end{cases} \tag{5-32}$$

11）机组最短开停机时间约束

机组最短开停机时间约束公式为

$$\begin{cases} \sum_{\alpha=1}^{T_{i,k}^{\text{down}}} (1 - u_{i,k}^{t-\alpha}) \geqslant T_{i,k}^{\text{down}} (1 - u_{i,k}^{t-1}) \cdot u_{i,k}^t, \quad u_{i,k}^t = 1 \\ \sum_{\alpha=1}^{T_{i,k}^{\text{up}}} u_{i,k}^{t-\alpha} \geqslant T_{i,k}^{\text{up}} (1 - u_{i,k}^t) \cdot u_{i,k}^{t-1}, \qquad u_{i,k}^t = 0 \end{cases} \tag{5-33}$$

式（5-22）～式（5-33）中：I_i^t 为 i 电站 t 时段入库流量；τ_{i-1} 为 $i-1$ 电站与 i 电站间水流时滞；$S_{i-1}^{t-\tau_{i-1}}$ 为 $i-1$ 电站在 $t-\tau_{i-1}$ 时段弃水流量；R_i^t 为 $i-1$ 与 i 电站间区间入流；V_i^t 为 i 电站 t 时段末库容；P_i^t 为 i 电站 t 时段出力；$\overline{V_i^t}$ 与 $\underline{V_i^t}$、$\overline{Q_i^t}$ 与 $\underline{Q_i^t}$、$\overline{P_i^t}$ 与 $\underline{P_i^t}$ 分别为 i 电站 t 时段库容、出库流量和出力边界；ΔZ_i、ΔQ_i、ΔP_i 分别为 i 电站水位、流量和出力变幅限制；$Z_{i,T}$ 与 Z_i^{End} 分别为 i 电站调度期末水位及其控制值（末水位控制模式）；E_i 为 i 电站全时段发电量需求（发电量控制模式）；$\alpha_{i,g}$ 为 i 电站向 g 号电网的送电量比例，$\sum\limits_{g=1}^{G}\alpha_{i,g}=1$；$\text{NL}_{g,l}^t$ 为 t 时段经 l 号高压直流输电线路送至 g 号电网的出力；$\overline{\text{NL}_l}$ 与 $\underline{\text{NL}_l}$ 为 l 号线路输电限额；ΔNL_l 为 l 号线路输电出力变幅限制；$(\text{POZ}_{i,k}^m)^{\text{up}}$ 和 $(\text{POZ}_{i,k}^m)^{\text{low}}$ 分别为 i 电站 k 号机组第 m 个汽蚀振区的上、下限；M 为机组汽蚀振区个数；$T_{i,k}^{\text{up}}$、$T_{i,k}^{\text{down}}$ 分别为 i 电站 k 号机组允许的最短开、停机时间；$u_{i,k}^t$ 为 i 电站 k 号机组 t 时段的状态（1 为开机，0 为停机）。

5.3.3　短期多电网调峰调度模型求解方法

本节给出一种水电站群跨区多电网调峰优化调度和电力跨省区协调分配方法，在给定电网受电量、电站调峰容量及输电线路稳定运行限制要求下，以式（5-21）为目标，结合改进实数编码蜂群算法对电网受电计划进行启发式搜索，制定能均衡响应多电网调峰需求的电站出力计划及电力网间分配方案。

1.　水电站群多电网调峰调度求解框架

大规模水电系统位置分布具有很强的区域性，同一流域上下游水电站既存在仅向单一电网送电的情形（"多站单网"送电模式），也面临单一水电站或梯级同时向多个电网送电的问题（"单站多网"或"多站多网"送电模式），这使水电站群多电网联合调峰调度问题求解十分复杂。同时，考虑到电网结构、水力、电力等制约因素，若将水电站群作为一个整体进行优化调度，不仅各电站自身运行要求无法满足，而且会因决策变量维数高、约束复杂导致问题难以求解。为此，本章在进行水电站群多电网调峰调度问题求解时，结合水电站群区域分布特征、隶属电网关系及梯级电站间的水力、电力联系，对水电站群层级进行了划分。水电站层级划分旨在保证优化结果质量的前提下降低整体优化过程中决策变量和约束的维度（王永强，2012），将跨区域水电站群多电网调峰调度问题转化为逻辑分区（电网级）和子分区（流域级和电站级）多个水电子系统间与各子系统内的协同运行问题，使复杂问题简单化且能够适用于工程实际。本书提出的水电站群层级划分原则如下：

（1）按照电网网架和水电站在电网中的接入点将水电站群进行逻辑分区，通过网间联络线可输送最大功率对各逻辑分区外送电力进行限制；

（2）同一逻辑分区内的水电站群所处河系、布局及群落结构可能不同，可根据水电站所处地理位置、上下游梯级水力联系、水位衔接和流量衔接关系及下游电站的反调节作用，以干支流流域为单元进一步将逻辑分区划分为一系列子分区；

（3）在同一流域子分区内，可按送电范围对流域梯级电站进行再分区，将具有相同送电对象的水电站归并在相同的子分区内。

结合水电站群的逻辑区划，考虑电网联络线输电功率限制、电站向各电网送电合同电量约束及其他水库调度运行要求，即可对跨区多电网水电站群短期调峰调度进行建模和模型优化求解，并通过逻辑分区、子分区间的联网效益和交直流通道线路电力灵活调度实现大规模水电资源跨省区协调配置。基于逻辑区划的跨区多电网水电站群短期调峰调度在求解过程中，始终以式（5-21）电网剩余负荷方差最小为寻优目标，各分区作为子单元进行优化计算，考虑子分区间的水力联系和电力互补关系，通过协调各子分区的出力方式，使逻辑分区内目标最优。主要求解框架描述为：①依据提出的水电站群层级划分原则进行流域梯级电站群逻辑分区及其子分区划分，并根据流域拓扑结构按先支流再干流的次序确定逻辑分区内各子分区优化计算顺序；②在优化某一子分区时，将其他子分区内电站出力计划固定，待面临分区优化完成后，再进行下一子分区优化计算，直至逻辑分区内所有子分区均完成为止；③进行下一轮优化，当达到最大迭代次数时，逻辑分区内优化完成。基于水电站群逻辑区划思想的短期多电网调峰调度求解框架如图 5-14 所示。

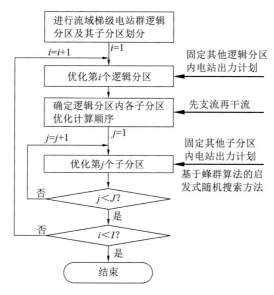

图 5-14　水电站群逻辑区划思想的短期多电网调峰调度求解框架

2. 详细求解流程

通过基于蜂群算法的启发式随机搜索方法对子分区水电系统短期多电网调峰调度模型进行求解，该方法主要利用受端电网间负荷的互补特性，进行电站调峰容量在各受端电网间的优化分配。现以电站在末水位控制方式下的发电计划制作为例进行说明，具体流程如下。

1）初始解生成

（1）将子分区内梯级电站按上、下游水力联系进行排序，从最上游开始依次计算各电站调度期平均下泄流量，通过流量精细化分配方法进行"以水定电"计算，估算电站次日发电能力 $E_{i,0}$，并确定电站在平均水头下的最大调峰容量 $P_i^{\max}$。

（2）假定当前调整 i 号电站，通过式（5-34）计算其向各受端电网的送电量 $E_{i,g}$；为兼顾公平，在切负荷生成初始解时各电网能均衡地利用 i 电站调峰容量，则根据受端电网个数将 $P_i^{\max}$ 分成 G 份，获得 i 电站在 g 号电网预留的初始最大调峰容量 $P_{i,g}^{\max}$；若 i 电站送 g 号电网的电力需通过 l 号高压直流输电线路，则由式（5-35）计算 $P_{i,g}^{\max}$。

$$\begin{cases} E_{i,g}=\alpha_{i,g}E_{i,0} \\ P_{i,g}^{\max}=P_i^{\max}/G \end{cases} \tag{5-34}$$

$$P_{i,g}^{\max}=\min\left\{P_i^{\max}/G,\ \overline{\mathrm{NL}_l}\right\} \tag{5-35}$$

各受端电网以 $E_{i,g}$ 为平衡电量，$P_{i,g}^{\max}$ 为上限，采用逐次切负荷法（蔡建章 等，1994）按各自的次日负荷预测曲线单独进行电力电量平衡计算，最终得到 G 条电网初始受电过程线 $\{p_{i,g}^1,p_{i,g}^2,\cdots,p_{i,g}^T\}$，其中 $1\leqslant g\leqslant G$，将其叠加起来即为 i 电站初始出力过程 $\{P_i^1,P_i^2,\cdots,P_i^T\}$。电网初始受电过程计算流程如下。

步骤 1：从 g 电网余荷序列 $\{\mathrm{LR}_g^1,\mathrm{LR}_g^2,\cdots,\mathrm{LR}_g^T\}$ 中找出最大负荷点 $\mathrm{LR}_g^{\max}$，计算 i 电站向 g 电网初始送电出力 $p_{i,g}^t=\max\{\mathrm{LR}_g^t-\mathrm{LR}_g^{\max}+p_{i,g}^{\max},0\}$。

步骤 2：计算 i 电站向 g 电网总传输电能 $\overline{E_{i,g}}=\sum\limits_{t=1}^{T}p_{i,g}^t\cdot\Delta t$。假如 $\left|\overline{E_{i,g}}-E_{i,g}\right|<\varepsilon$，转向步骤 4；否则，转向下一步。

步骤 3：假如 $\overline{E_{i,g}}>E_{i,g}$，则计算电量大于给定日电量要求，此时设置 $p_{i,g}^t=\max\{p_{i,g}^t-\mathrm{delta},0\}$，其中 $\mathrm{delta}=(\overline{E_{i,g}}-E_{i,g})/T$；若否，则计算电量小于给定日电量要求，此时令 $p_{i,g}^t=\min\{\max\{p_{i,g}^t-\mathrm{delta},0\},\ p_{i,g}^{\max}\}$，转向步骤 2。

步骤 4：输出 i 电站向 g 电网初始送电序列 $\{p_{i,g}^1,p_{i,g}^2,\cdots,p_{i,g}^T\}$。

（3）判断电站逐时段出力 $\{P_i^1,P_i^2,\cdots,P_i^T\}$ 是否满足稳定运行要求，将违反约束的出力修正至稳定运行边界。

为提高模型计算效率，在运用逐次切负荷法确定受电电网初始受电过程时，将约束式（5-35）、式（5-26）、式（5-31）作为松弛约束，切负荷时暂不对其进行处理。

此外，值得注意的是，在运用逐次切负荷法生成初始解时，子分区内电站切负荷先后次序对电站发电计划结果（即电站在负荷图上的工作位置）有一定的影响。因此，在运用逐次切负荷法进行子分区水电站群电力电量平衡计算时，需首先确定电站切负荷次序，一般情况下可按以下原则确定：①系统峰荷尽量由调节能力强的电站承担，调节能力弱的电站尽量承担基荷，以减小电站因调峰产生的弃水量，故调节能力强的电站优先切负荷；②当电站调节能力相差不大时，可让电站可调出力范围较大的电站优先，以使切负荷运算时电站电力电量平衡计算过程易于收敛；③其他情况下电站切负荷次序可根据电站次日可调水量和电站平均负荷率确定，此时可计算电站次日平均发电出力与其调峰容量的比值，比值小的电站优先切负荷。

2）启发式随机搜索方法对出力重调

通常，按上述方法得到的初始出力过程虽然满足电站出力限制及稳定运行要求，却限制了电站调峰容量的发挥，各电网均得不到满意的调峰结果。以水电站送电至两个电网切负荷初始解为例，初始切负荷计算结果如图 5-15 所示，电网 1 的区域 1 与电网 2 的区域 1、区域 2 具有明显的负荷互补特性，不存在集中调峰的冲突，但由于电网切负荷上限固定为 $0.5P_i^{max}$，电站在 41～57 和 65～73 时段均未能充分发挥最大调峰能力，故尚需进一步利用电网的互补特性进行受电出力重调。

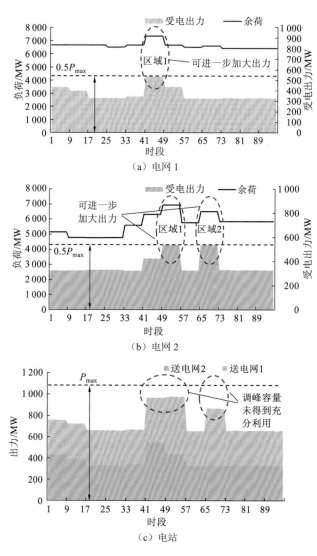

图 5-15　水电站送电至两电网切负荷初始解示意图

为此，在 1) 部分所得初始解的基础上，选取某一受端电网 g 为调整对象，将其余电网受电过程固定，以式（5-21）为寻优目标对电站出力过程进行重调。按照分电比要求，电站对 g 电网送电量一定，面临调整电网 g 的寻优目标为涉及 T 个决策变量 $\{p_{i,g}^1, p_{i,g}^2, \cdots, p_{i,g}^T\}$ 的二次函数，是简单的单目标优化问题，故可在满足时段出力限制要求、电站爬坡约束及给定电网总受电量要求的前提下利用改进实数编码蜂群算法进行寻优求解。算法决策变量初始寻优空间 $[P_{i,g}^{t\min}, P_{i,g}^{t\max}]$ 由式（5-36）确定。

$$\begin{cases} P_{i,g}^{t\max} = P_i^{\max} - \sum_{q=1,q\neq g}^{G} p_{i,q}^t \\ P_{i,g}^{t\min} = \max\left\{ \underline{P_{i,t}} - \sum_{q=1,q\neq g}^{G} p_{i,q}^t, 0 \right\} \end{cases} \quad (t=1,2,\cdots,T) \tag{5-36}$$

此外，在寻优过程中，因受约束式（5-30）限制，电站时段出力 P_i^t 随电网 g 受电出力 $p_{i,g}^t$ 变化而变化，为保证 P_i^t 满足安稳运行要求，还需结合机组组合振动区对 $p_{i,g}^t$ 可行性进行判断，并作相应调整。

3）约束修补策略

在改进实数编码蜂群算法寻优过程中，新生成的个体可能不满足约束式（5-26）、式（5-28）～式（5-31），为了保证生成个体的可行性，提高算法寻优效率，本书提出了一种自适应启发式约束修补策略。

首先，介绍电量平衡、电站爬坡及输电线路输电出力变幅约束修补策略。

步骤 1：从 $t=1$ 时段开始依次进行 g 电网受电出力校核，g 电网受电出力限制可在式（5-36）的基础上由式（5-37）进一步确定，若 $P_{i,g}^t \notin [P_{i,g}^{t\min}, P_{i,g}^{t\max}]$，则将其置于可行域边界；若送至 g 号电网的电力需通过 l 号高压直流输电线路，则由式（5-38）计算 $P_{i,g}^{t\min}$ 和 $P_{i,g}^{t\max}$。

$$\begin{cases} P_{i,g}^{t\min} = \max\left\{ P_{i,g}^{t\min}, \sum_{g=1}^{G} p_{i,g}^{t-1} - \sum_{q=1,q\neq g}^{G} p_{i,q}^t - \Delta P_i \right\} \\ P_{i,g}^{t\max} = \min\left\{ P_{i,g}^{t\max}, \sum_{g=1}^{G} p_{i,g}^{t-1} - \sum_{q=1,q\neq g}^{G} p_{i,q}^t + \Delta P_i \right\} \end{cases} \tag{5-37}$$

$$\begin{cases} P_{i,g}^{t\min} = \max\left\{ P_{i,g}^{t\min}, \sum_{g=1}^{G} p_{i,g}^{t-1} - \sum_{q=1,q\neq g}^{G} p_{i,q}^t - \Delta P_i, \mathrm{NL}_{i,g}^{t-1} - \Delta \mathrm{NL}_l \right\} \\ P_{i,g}^{t\max} = \min\left\{ P_{i,g}^{t\max}, \sum_{g=1}^{G} p_{i,g}^{t-1} - \sum_{q=1,q\neq g}^{G} p_{i,q}^t + \Delta P_i, \mathrm{NL}_{i,g}^{t-1} + \Delta \mathrm{NL}_l \right\} \end{cases} \tag{5-38}$$

步骤 2：累计 g 电网全时段受电量 $\overline{E_{i,g}} = \sum_{t=1}^{T} p_{i,g}^t \cdot \Delta T$，若 $\left| \overline{E_{i,g}} - E_{i,g} \right| > \varepsilon$（$\varepsilon$ 为偏差裕度），则需进行 g 电网受电量平衡处理。此时，根据式（5-39）将电量差值 E_D 分成 N 份，并生成一组随机序列 $\{r_1, r_2, \cdots, r_n, \cdots, r_N\}$（其中 $r_n = \mathrm{rndr}(n)$，$\mathrm{rndr}(n)$ 是 $[1,T]$ 中随机选择的整数），通过式（5-40）对 g 电网时段受电出力进行修正。

$$E_D = \frac{\overline{E_{i,g}} - E_{i,g}}{N} \tag{5-39}$$

$$P_{i,g,r_n} = P_{i,g,r_n} - E_D, \quad n = 1,2,\cdots,N \tag{5-40}$$

步骤 3：重复步骤 1 和步骤 2 操作直至满足电量平衡及爬坡约束为止。

然后，介绍末水位控制约束修补策略。

在第一个约束修补策略处理完成后，累加各电网受电序列得到新的电站出力过程，通过"以电定水"出力精细化分配方法计算电站时段出库及调度期末水位，并结合机组开停机组合及避开振动区修补策略对约束式（5-32）、式（5-33）进行处理；约束式（5-24）、式（5-25）等如不满足要求，可直接将其置于边界值，并通过流量控制或水位控制方法反算重新确定时段出力。末水位约束处理流程如下。

步骤 1：若电站计算末水位大于给定末水位（发电不足），需按一定电量步长 ΔE 增加出力，此时根据式（5-41）将 ΔE 按分电比分为 G 份，从电网 1 开始逐个电网进行调整，寻找余荷最大的时段，并将 ΔE_g 分配至该时段，若受约束限制，单一时段不能将 ΔE_g 完全消纳，则将剩余电量分配至其相邻时段。

$$\Delta E_g = \alpha_{i,g} \Delta E, \quad g = 1,2,\cdots,G \tag{5-41}$$

步骤 2：根据调整后的电站出力，由"以电定水"重新计算电站调度期末水位，转至步骤 1。

若计算末水位小于给定末水位，则从 $g=1$ 开始逐个电网寻找余荷最小时段减小受电出力，方法与前述相同。

4）总体流程

流域梯级水电站群短期多电网调峰调度编制流程如图 5-16 所示。

在此需要指出的是，电站在电量控制方式下的发电计划制作方法与末水位控制方式下的方法类似，唯一的区别是电量控制方式下的发电计划制作无须通过末水位控制约束处理策略对调度期末水位进行修正，故此处不再赘述。

5.3.4　实例研究

1.　金沙江下游溪洛渡–向家坝梯级水电站多电网调峰调度

运用所提启发式随机搜索算法进行枯水期某日溪洛渡–向家坝梯级水电站短期发电计划编制（电站按末水位控制方式调度），溪洛渡–向家坝梯级水电站初始条件与各受端电网详细受电比例如表 5-6 所示。各电网负荷为预测负荷，受掌握数据精度的影响（部分电网负荷数据通过文献资料获取，根据电网典型日负荷特性和负荷均值进行假设性缩放），相邻时段负荷按平均值进行了处理，但对于方法验证却也不失一般性；溪洛渡水电站日均入库为 2 604 m³/s，假定两个电站所有机组均不检修，为避免机组负荷频繁转移，停机时间设为 2 h；将区外直流送电限制设为线路最大容量（640×10⁴ kW），同时，由于溪洛渡–向家坝梯级水电站电力通过高压直流输送至华东和广东地区，考虑到有利于直流输电线路和水电机组安全、经济运行，本书对调峰运行时电站出力变幅进行了适

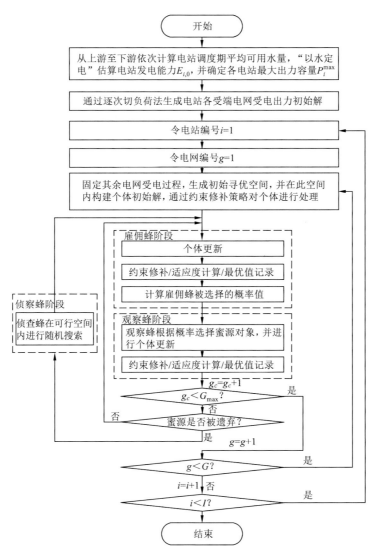

图 5-16　水电站群短期多电网调峰调度求解流程

表 5-6　溪洛渡–向家坝梯级水电站基本参数表

水电站	初水位/m	末水位/m	电网受电比例/%				
			四川电网	云南电网	上海电网	浙江电网	广东电网
溪洛渡水电站	598	597.8	7	23	—	35	35
向家坝水电站	379	378.2	30	—	70	—	—

当控制。本算例以日为调度期，15 min 为调度时段，获得的梯级发电计划和电网调峰结果如图 5-17～图 5-19 所示，详细结果如表 5-7～表 5-9 所示（优化结果为模型运行 10 次所得最优值）。

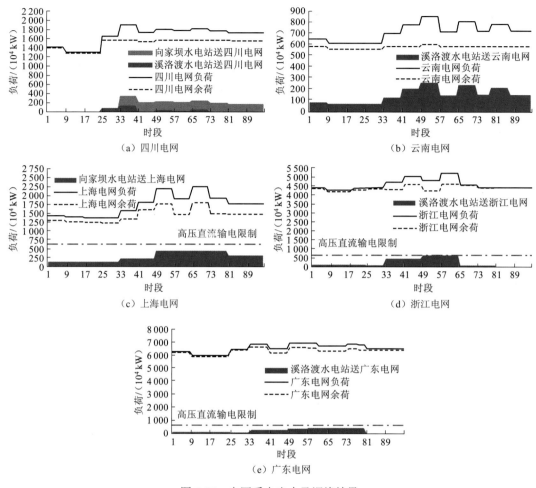

(a) 四川电网

(b) 云南电网

(c) 上海电网

(d) 浙江电网

(e) 广东电网

图 5-17　电网受电出力及调峰结果

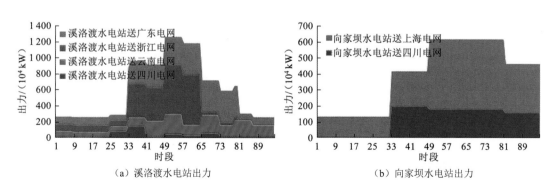

(a) 溪洛渡水电站出力

(b) 向家坝水电站出力

图 5-18　溪洛渡–向家坝梯级水电站出力计划

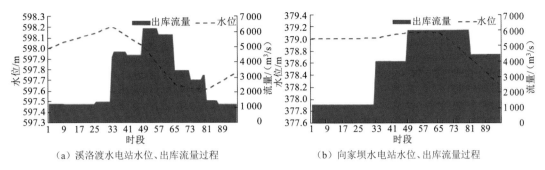

（a）溪洛渡水电站水位、出库流量过程　　　　　（b）向家坝水电站水位、出库流量过程

图 5-19　溪洛渡–向家坝梯级水电站水位与出库流量过程

表 5-7　网间电量分配结果

电网	溪洛渡水电站			向家坝水电站		
	期望受电比例 /%	实际受电比例 /%	实际受电量 /（kW·h）	期望受电比例 /%	实际受电比例 /%	实际受电量 /（kW·h）
四川电网	7	7.0	10 116 620	30	30.2	28 563 430
云南电网	23	23.1	33 240 090	—	—	—
上海电网	—	—	—	70	69.8	65 875 790
浙江电网	35	35.0	50 474 560	—	—	—
广东电网	35	34.9	50 312 050	—	—	—
		总计	144 143 320		总计	94 439 220

表 5-8　受端电网余荷峰谷差

电网	余荷峰谷差/（10^4 kW）			削减幅度/%
	初始值	调峰后	差值	
四川电网	605.1	281.5	323.6	53.5
云南电网	239.1	45.7	193.4	80.9
上海电网	889.7	582.2	307.5	34.6
浙江电网	950.0	418.4	531.6	56.0
广东电网	974.3	800.5	173.8	17.8

表 5-9　受端电网余荷均方差

电网	余荷峰谷差/（10^4 kW）			削减幅度/%
	初始值	调峰后	差值	
四川电网	194.8	105.6	89.2	45.8
云南电网	77.3	13.1	64.2	83.1
上海电网	299.7	186.9	112.8	37.6
浙江电网	287.0	135.1	151.9	52.9
广东电网	322.2	234.3	87.9	27.3

　　表 5-7 为溪洛渡–向家坝梯级水电站网间电量分配结果，从中可以看出，所提方法能严格控制电站向各受端电网的送电量，电网期望受电量比例与实际受电量比例相差不大，符合表 5-6 设定的分电比控制要求。图 5-17 展示了各受端电网时段受电出力及调峰效果，结果显示，通过三条高压直流输电线路送至上海电网、浙江电网、广东电网的电力全时段均在输电限额以下，且电力在一定时段内能保证持续平稳，满足高压直流输电出力限制及出力波动控制要求。

　　此外，为证明所提方法调峰的有效性，对各受端电网余荷及调峰前后峰谷差进行了统计（表 5-8 和图 5-17），结果显示，经溪洛渡–向家坝梯级水电站调峰后的受端电网峰谷差明显减小，电网余荷趋于平稳。其中，四川电网、上海电网和浙江电网削峰效果较为显著，最大削峰深度分别达到 323.6×10^4 kW、307.5×10^4 kW 和 531.6×10^4 kW，削减峰谷差幅度分别为 53.5%、34.6% 和 56.0%。而广东电网的调峰效果不太突出，最大削峰深度仅达到 173.8×10^4 kW，削减峰谷差幅度为 17.8%。现对上述结果进行分析：①上海电网是向家坝水电站的主要受电电网，受电量约占向家坝水电站总发电量的 70%，除与四川电网在峰段有调峰竞争以外，与其他电网均无冲突，可利用的调峰容量较多，所提方法将电量集于高峰时段发出，故调峰效果明显；②浙江电网受电量虽然仅占溪洛渡水电站总发电量的 35%，但其高峰主要集中在 41~49 及 57~65 时段，这与云南电网和广东电网高峰及峰现时间存在差异，三电网负荷曲线呈明显互补效应，避免了在某一时段集中调峰的冲突，这可以通过对比图 5-17（b）、（d）、（e）得到，而所提方法也很好地利用了这一特点，通过对电站调峰容量在各电网之间的有效协调，浙江电网达到了良好的调峰效果；③广东电网峰段历时较长，对调峰容量的持续需求大，整体削减该电网负荷难度较大，对比图 5-18（a）与图 5-17（e）可知，广东电网余荷高峰多集中在 50~80 时段，而这期间其负荷与其他电网互补性明显较弱，加之溪洛渡水电站受最大出力及总体发电量（低谷时需留存一部分电量以保证最小流量要求）的限制，已无进一步增大出力削峰的可能，故广东电网整体调峰效果不明显；④云南电网虽然受电量比例较小（约为溪洛渡水电站总发电量的 23%），但由于其负荷峰谷差不大（仅为 193.4×10^4 kW），相同的削峰深度对其影响较大；并且，云南电网负荷在 50~57 及 66~87 时段与浙江电网、四川电网呈现互补效应，避免了集中调峰的矛盾，而所提方法通过对电站调峰容量的协调分配使其达到良好的调峰效果；⑤四川电网同时接受溪洛渡水电站和向家坝水电站两个电站的电量，且全天仅有一个早高峰，所提方法有效利用了两电站之间的电力补偿关系达到削减四川电网高峰的目的。

　　表 5-9 给出了调峰前后各电网余荷均方差值，其在一定程度上反映了负荷的波动情况。表 5-9 中数据显示，经电站调峰后，四川电网、云南电网、上海电网、浙江电网、广东电网余荷均方差较原始值减小幅度分别为 45.8%、83.1%、37.6%、52.9% 和 27.3%，表明所制定的出力分配计划在削减电网峰谷差的同时，很大程度上实现了全天负荷高峰段和低谷段的相对平稳，有效减小了余荷波动，保证了各电网余留给火电等电源的负荷平稳性。

　　从电站出力的角度来看，如图 5-18 所示，溪洛渡–向家坝梯级水电站各时段计划出力均在电站发电容量限制以内，且满足电站出力爬坡率及持续性约束，符合大型国调电站实际调度要求，这反映出所提约束修补策略是有效的；同时，考虑到下游航运要求，需保证一定的下泄流量，故两电站在低谷时段均分配了少许出力（溪洛渡水电站为 $254 \times 10^4\,\mathrm{kW}$，向家坝水电站为 $128 \times 10^4\,\mathrm{kW}$），这也是合理的。图 5-19 给出了溪洛渡–向家坝梯级水电站出库流量过程，由图可知，溪洛渡–向家坝梯级水电站下泄流量大于当日要求的最小通航流量 $1\,200\,\mathrm{m^3/s}$，满足电站实际运行要求。另外，图 5-19 也表明溪洛渡–向家坝梯级水电站调峰时段末水位均达到控制末水位，调度的周期性得到了有效的保证。

需要指出的是，智能优化算法在寻优过程中不依赖于目标函数的梯度信息，能够处理传统优化方法难以解决的复杂非线性调度问题，收敛速度和求解精度也较高，其天然的并行性为克服"维数灾"问题提供了一条有效途径。但也应看到，本书提出的基于蜂群算法的多电网调峰调度方法具有随机搜索的特点，其优化结果带有一定的不确定性，而结果的稳定性和解的质量也是不容忽视的问题。为此，在尝试将启发式随机搜索算法应用于水电优化调度中时，本章也从提升算法收敛速度与计算结果稳健性的角度出发，针对水电站群短期优化调度的时空耦合关联特性和多重复杂约束条件，设计了自适应寻优机制和相应的启发式约束修补策略以提升算法搜索性能及鲁棒性，切实保证优化结果质量，使算法具有良好的实用性和工程可操作性。为验证所提方法在处理水电站群多电网调峰调度问题的有效性，开展了 10 次独立的仿真试验（每次试验将模型运行 10 次），对模型优化目标值进行统计，结果如图 5-20 所示。由图 5-20 知，由于算法搜索机制的随机性，模型输出结果将不可避免地存在差异，但在这 10 次独立的仿真试验中，目标均值在很小的范围内变动，这充分证明所提方法在求解复杂调度问题时是稳定的，具有较好的鲁棒性。

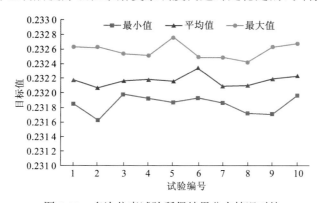

图 5-20　多次仿真试验所得结果分布情况对比

2. 华中区域大型国调及直调水电站群多电网调峰调度

1）研究对象概况

华中区域电网是由六个省（直辖市）（湖北、湖南、四川、重庆、河南、江西）电力系统通过联络线路互联形成的一个区域性大电网，目前已成为国家水电发展及节能减排的重要区域。区域内水电资源主要集中在四川、湖北、湖南等省，为确保境内水电能源外送通畅，除溪洛渡–向家坝梯级水电站电力高压直流外送通道以外，还通过三峡水电站–常州

±500 kV 直流、三峡水电站–上海±500 kV 直流、三峡水电站–广东±500 kV 直流、葛洲坝水电站–上海±500 kV 直流、锦屏水电站–苏南±800 kV 特高压直流通道，向华东区域各电网送电。在实际运行中，华中区域内直调水电及部分国调电站需要同时向多个省网送电，由于电站送电范围和送电比例各不相同，且不同电网负荷存在很大差异，电网与水电站的协同运行显得十分重要。因此，在当前水电跨区外送及跨区联网互动形势下，立足华中区域电网水电联合优化运行，增强各省级电网的水电互补协调能力，已成为华中电网贯彻落实国家清洁能源发展战略的新任务，也将为推动区域电力系统互联和全国联合电网的形成发挥重要的作用。本节以华中区域雅砻江上的锦西水电站、锦东水电站、官地水电站、二滩水电站，金沙江上的溪洛渡水电站、向家坝水电站，长江干流的三峡水电站、葛洲坝水电站，清江上的水布垭水电站、隔河岩水电站、高坝洲水电站，沅江上的五强溪水电站、三板溪水电站、白市水电站、托口水电站 15 座国调或直调电站组成的跨流域大规模水电站群为研究对象，对跨区多电网水电站群短期调峰调度进行了仿真模拟。研究对象涵盖了多年调节、年调节和日调节等多种类型水库，位置分布在华中区域不同省网及流域，电站装机、出力特性及调度运行各有特色，且普遍存在着单一电站电力经省间联络线或高压直流输电线路向不同省网或区域输送的情况，其优化调度具有大规模、跨区域、跨流域、跨电网的显著特点。研究涉及的华中区域直调及国调水电站基本信息如表 5-10 所示，各水电站送各电网计划电量比例如表 5-11 所示，水电站分布拓扑图和省间、区域间联络线及高压输电线路概化图如图 5-21、图 5-22 所示。

表 5-10　华中区域国调及直调水电站基本信息

水电站	正常蓄水位/m	死水位/m	调节性能	调度类型	所在区域
三峡水电站	175	145	季调节	国调	湖北
葛洲坝水电站	66.5	63	日调节	华中直调	湖北
锦西水电站	1 880	1 800	年调节	国调	四川
锦东水电站	1 646	1 640	日调节	国调	四川
官地水电站	1 330	1 321	日调节	国调	四川
二滩水电站	1 200	1 155	季调节	四川省调	四川
溪洛渡水电站	600	540	不完全年调节	国调+南网总调	四川
向家坝水电站	380	370	不完全季调节	国调	四川
水布垭水电站	400	350	多年调节	华中直调	湖北
隔河岩水电站	200	161.2	季调节	华中直调	湖北
高坝洲水电站	80	78	日调节	华中直调	湖北
五强溪水电站	108	90	季调节	华中直调	湖南
三板溪水电站	475	425	多年调节	华中直调	湖南
白市水电站	300	294	季调节	华中直调	湖南
托口水电站	250	235	年调节	华中直调	湖南

表 5-11 华中区域国调及直调水电站送各电网计划电量比例

水电站	华中电网/%						华东电网/%	南方电网/%	
	湖北	湖南	江西	河南	四川	重庆		广东	云南
1, 2, 3					20.35	20.35	59.3		
4					50	50			
5					7		35	35	23
6					30		70		
7	18.48	13.2	7.92	4.4			40	16	
8	14	14	14	14			44		
9, 10, 11	100								
12, 13, 14, 15		100							

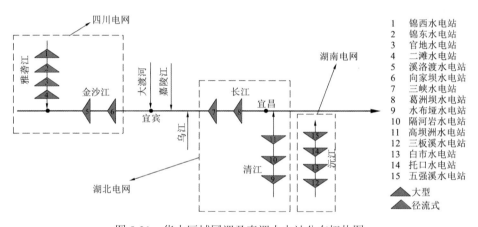

图 5-21 华中区域国调及直调水电站分布拓扑图

2）计算结果及分析

运用提出的启发式搜索策略求解华中区域电网水电站群多电网调峰调度问题（电站按水位控制方式调度），研究选择某典型日作为仿真工况进行调度模拟（本节所用负荷数据一部分从国家电网华中分部 D5000 系统中读取，还有一部分通过文献资料获取，并根据电网典型日负荷特性和负荷均值进行假设性缩放，而实际调度运行时电网次日负荷需由短期负荷预测模块获得），调度期为 1 天，调度时段为 15 min。华中区域国调及直调水电站所处区域、流域及送电范围不同，结合本章所提水电站群逻辑区划原则，可作如下逻辑分区及子分区划分：

逻辑分区 1=｛子分区 1｛锦西水电站–锦东水电站–官地水电站–二滩水电站｝+子分区 2｛溪洛渡水电站–向家坝水电站｝｝；

逻辑分区 2=｛子分区 1｛三峡水电站–葛洲坝水电站｝+子分区 2｛水布垭水电站–隔河岩水电站–高坝洲水电站｝｝；

逻辑分区 3=｛子分区｛五强溪水电站–三板溪水电站–白市水电站–托口水电站｝｝。

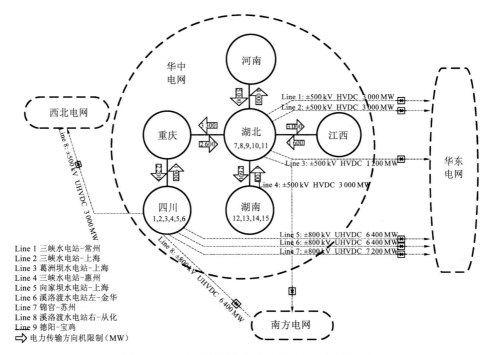

图 5-22　华中区域联络线及高压输电线路概化图

在进行跨电网送电计划安排时,由于资料有限,网网之间、站网之间交流输电线路的损耗系数未被考虑在内,且将线路输电断面上下限设置为极值;此外,将浙江电网、上海电网等华东区域内电网统一归并为华东电网进行处理,仿真模拟时溪洛渡–向家坝梯级水电站、三峡梯级及锦官梯级跨区外送电力均以华东电网为受端电网进行调峰计算。省网间输电断面限额则参考图 5-22 选取,华中区域国调及直调水电站送各电网计划电量比例如表 5-11 所示(本节送电比例参考以往调度情况拟定,实际调度运行时需按最新分电比进行计算)。仿真所得各受端电网调峰结果如图 5-23 所示,华中区域国调及直调水电站出力计划如图 5-24 所示,详细结果如表 5-12、表 5-13 所示(优化结果为运行 10 次得到的最优值)。

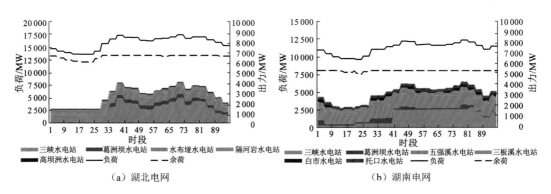

图 5-23　华中区域国调及直调水电站群送电计划及受端电网调峰结果

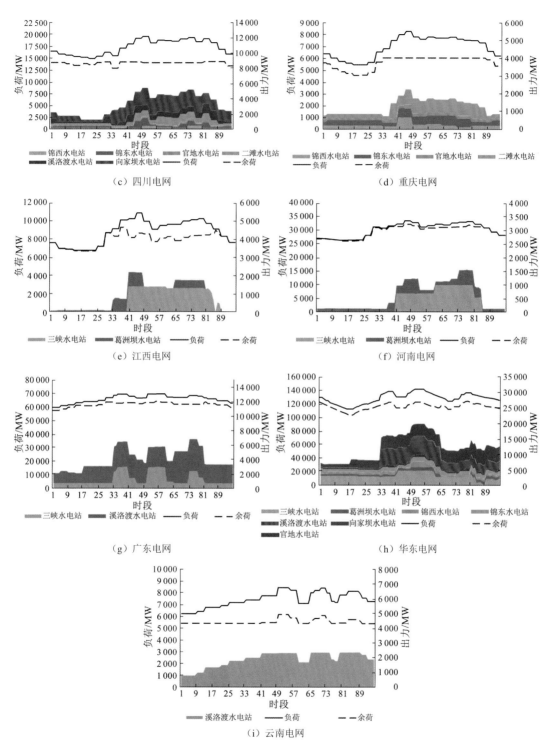

图 5-23　华中区域国调及直调水电站群送电计划及受端电网调峰结果（续）

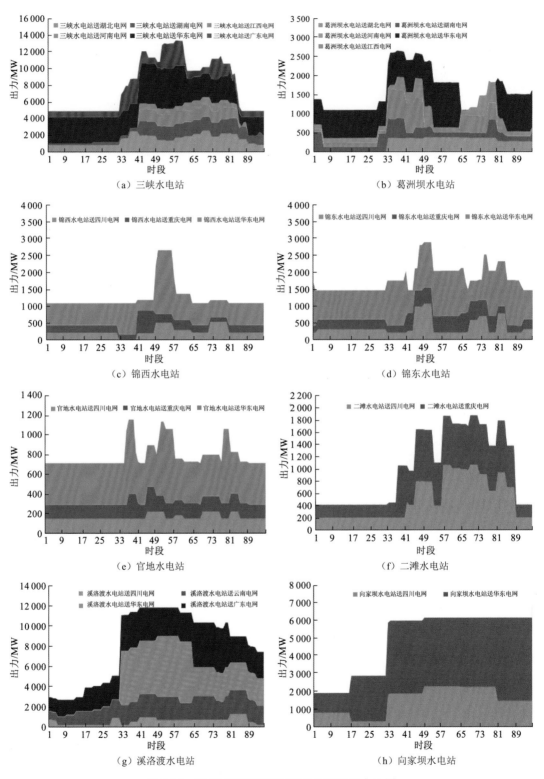

图 5-24　华中区域国调及直调水电站群出力计划

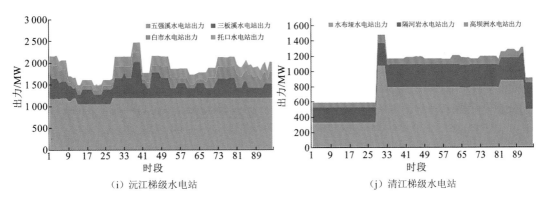

（i）沅江梯级水电站　　　　　　　　（j）清江梯级水电站

图 5-24　华中区域国调及直调水电站群出力计划（续）

表 5-12　华中区域国调及直调水电站送各电网计算电量比例

| 水电站 | 华中电网/% | | | | | | 华东电网/% | 南方电网/% | |
	湖北	湖南	江西	河南	四川	重庆		广东	云南
1, 2, 3					20.39	20.39	59.22		
4					50	50			
5					7.01		34.98	34.95	23.06
6					30.38		69.62		
7	18.39	13.21	7.93	4.68			39.85	15.94	
8	14.12	13.95	14.01	13.95			43.97		
9, 10, 11	100								
12, 13, 14, 15		100							

表 5-13　电网调峰前后余荷峰谷差与方差统计

| 电网 | 余荷峰谷差/MW | | | 百分比/% | 余荷均方差/MW | | | 百分比/% |
	初始值	调峰后	削减幅度		初始值	调峰后	削减幅度	
湖北电网	3 877	1 240	2 637	68	1 304	425	879	67
湖南电网	2 677	540	2 136	80	818	94	724	89
四川电网	4 559	1 426	3 133	69	1 550	322	1 228	79
重庆电网	2 902	1 509	1 393	48	910	546	364	40
江西电网	4 072	2 657	1 415	35	1 312	737	575	44
河南电网	7 227	6 150	1 077	15	2 557	2 153	404	16
华东电网	30 000	20 194	9 806	33	7 897	4 827	3 070	39
广东电网	10 238	6 553	3 685	36	2 794	1 652	1 142	41
云南电网	2 279	754	1 526	67	661	233	428	65

　　表 5-12 中水电站送各电网计算电量比例结果显示，各电站均能严格按照计划送电量比例要求向各受端电网送电，电网期望受电量与实际受电量相差不大，有效保证了电站与各电网签订的购售电合同的完成。此外，仿真涉及的网间联络线日送受电调度计划由三峡水电站、葛洲坝水电站送华中三省（湖南、江西、河南），以及锦屏水电站、官地水电站、二滩水电站送重庆的电力电量分配情况来确定，通过图 5-23 可知，四川电网送重庆电网，以及湖北电网送湖南电网、江西电网、河南电网的电力全时段均在省间联络线输电限制以内，满足线路的安稳运行要求。同时，为证明所提方法在解决大规模水电站群跨区多电网调峰调度问题的有效性，对各受端电网余荷调峰前后峰谷差和均方差值进行了统计，从表 5-13 可以看出，通过进行水电站群多电网联合调峰调度，受端电网峰谷差明显减小，电网余荷趋于平稳。其中，湖北电网、湖南电网、四川电网和重庆电网削峰效果较为显著，最大削峰深度分别达到 2 637 MW、2 136 MW、3 133 MW 和 1 393 MW，削减峰谷差幅度分别为 68%、80%、69% 和 48%，虽然各受端电网的负荷量级、峰谷差大小、峰谷出现时间及变化规律各不相同，但提出的方法仍能充分利用受端电网负荷间的互补特性，通过对电站调峰容量在各受端电网间进行有效协调获取良好的调峰效果。此外，经电站调峰后湖北电网、湖南电网、四川电网、重庆电网、江西电网、河南电网、华东电网、广东电网、云南电网余荷均方差较原始值减小幅度分别为 67%、89%、79%、40%、44%、16%、39%、41% 和 65%，各受端电网余荷平稳性均有明显改善。图 5-24 给出了华中区域国调及直调水电站群分站出力计划，从中可以看出，各电站出力全时段均满足电站出力爬坡率、电站出力上、下限等约束，调度计划的可行性得到了保证。

　　本节所提出的启发式搜索方法具有很好的适应性与实用性，其能够综合考虑流域及跨流域上下游水电站间复杂水力联系、电网负荷量级、变化规律及实时调峰需求，在充分满足电站、机组及输电线路安稳运行限制的前提下，有效协调水电站群电力电量在多个省（直辖市、自治区）级电网间的优化配置。综上所述，所提方法能有效解决华中区域电网水电站群多电网送电问题，其制定的电站出力及电网受电计划满足水库、电网运行约束，能均衡地响应各受端电网调峰需求，不同程度地削减电网高峰时段负荷，减小峰谷差及余荷波动，其建模思路可为具有跨区跨省送电需求的大型水电站提供借鉴与参考。

5.4　小　　结

　　本章以电网运行和电站发电的运行机制为基础，开展了流域梯级电站群一体化与跨区域多电网优化调度技术研究。综合分析电网运行需求与电站发电能力，阐明了电网与水电站的耦合关系及其协同运行方式，在此基础上提出流域梯级电站群短期发电调度分层、分区、分级规则，考虑梯级电站发电能力、电网吸纳能力和电力输电安全约束等多种因素，建立了厂网协调模式下流域梯级电站群短期联合调度优化模型，并将该模型与求解方法应用于三峡水电站、葛洲坝水电站、水布垭水电站、隔河岩水电站、高坝洲水电站这一巨型梯级电站群的短期联合优化调度。针对现有梯级水电系统短期调度模式中水电站出力计划制作和负荷任务执行过程未能有效衔接、发电建议无法满足实际调度需求的问题，以金沙江下游溪洛渡–向家坝梯级水电站为研究对象，构建了一种梯级水电站短期发电计划编制与厂内经济运行一体化调度模式，并给出了可行的建模求解方法。提出的基于峰荷比调峰方式的精细化发电计划编制方法，运用调峰效益参数引导电量在时段间进行优化分配，制定出满足多电网送电和调峰需求的梯级水电发电策略；构建的一体化调度运行模式，通过出力过程循环修正方法实现了发电计划编制与厂内经济运行模型的嵌套整合，最大限度地提高了梯级水能利用率。围绕跨电网联合调峰调度，针对多电网调峰要求下梯级水电站短期发电调度问题，提出了一种水电站群多电网调峰调度及电力跨省区协调分配方法，利用受端电网负荷间的互补特性对电站不同时段调峰容量进行协调分配。分别以金沙江下游溪洛渡–向家坝梯级水电站和华中区域大型国调及直调水电站群为研究对象进行了跨区多电网调峰模型仿真模拟，结果表明，所提方法制定的梯级水电站出力网间分配计划能均衡地响应各受端电网调峰需求，能够有效解决梯级水电站群多电网调峰调度问题。

第6章 流域梯级电站群与多能源系统联合互补调度技术

6.1 区域水火单目标优化调度

6.1.1 水火电网耦合系统单目标运行特性

水火电力系统中,单一水电站的运行方式与系统中其他水电站和火电厂的运行方式紧密相关。为充分利用水能资源,实现节能发电调度,在水火电力系统中,水电站的短期优化运行方式需在水火电力系统短期优化运行的基础上确定。水火电力系统短期优化调度的目标是在满足系统电力负荷平衡、水量平衡及各种约束的前提下,提出水电站与火电厂间的负荷最优分配方式及水电站水库的最优调度方式,使系统燃料耗费最小,以充分利用水能资源,减少化石能源的消耗,实现节能减排。

水电站出力受所在流域水文径流特性影响较大,主要运行期可分为枯水期、平水期和丰水期。不同运行时期,水电站出力在电力系统负荷图中的位置不同。枯水期,水电站上游径流来水量较小,机组尽量保持高水头运行,水电站出力在电力系统负荷图中多承担调峰任务,火电机组多承担基荷和腰荷,确保水火电均能保持高效率运行;平水期,水电站入库流量逐渐增大,其出力在电力系统负荷图中的位置逐渐向下移动,在承担系统峰荷的同时也承担部分腰荷,尽量减少弃水;丰水期,水电站入库径流最大,此时水电机组保持满发状态,多余水量则以弃水形式下泄,电力系统中水电负荷比重增加,火电燃料消耗降低。在枯水期和平水期,火电机组保持良好的运行工况平稳出力,既弥补了系统的水电出力不足,又确保一次煤炭能源的高效转换;丰水期水电站满发,承担基荷任务,充分利用了水能资源。水火电能源联合优化运行,可明显增强应对径流丰枯变化的能力,减缓电力输出的季节性变化,保障电网的安全、稳定、经济运行。

此外,由于在某一时期内的短期优化运行过程中,电网负荷峰谷变化明显,水电机组以其爬坡能力强、并网速度快的特点,多承担峰荷工作;而火电机组则由于机组启停速度慢、负荷调节消耗燃料大等原因承担基荷和部分腰荷任务。因此,有必要以流域短期水文过程、发电控制、互联电网至用户之间的非线性耦合特性为水火电联合优化调度研究的切入点,充分考虑水文径流和电网负荷的短期预测,结合水火电能源的拓扑结构,利用水火电能源丰枯、峰谷补偿特性,开展电网大规模水火电力系统短期联合优化调度研究。与电网中长期水火发电调度计划相同,水火电联合优化运行可满足电力系统调峰、调频和事故备用需求,有效提高电网供电质量,使电网运行成本最低,实现充分利用能源、合理降低电网能耗的目标。

6.1.2　水火电力系统短期联合优化调度模型

水火电力系统中，水电站作为清洁能源，其直接能源消耗通常认为是极低的，相比于火电厂可以忽略不计。水火电力系统的优化目标以火电厂燃料耗费最小为准则，同时要满足系统复杂的水力、电力约束条件。水力约束需要考虑水量平衡、水库库容、水头、水流时滞等因素影响；电力约束要考虑水火电负荷平衡火电站阀值点影响。从数学角度分析，水火电联合优化调度是一个大规模、强耦合的非线性约束优化问题，约束条件众多，求解规模庞大，求解空间十分复杂，快速准确求解十分困难。因此，模型建立和求解过程中需进行合理有效的简化。

研究过程中，通常将包含几台机组的火电厂等价为一台虚拟的火电机组以表示火电厂动力特性。现在最常用的火电机组出力与燃料耗费之间的关系有两种：一种以二次函数表达，燃料耗费是机组出力的二次函数；另一种是考虑火电厂实际运行过程中机组的阀点效应的函数表达式。在火电厂机组实际运行过程中，当火电机组汽轮机进汽阀门开始打开时，燃料耗费量会突增，这就是所谓的"阀点效应"（valve point effect，VPE）。其表达式是在二次函数的基础上加入正弦函数，如式（6-1）所示，曲线如图 6-1 所示。

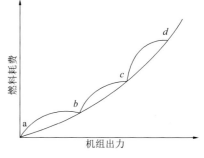

图 6-1　火电机组"阀点效应"

系统燃料耗费最小的目标函数可描述为

$$\min F_{\cos t} = \sum_{t=1}^{T} \sum_{i=1}^{N_s} \text{Fit}(P_{si}^t)$$
$$= \sum_{t=1}^{T} \sum_{i=1}^{N_s} \left\{ a_i (P_{si}^t)^2 + b_i P_{si}^t + c_i + \left| e_i \times \sin\left[h_i \cdot (P_{si,\min} - P_{si}^t) \right] \right| \right\}$$

（6-1）

式中：T 为调度期的时段数；N_s 为火电机组台数；P_{si}^t 为 t 时段火电机组 i 的出力；a_i、b_i 和 c_i 为火电机组 i 的燃料耗费系数；e_i 和 h_i 为火电机组的阀值点特性参数；$P_{si,\min}$ 为 i 机组的最小出力限制。

水火电力系统中考虑库容与水头影响的水电站出力可表示为水库库容与下泄流量的二次函数，具体描述如下：

$$P_{hj}^t = C_{1j} (V_j^t)^2 + C_{2j} (Q_j^t)^2 + C_{3j} V_j^t Q_j^t + C_{4j} V_j^t + C_{5j} Q_j^t + C_{6j} \quad (j=1,2,\cdots,N_h; \ t=1,2,\cdots,T)$$

（6-2）

式中：C_{1j}、C_{2j}、C_{3j}、C_{4j}、C_{5j} 和 C_{6j} 为水电站 j 的水电转换系数；V_j^t 和 Q_j^t 分别为第 j 个水电站在 t 时段的库容和下泄流量。

约束条件如下。

1）系统负荷平衡约束

系统负荷平衡约束公式为

$$\sum_{i=1}^{N_s} P_{si}^t + \sum_{j=1}^{N_h} P_{hj}^t - P_{Dt} = 0 \quad (i=1,2,\cdots,N_s;\ j=1,2,\cdots,N_h) \qquad (6\text{-}3)$$

式中：N_h 为水电站数目；P_{hj}^t 为第 j 个水电站在第 t 时段的出力；P_{Dt} 为 t 时段水火电系统负荷。

2）火电机组出力限制

火电机组出力限制公式为

$$P_{si,\min} \leqslant P_{si}^t \leqslant P_{si,\max} \quad (i=1,2,\cdots,N_s) \qquad (6\text{-}4)$$

式中：$P_{si,\min}$、$P_{si,\max}$ 分别为第 i 台火电机组的最小、最大出力限制。

3）水电站出力限制

水电站出力限制公式为

$$P_{hj,\min} \leqslant P_{hj}^t \leqslant P_{hj,\max} \quad (j=1,2,\cdots,N_h) \qquad (6\text{-}5)$$

式中：$P_{hj,\min}$、$P_{hj,\max}$ 分别为水电站 j 的最小、最大出力限制。

4）水电站库容限制

水电站库容限制公式为

$$V_{j,\min} \leqslant V_j^t \leqslant V_{j,\max} \quad (j=1,2,\cdots,N_h) \qquad (6\text{-}6)$$

式中：$V_{j,\min}$、$V_{j,\max}$ 分别为水电站 j 的最小、最大库容限制。

5）水电站下泄流量限制

水电站下泄流量限制公式为

$$Q_{j,\min} \leqslant Q_j^t \leqslant Q_{j,\max} \quad (j=1,2,\cdots,N_h) \qquad (6\text{-}7)$$

式中：$Q_{j,\min}$、$Q_{j,\max}$ 分别为水电站 j 的最小、最大下泄流量限制。

6）水电站水量平衡约束

梯级电站群中水电站某时段的库容由时段初库容、天然入库流量、上游电站来水量及弃水流量确定，其表达式如下：

$$V_j^t = V_j^{t-1} + I_j^t - Q_j^t - S_j^t + \sum_{h=1}^{N_j}(Q_h^{t-\tau_{hj}} + S_h^{t-\tau_{hj}}) \qquad (j=1,2,\cdots,N_h;\ t=1,2,\cdots,T) \qquad (6\text{-}8)$$

式中：I_j^t 为水电站 j 在 t 时段的天然入库流量；S_j^t 为水电站 j 在 t 时段的弃水流量；h 为位于该水电站 j 上游的水电站编号；N_j 为位于该水电站 j 上游的水电站个数；τ_{hj} 为从上游水电站 h 到当前水电站 j 的水流时滞时间。

6.1.3　水火电力系统单目标仿真研究

本节所采用大规模水火电力系统（Swain et al., 2011）包含 44 个水电站、54 个等价火电机组，水电站群拓扑结构如图 6-2 所示。调度周期为 1 天，时段间隔为 1 h，第 36 和第 40

个水电站居民用水量和灌溉用流量均为 $1 \times 10^5 \, \mathrm{m}^3/\mathrm{h}$：入库径流，系统负荷，水流时滞，库容上、下限，机组出力上、下限，水电站及火电机组出力参数已知，如表 6-1～表 6-5 所示。

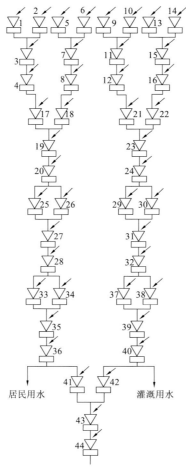

图 6-2　水电站群拓扑结构

表 6-1　大规模梯级电站群水力联系参数

水电站	1,5,9,13	2,6,10,14	3,7,11,15,19,23,27,31,35,39,43	4,8,12,16,20,24,28,32,36,40,44	17,21,25,29,33,37,41	18,22,26,30,34,38,42
R_u	0	0	2	1	1	1
τ/h	2	3	4	0	2	3

注：R_u 为上游水电站数目；τ 为上游水电站下泄水流到下游电站的时滞

表 6-2　水电站群入库流量　　　　　　　　　单位：m^3/s

水电站	小时											
	1	2	3	4	5	6	7	8	9	10	11	12
1,5,9,13,17,21	10	9	8	7	6	7	8	9	10	11	12	10
2,6,10,14,18,22	8	8	9	9	8	7	6	7	8	9	9	8

续表

水电站	小时											
	1	2	3	4	5	6	7	8	9	10	11	12
3，7，11，15，27，31，35，39，43	8.1	8.2	4	2	3	4	3	2	1	1	1	2
4，8，12，16，20，24	2.8	2.4	1.6	0	0	0	0	0	0	0	0	0
19，23	16.2	16.4	8	4	6	8	6	4	2	2	2	4
28，32，36，40，44	1.4	1.2	0.8	0	0	0	0	0	0	0	0	0
25，29	1	1	0	0	1	0	0	0	0	0	0	0
26，30，33，34，37，38，41，42	0	0	0	0	0	0	0	0	0	0	0	0

水电站	小时											
	13	14	15	16	17	18	19	20	21	22	23	24
1，5，9，13，17，21	11	12	11	10	9	8	7	6	7	8	9	10
2，6，10，14，18，22	8	9	9	8	7	6	7	8	9	9	8	8
3，7，11，15，27，31，35，39，43	4	3	3	2	2	2	1	1	2	2	1	0
4，8，12，16，20，24，25，26，28，29	0	0	0	0	0	0	0	0	0	0	0	0
30，32，33，34，36，37，38，40，41	0	0	0	0	0	0	0	0	0	0	0	0
42，44	0	0	0	0	0	0	0	0	0	0	0	0
19，23	8	6	6	4	4	4	2	2	4	4	2	1

表 6-3　水电站库容、下泄流量、出力约束参数

水电站	库容下限 /（$10^8 m^3$）	库容上限 /（$10^8 m^3$）	初始库容 /（$10^8 m^3$）	末库容 /（$10^8 m^3$）	最小下泄流量/（m^3/s）	最大下泄流量/（m^3/s）	最大出力 /MW	最小出力 /MW
1，5，9，13	80	150	100	120	5	15	0	500
2，6，10，14	60	120	80	70	6	15	0	500
3，7，11，15	100	240	170	170	10	30	0	500
4，8，12，16	70	160	120	140	13	25	0	500
17，21	100	230	150	160	8	36	0	500
18，22	80	180	130	140	12	36	0	500
19，23	120	370	270	320	10	60	0	500
20，24	130	360	290	310	18	60	0	500
25，29，33，37	140	350	240	260	8	24	0	500
26，30，34，38	100	300	180	200	10	24	0	500
27，31，35，39	270	500	400	400	12	84	0	500
28，32，36，40	200	450	350	360	12	60	0	500
41	100	300	170	200	5	24	0	500

续表

水电站	库容下限 / (10^8 m³)	库容上限 / (10^8 m³)	初始库容 / (10^8 m³)	末库容 / (10^8 m³)	最小下泄流量/ (m³/s)	最大下泄流量/ (m³/s)	最大出力 /MW	最小出力 /MW
42	100	300	160	180	6	24	0	500
43	170	400	300	300	12	60	0	500
44	100	350	250	280	12	50	0	500

表 6-4　水电站发电参数

水电站	C_1	C_2	C_3	C_4	C_5	C_6
1, 5, 9, 13, 17, 21, 25, 29, 33, 37, 41	−0.004 2	−0.42	0.030	0.90	10	−50
2, 6, 10, 14, 18, 22, 26, 30, 34, 38, 42	−0.004 0	−0.30	0.015	1.14	9.5	−70
3, 7, 11, 15, 19, 23, 27, 31, 35, 39, 43	−0.001 6	−0.30	0.014	0.55	5.5	−40
4, 8, 2, 16, 20, 24, 28, 32, 36, 40, 44	−0.003 0	−0.31	0.027	1.44	14	−90

表 6-5　等价火电机组发电参数

火电站	出力下限/MW	出力上限/MW	a	b	c	e	h
1	36	114	0.006 90	6.73	94.705	100	0.084
2	36	114	0.006 90	6.73	94.705	100	0.084
3	60	120	0.020 28	7.07	309.54	100	0.084
4	80	190	0.009 42	8.18	369.03	150	0.063
5	47	97	0.011 40	5.35	148.89	120	0.077
6	68	140	0.011 42	8.05	222.33	100	0.084
7	110	300	0.003 57	8.03	287.71	200	0.042
8	135	300	0.004 92	6.99	391.98	200	0.042
9	135	300	0.005 73	6.60	455.76	200	0.042
10	130	300	0.006 05	12.90	722.82	200	0.042
11	94	375	0.005 15	12.90	635.20	200	0.042
12	94	375	0.005 69	12.80	654.89	200	0.042
13	125	500	0.004 21	12.50	913.40	300	0.035
14	125	500	0.007 52	8.84	1 760.40	300	0.035
15	125	500	0.007 08	9.15	1 728.30	300	0.035
16	125	500	0.007 08	9.15	1 728.30	300	0.035
17	220	500	0.003 13	7.97	647.85	300	0.035
18	220	500	0.003 13	7.95	649.69	300	0.035
19	242	550	0.003 13	7.97	647.83	300	0.035
20	242	550	0.003 13	7.97	647.81	300	0.035

火电站	出力下限/MW	出力上限/MW	a	b	c	e	h
21	254	550	0.002 98	6.63	785.96	300	0.035
22	254	550	0.002 98	6.63	785.96	300	0.035
23	254	550	0.002 84	6.66	794.53	300	0.035
24	254	550	0.002 84	6.66	794.53	300	0.035
25	254	550	0.002 77	7.10	801.32	300	0.035
26	254	550	0.002 77	7.10	801.32	300	0.035
27	10	150	0.521 24	3.33	1 055.10	120	0.077
28	10	150	0.521 24	3.33	1 055.10	120	0.077
29	10	150	0.521 24	3.33	1 055.10	120	0.077
30	47	97	0.011 40	5.35	148.89	120	0.077
31	60	190	0.001 60	6.43	222.92	150	0.063
32	60	190	0.001 60	6.43	222.92	150	0.063
33	60	190	0.001 60	6.43	222.92	150	0.063
34	90	200	0.000 10	8.95	107.87	200	0.042
35	90	200	0.000 10	8.62	116.58	200	0.042
36	90	200	0.000 10	8.62	116.58	200	0.042
37	25	110	0.016 10	5.88	307.45	80	0.980
38	25	110	0.016 10	5.88	307.45	80	0.980
39	25	110	0.016 10	5.88	307.45	80	0.980
40	242	550	0.003 13	7.97	647.83	300	0.035
41	0	680	0.000 28	8.10	550	300	0.035
42	0	360	0.000 56	8.10	309	200	0.042
43	0	360	0.000 56	8.10	307	200	0.042
44	60	180	0.003 24	7.74	240	150	0.063
45	60	180	0.003 24	7.74	240	150	0.063
46	60	180	0.003 24	7.74	240	150	0.063
47	60	180	0.003 24	7.74	240	150	0.063
48	60	180	0.003 24	7.74	240	150	0.063
49	60	180	0.003 24	7.74	240	150	0.063
50	40	120	0.002 84	8.60	126	100	0.084
51	40	120	0.002 84	8.60	126	100	0.084
52	55	120	0.002 84	8.60	126	100	0.084
53	55	120	0.002 84	8.60	126	100	0.084
54	55	120	0.002 84	8.60	126	100	0.084

采用实数差分量子进化算法（real differential quantum evolution algorithm，RDQEA）（Wang et al.，2012），针对该仿真系统进行求解，种群规模 $M=30$，最大迭代次数 GenNum=1000，差分比例因子 $F=0.5$，交叉系数 $C_R=0.3$，库容约束违反边界值 VdVioBodr=5，水量平衡约束处理粗搜索最大迭代次数 Iter$V_{coa\_max}=10$，负荷约束违反边界值 PdVioBodr=15，负荷平衡约束处理粗搜索最大迭代次数 Iter$P_{coa\_max}=10$。计算结果如表 6-6、表 6-7 所示。

表 6-6　计算结果比较

优化方法	燃料消耗最小值 / $	平均计算时间/s
NLP	4 062 748.949	104.61
LR	4 137 850.615	89.25
CSA	3 503 527.752	67.34
PSO	3 980 323.157	56.84
DE	3 863 886.069	58.78
QEA	4 079 435.553	66.41
RQEA	3 817 807.813	57.63
RDQEA	**3 490 580.681**	**62.48**

注：加粗表示最优

表 6-7　仿真计算结果

时间	负荷 / MW	水电站总出力 / MW	火电站总出力 / MW	燃料消耗值 / $
00:00	18 166.900	5 954.091	12 212.809	137 535.406
01:00	18 198.000	5 781.740	12 416.260	137 730.405
02:00	17 921.100	5 490.754	12 430.346	139 024.618
03:00	17 944.400	5 593.599	12 350.801	138 486.215
04:00	18 257.400	5 891.803	12 765.597	143 137.211
05:00	18 472.400	5 845.031	12 627.369	141 054.743
06:00	18 971.000	6 100.298	12 870.702	143 446.280
07:00	19 389.400	6 408.176	12 981.224	144 606.721
08:00	19 437.000	6 188.219	13 248.781	147 905.464
09:00	20 426.600	6 876.935	13 549.665	153 780.499
10:00	19 936.500	6 615.436	13 321.064	149 131.464
11:00	20 500.500	6 908.455	13 592.045	153 627.436
12:00	20 296.600	6 912.847	13 383.753	150 778.909
13:00	20 281.500	7 103.324	13 178.176	147 248.843
14:00	19 755.000	6 773.281	12 981.719	145 802.872
15:00	20 170.600	7 098.068	13 072.532	145 720.965

续表

时间	负荷 / MW	水电站总出力 / MW	火电站总出力 / MW	燃料消耗值 / $
16:00	19 917.100	6 885.752	13 031.348	145 607.586
17:00	20 033.500	6 953.482	13 080.018	146 954.493
18:00	20 427.400	7 101.249	13 326.151	149 024.724
19:00	20 398.000	7 013.384	13 384.616	149 888.574
20:00	20 157.900	6 973.487	13 184.413	147 186.879
21:00	19 709.000	6 505.221	13 203.779	147 487.961
22:00	19 426.800	6 786.705	12 640.095	142 226.667
23:00	19 266.300	6 413.543	12 852.757	143 185.746
燃料总消耗费用 / $				3 490 580.681

由表 6-6 可以看出所提 RDQEA 获得燃料消耗最小值为 3 490 580.681 $，平均计算时间为 62.48 s，优化结果远小于非线性规划、朗格朗日算子法等数学规划方法，且计算时间缩短较多；相比于 CSA、PSO、DE 和 QEA，所提方法仍为最优值，但计算时间比 RDQEA 长了 4.85 s，耗时相差不大。由此可见，改进后的 RDQEA 相比于原始 EA 和 QEA 在求解质量上有明显提高，收敛速度慢于原始 DE 算法，但快于原始 QEA，这与两种算法的基本思想和搜索方法一致，同时表明算法改进效果显著。

此外，分别进行了 30 次仿真计算，该水火电力系统燃料消耗的最小值、平均值和最大值的分布情况如图 6-3 所示，每次仿真计算结果表明运用 RDQEA 求解平均值分布较为合理，该算法具有较好的鲁棒性和收敛性。

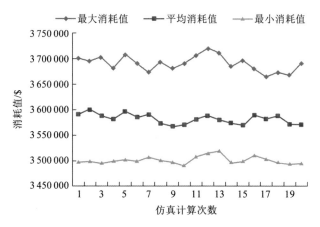

图 6-3　燃料消耗最小值、平均值与最大值分布图

表 6-7 和图 6-4 为该水火电力系统中水火电的最优出力方案，分别列出各个时段水电与火电总出力及燃料消耗值。由图 6-4 可知，在当日峰荷时段，水电站出力明显增加，整体火电出力较为平稳，符合水火电联合峰谷补偿特性。

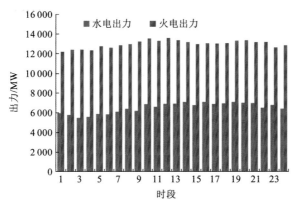

图 6-4　水火电站在各时段出力分布

　　各个水电站与火电站当日的最优出力情况如图 6-5 和图 6-6 所示。由图 6-5 可知,受各水电站库容、下泄流量约束的限制,部分水电站出力为 0。计算过程中,居民用水和灌溉用水为必须满足的约束条件,因此,完全满足两者需求。为检验所求最优解的正确性,可验证其下泄流量与库容是否满足约束条件。由于水电站数量较大,图 6-7 和图 6-8 分别选取水电站 1～3 与水电站 42～44 的下泄流量和库容变化曲线进行展示,比较约束条件参数可知,所获得的最优解有效、可行。

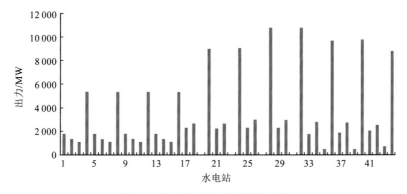

图 6-5　各个水电站当日最优出力

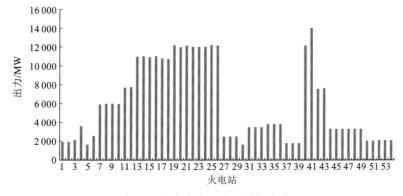

图 6-6　各个火电站当日最优出力

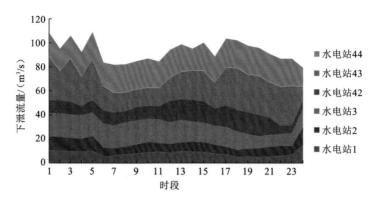

图 6-7　水电站 1~3、42~44 的当日每时段下泄流量

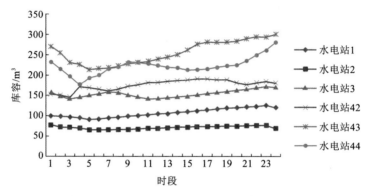

图 6-8　水电站 1~3、42~44 的当日每时段库容

6.2　区域水火电力系统多目标优化调度

6.2.1　水火电力系统短期多目标联合优化调度模型

区域水火电力系统是电网安全稳定运行不可或缺的组成部分,作为电力系统最重要的电源结构,火电承担着系统基荷,水电担任调峰调频、事故备用等重要任务,在水电装机比重较大的西南地区,水电占据了电网基荷的重要位置。水火电力系统联合运行能充分发挥水电站绿色无污染、机组快速开停、水能资源经济效益的特点,减少火电机组的一次能源消耗,从区域电网的角度出发,具有巨大的补偿效益和联合调度潜力。因此,为充分发挥区域电力系统水火电能源的互补优势,本节以电网负荷需求、流域水文情势、水火电力系统空间分布为切入点,建立以节能减排为目标的区域水火电力系统多目标联合发电优化调度模型,采用本章提出的改进 MOEAs 对模型进行高效求解,制定符合水火电力系统运行域边界的短期优化调度方案。

区域水火电力系统联合优化调度是在满足电网负荷要求和水火电运行边界的条件下,制定水电站与火电机组负荷最优分配方式和水电站逐时段运行过程,以最大限度地利用水能资源，避免或尽量减少弃水，降低火电机组的运行成本和污染排放，实现区域电力系统安全经济稳定运行和能源资源优化配置。

1. 模型目标函数

1）节能目标

在水火电力系统中，水电站是一种极为清洁的能源，直接能源消耗少，水电能转化过程中不产生污染，而火电站则以化石能源的燃料为基础，生产消耗较大，因此，水火电力系统联合运行的节能目标可表示为系统燃料耗费最小。研究过程中，通常将包含多台机组的火电厂等效为一个具有统一动力特性的虚拟火电机组，同时考虑因火电机组汽轮机进汽阀门打开时煤耗激增的"阀点效应"，则节能的目标函数可描述为

$$\begin{cases} \min F = \sum_{t=1}^{T} \sum_{i=1}^{N_s} N_{si}^t \\ N_{si}^t = a_i + b_i \cdot P_{si}^t + c_i \cdot (P_{si}^t)^2 + \left| d_i \cdot \sin\left[e_i \cdot (P_{si,\min} - P_{si}^t) \right] \right| \end{cases} \tag{6-9}$$

式中：T 为调度期总时段数；N_{si}^t 为火电机组 i 在 t 时段的运行费用；P_{si}^t 为火电机组出力；a_i、b_i、c_i 和 d_i 为火电机组燃料耗费系数；e_i 为"阀点效应"参数；$P_{si,\min}$ 为机组最小出力。

2）减排目标

火电站生产在燃烧一次能源的同时产生了大量以氮、磷氧化物为主要成分的污染气体排放，是形成"雾霾"等恶劣天气的主要原因，严重危害人类生产、生活、生态环境。为实现以资源节约、环境友好为目标的区域水火电联合优化调度，减少污染气体排放，建立以减排为目标的数学模型：

$$\min E = \sum_{t=1}^{T} \sum_{i=1}^{N_s} \left[\alpha_i + \beta_i \cdot P_{si}^t + \gamma_i \cdot (P_{si}^t)^2 + \eta_i \cdot \exp\left(\delta_i \cdot P_{si}^t \right) \right] \tag{6-10}$$

式中：α_i、β_i、γ_i、η_i 和 δ_i 为机组 i 的污染气体排放特征参数。

2. 模型约束条件

1）负荷平衡约束

负荷平衡约束公式为

$$\sum_{i=1}^{N_s} P_{si}^t + \sum_{j=1}^{N_h} P_{hj}^t = P_D^t \qquad (t=1,2,\cdots,T) \tag{6-11}$$

式中：N_s、N_h 分别为系统中水、火电厂数；P_{hj}^t 为第 j 个水电厂在第 t 时段的出力；P_D^t 为 t 时段系统负荷。

水火电系统中水电能转化关系可描述为关于水电站时段库容和下泄流量的关系曲线，因此，水电站出力数学描述为

$$\begin{aligned} P_{h,j}^t = &\ C_{1j} \cdot (V_j^t)^2 + C_{2j} \cdot (Q_j^t)^2 + C_{3j} \cdot V_j^t \cdot Q_j^t \\ &+ C_{4j} \cdot V_j^t + C_{5j} \cdot Q_j^t + C_{6j} \end{aligned} \qquad (j=1,2,\cdots,N_h; \quad t=1,2,\cdots,T) \tag{6-12}$$

式中：C_{1j}、C_{2j}、C_{3j}、C_{4j}、C_{5j} 和 C_{6j} 为水电站 j 的水电转换系数；V_j^t 和 Q_j^t 分别为当前库容和出库流量。

2）水、火电出力限制

水、火电出力限制公式为

$$\begin{cases} P_{si,\min} \leqslant P_{si}^t \leqslant P_{si,\max}, & i=1,2,\cdots,N_s \\ P_{hj,\min} \leqslant P_{hj}^t \leqslant P_{hj,\max}, & j=1,2,\cdots,N_h \end{cases} \quad (6\text{-}13)$$

式中：$P_{si,\max}$、$P_{si,\min}$ 为火电机组 i 的出力上、下限；$P_{hj,\min}$、$P_{hj,\max}$ 分别为水电厂 j 的最小、最大出力。

3）水电站下泄流量约束

水电站下泄流量约束公式为

$$Q_{j,\min} \leqslant Q_j^t \leqslant Q_{j,\max} \quad (j=1,2,\cdots,N_h) \quad (6\text{-}14)$$

式中：$Q_{j,\min}$、$Q_{j,\max}$ 分别为第 j 个水电站的最小、最大下泄流量。

4）水电站库容约束

水电站库容约束公式为

$$V_{j,\min} \leqslant V_j^t \leqslant V_{j,\max} \quad (j=1,2,\cdots,N_h) \quad (6\text{-}15)$$

式中：$V_{j,\max}$、$V_{j,\min}$ 分别为水电站 j 的允许库容上、下限，时段水位通过查询水位–库容曲线求得。

5）水电站初、末库容约束

水电站初、末库容约束公式为

$$V_{j,0} = V_j^{\text{begin}}, \quad V_j^T = V_j^{\text{end}} \quad (j=1,2,\cdots,N_h) \quad (6\text{-}16)$$

式中：V_j^{begin}、V_j^{end} 分别为第 j 个水电站在调度期内的初、末库容。

6）水电站水量平衡约束

水电站水量平衡约束公式为

$$V_j^{t+1} = V_j^t + \left[I_j^t - Q_j^t + \sum_{k=1}^{N_{uj}} \left(Q_k^{t-T_{k,j}} + S_k^{t-T_{k,j}} \right) \right] \Delta t \quad (6\text{-}17)$$

式中：I_j^t、S_j^t 分别为水电站 j 在 t 时段的入库径流和弃水；N_{uj}、k 分别为水电站 j 上游电站总数和序号；$T_{k,j}$ 为从电站 k 到电站 j 的流达时间。

6.2.2　水火电力系统多目标仿真

研究选取的区域水火电力系统包含四座水电站和三个火电厂。调度周期为 1 天，时段长度为 1 h，15 min 时段长度计算方法类似，系统中水电站入库流量、水流时滞、发电系数、系统负荷,火电厂机组费用曲线、污染排放系数及水火电约束条件等数据可参见文献(Basu,2008)。将本章提出的 MOPSO 算法应用于区域水火电系统多目标优化调度中,为便于结果对比,MOPSO 算法最大迭代次数 GenNum=2 000,其他参数设置与其他章节一致。图 6-9 给出了 MOPSO 算法求得的非劣解集,为进一步说明算法的有效性,文献(Qin et al.,2010)计算结果对比如表 6-8 所示。

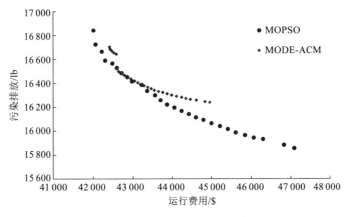

图 6-9　MOPSO 算法非劣解集

1 lb=0.453 592 kg

表 6-8　MOPSO 算法与 MODE-ACM 算法非劣解集对比

方案编号	MOPSO		MODE-ACM		方案编号	MOPSO		MODE-ACM	
	运行费用/$	污染排放/lb	运行费用/$	污染排放/lb		运行费用/$	污染排放/lb	运行费用/$	污染排放/lb
1	42 009	16 842	42 417	16 706	16	44 059	16 197	43 382	16 370
2	42 058	16 826	42 432	16 688	17	44 243	16 167	43 474	16 358
3	42 063	16 724	42 479	16 672	18	44 429	16 142	43 553	16 344
4	42 219	16 664	42 529	16 656	19	44 606	16 114	43 660	16 334
5	42 305	16 590	42 590	16 645	20	44 797	16 094	43 770	16 326
6	42 490	16 566	42 609	16 523	21	45 005	16 066	43 878	16 315
7	42 603	16 529	42 650	16 500	22	45 219	16 042	43 991	16 304
8	42 717	16 485	42 705	16 486	23	45 421	16 016	44 113	16 294
9	42 861	16 453	42 793	16 469	24	45 616	15 989	44 249	16 286
10	42 979	16 417	42 870	16 455	25	45 850	15 966	44 357	16 276
11	43 225	16 387	42 952	16 439	26	46 069	15 945	44 470	16 268
12	43 367	16 337	43 046	16 421	27	46 307	15 933	44 619	16 262
13	43 570	16 300	43 125	16 407	28	46 516	15 905	44 724	16 253
14	43 711	16 259	43 196	16 393	29	46 829	15 885	44 842	16 249
15	43 873	16 222	43 289	16 382	30	47 085	15 858	44 962	16 242

由图 6-9 可知，相比于 MODE-ACM 算法，MOPSO 算法求得的非劣解集更加接近 Pareto 真实前沿，调度方案在节能和减排两个目标上分布广泛，且非劣前沿分布均匀，证明 MOPSO 算法可同时优化运行费用和污染排放两个目标，且一次计算获取分布均匀、范围广泛、接近真实前沿的非劣解集。分析表 6-8 中数据，MOPSO 算法求解最节能方案运行费用为 42 009 \$，比 MODE-ACM 算法求得的最经济方案减少耗费 408 \$；同时 MOSPO 算法最减排方案污染排放为 15 858 lb，相比于 MODE-ACM 算法最减排方案减少有害气体排放达 391 lb，说明本书提出方法可得到运行费用低且污染排放少的调度方案，求解精度高。图 6-10 给出 MOPSO 算法求得的非劣方案集中最节能方案和最减排方案出力过程，可以看出，所求调度方案满足区域水火电力系统的实际运行要求。

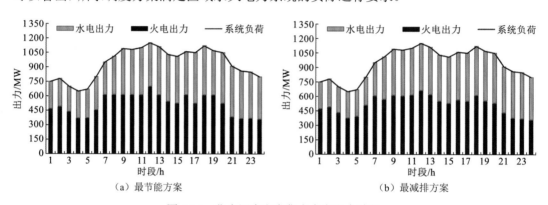

图 6-10　非劣调度方案集水火电出力过程

为进一步证明本书提出方法对区域水火电力系统发电优化调度问题求解的有效性，将电网输电线路网损（覃晖，2011）考虑到模型中。电力系统网损是指电能由电源输送到受电端，由于传输距离远，传输线路长，传输电缆的线电阻会消耗部分电能，将电能转化为热量消耗掉。考虑系统网损的区域水火电联合运行系统负荷平衡约束可表示为

$$\sum_{i=1}^{N_s} P_{si}^t + \sum_{j=1}^{N_h} P_{hj}^t = P_D^t + P_L^t \tag{6-18}$$

式中：P_L^t 为 t 时段系统网损，可通过 B 系数法进行计算，计算方式为

$$P_L^t = \sum_{i=1}^{N_s+N_h} \sum_{j=1}^{N_s+N_h} P_i^t \cdot B_{i,j} \cdot P_j^t + \sum_{i=1}^{N_s+N_h} B_{0i} \cdot P_i^t + B_{00} \tag{6-19}$$

为证明方法的有效性，将经典的 MOEAs 中 NSGA-II 算法应用于考虑系统网损的区域水火电联合发电优化调度中，NSGA-II 算法中变异系数取 0.8，交叉率为 0.02，最大迭代次数为 2 000。图 6-11 为两种优化方法求得的非劣调度方案集组成的非劣前沿，各方案计算结果见表 6-9。

与经典的 NSGA-II 算法相比，MOPSO 算法求得的调度方案分布均匀且范围广泛，非劣解集更加接近 Pareto 真实前沿，优化效果较好。从表 6-9 中可知，MOPSO 算法求得的运行费用最低方案耗费为 42 656 \$，比 NSGA-II 算法求得的方案减少耗费 833 \$；同时 MOSPO 算法污染排放最小方案排放量为 16 881 lb，相比于 NSGA-II 算法方案减少有害

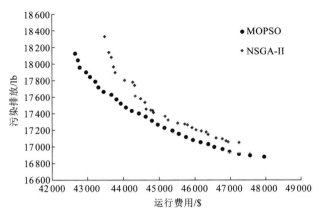

图 6-11　考虑系统网损时 MOPSO 算法非劣前沿分布

表 6-9　MOPSO 算法与 NSGA-II 算法非劣解集对比

方案编号	MOPSO		NSGA-II		方案编号	MOPSO		NSGA-II	
	运行费用/$	污染排放/lb	运行费用/$	污染排放/lb		运行费用/$	污染排放/lb	运行费用/$	污染排放/lb
1	42 656	18 125	43 489	18 332	16	44 799	17 315	45 174	17 370
2	42 734	18 045	43 605	18 142	17	44 964	17 268	45 259	17 326
3	42 785	17 956	43 674	18 083	18	45 152	17 229	45 525	17 289
4	42 966	17 900	43 733	17 967	19	45 377	17 196	45 718	17 277
5	43 077	17 843	43 777	17 900	20	45 553	17 156	45 799	17 267
6	43 226	17 787	44 044	17 806	21	45 753	17 117	45 927	17 234
7	43 311	17 719	44 273	17 784	22	45 949	17 082	46 039	17 207
8	43 456	17 665	44 327	17 745	23	46 161	17 055	46 186	17 193
9	43 670	17 630	44 345	17 615	24	46 376	17 032	46 320	17 181
10	43 810	17 572	44 495	17 582	25	46 547	16 998	46 377	17 151
11	43 929	17 521	44 614	17 537	26	46 779	16 973	46 598	17 109
12	44 079	17 474	44 643	17 457	27	46 974	16 941	46 775	17 099
13	44 241	17 433	44 772	17 444	28	47 245	16 913	46 881	17 075
14	44 442	17 402	44 826	17 439	29	47 560	16 897	46 939	17 062
15	44 627	17 364	44 847	17 415	30	47 956	16 881	47 251	17 054

气体排放达 173 lb,说明本书提出方法获得方案运行费用低,污染排放少,算法对水火电联合调度问题收敛精度更高。考虑系统网损的水火电联合运行相比于不计网损时,调度运行费有所提高,是因为在受电端负荷不变的情况下,输电线路电能损耗需要供电端提供更多的电能,因此,污染排放也有所增加。由图 6-12 可以看出,MOPSO 算法求得的最节能方案和最减排方案出力过程均满足系统负荷平衡约束,说明获得的最优解有效、可行。在实际生产运行中,区域水火电力系统联合调度方案还需综合考虑社会经济、环境需求,最终供决策者进行方案优选。

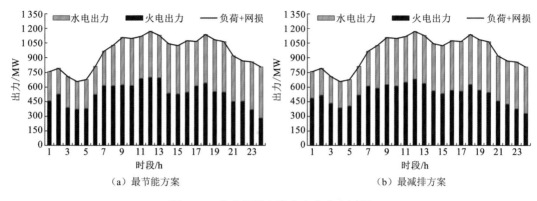

（a）最节能方案　　　　　　　　　　（b）最减排方案

图 6-12　非劣调度方案水火电出力过程

6.3　流域梯级电站群与火电、风电多目标互补优化调度

6.3.1　水火风多能源互补特性

1. 水火互补特性

火电机组开停机状态转换速度慢，其在调峰过程中频繁的出力调整会增加总体煤耗，并缩减机组使用寿命。为保证火电机组的高效运行，减少整个调度期火电的燃煤消耗，应尽量保证火电机组出力的均匀性，减少其出力波动。水电机组爬坡能力强，开停机速度快，在电力系统可承担主要的调峰调频任务，但其发电出力受来水影响较大，呈现明显的季节性变化规律。为充分发挥水电调峰容量效益，提高水能利用效率，应使水电在枯水期承担电网峰荷，而在丰水期承担基荷。由此可见，不同时期水电及火电在电网中的运行位置分布性将对电力系统经济性产生较大影响。因此，实施水火联合互补调度，枯水期通过水电调峰削减电网负荷尖峰以使火电出力平坦，可保证火电运行的经济性；而在丰水期令水电按预想出力满发，火电承担调峰任务，利用水电运行增加效益弥补火电因偏离经济运行点产生的效益损失，可最大限度地利用水能资源，同时提高电力系统整体运行效益。

2. 水风互补特性

水电与风电出力均具有波动性，但在波动规律上存在差异。水电出力的波动性受其所在流域水文、气象变化影响，并与水库自身调节能力和发电运行方式有关。水能资源一般以春夏季为丰水期，以秋冬季为枯水期，虽然水库可通过自身库容对径流进行调节，使水电出力日变幅度不是太大，但其季节性波动仍十分明显。风能属于无法存储且难以调度的间歇性能源，而风电出力则表现出与自然风紧密相关的随机性与波动性。风能资源在冬春季较为丰富，而在夏秋季相对匮乏，虽然风电出力在日间波动很大，但其年际和季节性波动相对水电较小（孙春顺 等，2009）。由此可见，水电与风电出力在时间上呈现明显的互补特性。实施水风联合互补调度，在风电大的时期减小水电出力，而在风电小的时期增加水电出力，水风在季节上的电量互补，能有效减少风电弃风和水电弃水。同时，依靠水电承担系统日调峰任务以平抑风电日波动对系统造成的影响，能有效提高电网对风电的消纳能力。

3. 风火互补特性

火电厂发电出力与风电和水电出力相比较为稳定，除了受火电机组自身最大发电能力限制、燃料供应制约及电网负荷需求影响，其运行期内可供电量基本没有波动。但是，火电在运行过程中需要持续不断地消耗一次能源，并排放出大量污染气体，对大气环境造成严重危害。风电作为我国除水电以外装机规模最大的清洁能源，具有无污染、零排放的优点，提高电力系统中风电的消纳比例，可有效降低火电对一次能源的消耗。然而，大规模风电并网也将对电网运行造成冲击，影响电力系统安全运行。由此可见，风电和火电分别在电力清洁性和运行稳定性方面存在互补关系。实施风火联合互补调度，将火电作为备用服务电源，增加电力系统对风电的消纳能力，在减少弃风的同时降低火电一次能源消耗，能有效提高电力系统运行环境及经济效益。

4. 风功率不确定性描述

将风电集成进水火电力系统是水火风短期联合互补调度需要解决的一个首要问题，而其中的重点在于如何对风功率的不确定性进行描述与表征。

1) 风功率的概率密度函数

目前，在对风速分布的建模过程中，Weibull 分布概率密度函数被广泛用于描述特定位置风速的分布特性（Hetzer et al.，2008）。风速的概率密度函数及累计概率密度函数表达式分别如式（6-20）和式（6-21）所示。

$$f_v(v)=\frac{k}{c}\left(\frac{v}{c}\right)^{k-1}\cdot\exp\left[-\left(\frac{v}{c}\right)^k\right]\quad(v>0)\tag{6-20}$$

$$F_v(v)=1-\exp\left[-\left(\frac{v}{c}\right)^k\right]\tag{6-21}$$

式中：c 和 k 分别为概率密度函数的比例因子和形状参数，$c>0$，$k>0$；v 为当前风速。

在实际的建模过程中，为计算特定风速下的风电出力，相关学者（Hetzer et al.，2008；Roy et al.，2002）提出了一种简化的线性模型用于描述风电出力与风速之间的关系，该线性模型为

$$w=\begin{cases}0, & v<v_{in}\text{或}v\geqslant v_{out}\\ w_r(v-v_{in})/(v_r-v_{in}), & v_{in}\leqslant v<v_r\\ w_r, & v_r\leqslant v<v_{out}\end{cases}\tag{6-22}$$

式中：v_r、v_{in} 和 v_{out} 分别为风电机组的额定风速、切入和切出风速；w_r 为风机额定出力；w 为风机出力，$w\in[0,w_r]$。

基于式（6-22），当风速 v 位于 $[v_{in},v_r)$ 时，风功率 w 的概率分布可描述为

$$F_w(w) = \frac{khv_{in}}{w_r c}\left[\frac{(1+hw/w_r)\,v_{in}}{c}\right]^{k-1} \cdot \exp\left\{-\left[\frac{(1+hw/w_r)\,v_{in}}{c}\right]^k\right\} \qquad (6\text{-}23)$$

式中：$h = \dfrac{v_r}{v_{in}} - 1$。

式（6-23）主要表征的是风功率在连续域内的概率分布特性，而对 w 等于 0 或 1 情形时的离散概率则描述如下：

$$P(w=0) = P_r(v < v_{in}) + P_r(v > v_{out}) = 1 - \exp\left[-(v_{in}/c)^k\right] + \exp\left[-(v_{out}/c)^k\right] \qquad (6\text{-}24)$$

$$P(w=1) = P_r(v_{in} \leqslant v \leqslant v_{out}) = \exp\left[-(v_r/c)^k\right] - \exp\left[-(v_{out}/c)^k\right] \qquad (6\text{-}25)$$

合并式（6-23）～式（6-25），即可推导出风功率 w 的累计概率分布函数，具体为

$$F_w(w) = \begin{cases} 0, & w < 0 \\ \dfrac{khv_{in}}{w_r c}\left[\dfrac{(1+hw/w_r)\,v_{in}}{c}\right]^{k-1} \cdot \exp\left\{-\left[\dfrac{(1+hw/w_r)\,v_{in}}{c}\right]^k\right\}, & 0 \leqslant w < w_r \\ 1, & w \geqslant w_r \end{cases} \qquad (6\text{-}26)$$

2）风电出力成本

各时段风电出力存在不确定性，故对未来时段风电出力的估计将出现高估或低估的现象。假如计划风电出力大于实际出力，则计划出力属于高估情景，此时电力系统需要从其他类型电源购买备用电力以满足时段负荷平衡约束。相反，假如计划风电出力小于实际出力，则计划出力属于低估情景，此时多余的电力将通过外置电阻性负载进行消耗，并且电力系统还需额外对风电提供商进行补偿。为描述风功率不确定性对电力系统运行花费造成的影响，一些学者（Yuan et al.，2015；Liu et al.，2010）基于本节所述风功率的概率分布描述方法，提出了风电高估与低估情景下风电花费计算式。

第 m 台风机 t 时段的出力高估花费计算式如下所示：

$$\begin{aligned}
E_{oe,m}^t &= C_{oe,m}\left[w_m^t P_r(w=0) + \int_0^{w_{r,m}} (w_m^t - w) F_w(w)\,\mathrm{d}w\right] \\
&= C_{oe,m} \cdot w_m^t \left\{1 - \exp\left[-\left(\frac{v_{in,m}}{c_m}\right)^{k_m}\right] + \exp\left[-\left(\frac{v_{out,m}}{c_m}\right)^{k_m}\right]\right\} \\
&\quad + \left(\frac{w_{r,m} v_{in,m}}{v_{r,m} - v_{in,m}} + w_m^t\right)\left\{\exp\left[-\left(\frac{v_{in,m}}{c_m}\right)^{k_m}\right] - \exp\left[-\left(\frac{v_l}{c_m}\right)^{k_m}\right]\right\} \\
&\quad + \frac{w_{r,m} c_m}{v_{r,m} - v_{in,m}}\left\{\Gamma\left[1+\frac{1}{k_m},\left(\frac{v_l}{c_m}\right)^{k_m}\right] - \Gamma\left[1+\frac{1}{k_m},\left(\frac{v_{in,m}}{c_m}\right)^{k_m}\right]\right\}
\end{aligned} \qquad (6\text{-}27)$$

相应地，第 m 台风机 t 时段的出力低估花费计算式如下所示：

$$
\begin{aligned}
E_{\text{ue},m}^t &= C_{\text{ue},m}\left[(w_{\text{r},m}-w_m^t)P_{\text{r}}(w_m^t=w_{\text{r},m})+\int_{w_m^t}^{w_{\text{r},m}}(w-w_m^t)F_w(w)\,\mathrm{d}w\right]\\
&= C_{\text{ue},m}(w_{\text{r},m}-w_m^t)\left\{\exp\left[-\left(\frac{v_{\text{r},m}}{c_m}\right)^{k_m}\right]-\exp\left[-\left(\frac{v_{\text{out},m}}{c_m}\right)^{k_m}\right]\right\}\\
&\quad+\left(\frac{w_{\text{r},m}v_{\text{in},m}}{v_{\text{r},m}-v_{\text{in},m}}+w_m^t\right)\left\{\exp\left[-\left(\frac{v_{\text{r},m}}{c_m}\right)^{k_m}\right]-\exp\left[-\left(\frac{v_1}{c_m}\right)^{k_m}\right]\right\}\\
&\quad+\frac{w_{\text{r},m}c_m}{v_{\text{r},m}-v_{\text{in},m}}\left\{\Gamma\left[1+\frac{1}{k_m},\left(\frac{v_1}{c_m}\right)^{k_m}\right]-\Gamma\left[1+\frac{1}{k_m},\left(\frac{v_{\text{r},m}}{c_m}\right)^{k_m}\right]\right\}
\end{aligned}
\tag{6-28}
$$

式（6-27）、式（6-28）中：$E_{\text{oe},m}^t$ 和 $E_{\text{ue},m}^t$ 分别为风电出力的高估和低估花费；$C_{\text{oe},m}$ 和 $C_{\text{ue},m}$ 为风电费用参数；$v_{\text{r},m}$、$v_{\text{in},m}$ 和 $v_{\text{out},m}$ 分别为第 m 台风电机组的额定风速、切入风速和切出风速；$w_{\text{r},m}$ 为第 m 台风机额定出力；w_m^t 为第 m 台风机 t 时段计划出力，$w_m^t \in [0,w_{\text{r}}]$；$c_m$ 和 k_m 分别为第 m 台风机概率密度函数的比例因子和形状参数；$v_1 = v_{\text{in},m}+w_m^t(v_{\text{r},m}-v_{\text{in},m})/w_{\text{r},m}$，为中间变量；$\Gamma(\cdot)$ 为不完全伽马函数。

此外，除了风电计划出力的高估与低估花费以外，风力发电的成本花费也应考虑在内。风电成本花费计算式如下：

$$
E_{\text{d},m}^t = g_m \cdot w_m^t
\tag{6-29}
$$

式中：g_m 为第 m 台风电机组出力的成本因子。

将式（6-27）～式（6-29）中风电出力的高估、低估和成本花费进行合并，即可得到风电出力花费的总体计算式，如下所示：

$$
E_w = \sum_{t=1}^{T}\sum_{m=1}^{N_w}(E_{\text{oe},m}^t+E_{\text{ue},m}^t+E_{\text{d},m}^t)
\tag{6-30}
$$

式中：N_w 为风电机组台数。

6.3.2　水火风多能源短期联合互补优化调度模型

结合水火风多能源运行特点、互补特性分析及风电出力的不确定性描述，均衡考虑电力系统运行的经济效益与环境效益，建立水火风多能源短期联合互补优化调度模型。该模型主要表现为在满足电网负荷任务及水火风多重复杂耦合约束的前提下，合理安排水电站群、火电机组及风电机组的时段出力，使电力系统运行的经济花费和污染气体排放量最小。

1．调度目标

1）经济性目标

水火风多能源联合调度系统的经济性花费主要包括风电出力花费和火电出力花费两方面。前者的计算方法已在前面章节进行了介绍，而对于后者，当考虑火电机组的"阀点效应"（火电机组出力花费通常可由一个二次凸函数进行描述，但由于汽轮机进气阀门突然开启时会出现拔丝现象，产生的"阀点效应"会带来一定的一次能源损耗，火电花费函数具有一系列的不可微点。因此，为使火电花费计算式更接近实际情况，通常在二次凸函数的基础上增加一个正弦函数，以反映"阀点效应"带来的影响。图 6-13 给出了考虑"阀点效应"的火电机组出力花费性能曲线）时，火电花费可通过式（6-31）进行计算。

$$E_T = \sum_{t=1}^{T} \sum_{i=1}^{N_T} \left\{ a_i + b_i p_i^t + c_i (p_i^t)^2 + \left| e_i \sin \left[h_i (p_{i,\min} - p_i^t) \right] \right| \right\} \tag{6-31}$$

式中：E_T 为火电机组出力总花费；p_i^t 为第 i 台火电机组 t 时段出力；N_T 为火电机组台数；a_i、b_i、c_i 为第 i 台火电机组的花费参数；e_i、h_i 为火电机组阀点效应参数；$p_{i,\min}$ 为第 i 台火电机组的最小出力。

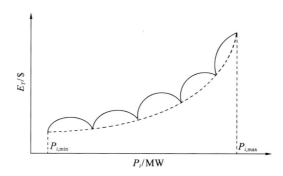

图 6-13　考虑"阀点效应"的火电机组出力花费性能曲线

水火风多能源短期联合互补电调度问题的经济性目标旨在实现火电机组燃料花费及风电机组运行花费最小化，为此，将式（6-30）和式（6-31）进行合并，获得经济性调度目标，如下所示：

$$\min E_{\text{eco}} = \sum_{t=1}^{T} \sum_{m=1}^{N_w} (E_{\text{oe},m}^t + E_{\text{ue},m}^t + E_{\text{d},m}^t) + \sum_{t=1}^{T} \sum_{i=1}^{N_T} \left\{ a_i + b_i p_i^t + c_i (p_i^t)^2 + \left| e_i \sin \left[h_i (p_{i,\min} - p_i^t) \right] \right| \right\} \tag{6-32}$$

式中：E_{eco} 为经济性调度总花费。

2）环境保护目标

电力系统污染气体排放主要来自化石燃料的燃烧，其中以硫化物（SOx）和氮化物（NOx）最为严重，本书在建模过程中也将重点考虑这两种类型污染气体排放。水电和风电属于清洁可再生能源，运行过程中具有零污染和零排放的特点，两者不产生 SOx 和 NOx；而火电机组出力主要靠燃煤发电，其运行过程中 SOx 和 NOx 的排放可被描述为一个二次函数和一个指数函数的和，本书计及的污染气体排放也主要来自火电机组。因此，为实现资源节约型、环境友好型电力系统调度模式，建立以下环境保护目标：

$$\min E_{\text{emi}} = \sum_{t=1}^{T} \sum_{i=1}^{N_T} \left[\alpha_i + \beta_i p_i^t + \gamma_i (p_i^t)^2 + \eta_i \exp(\delta_i p_i^t) \right] \tag{6-33}$$

式中：E_{emi} 为火电机组运行产生的污染气体总量；α_i、β_i、γ_i、η_i 和 δ_i 为第 i 台火电机组关于 SO_x 和 NO_x 两种类型污染气体的排放特征参数。

2. 约束条件

水火风多能源短期联合互补电调度应满足如下等式及不等式约束。

1）电网负荷平衡约束

电网负荷平衡约束公式为

$$\sum_{i=1}^{N_T} p_i^t + \sum_{j=1}^{N_H} u_j^t + \sum_{m=1}^{N_w} w_m^t = P_D^t \quad (t \in T) \tag{6-34}$$

式中：P_D^t 为 t 时段电网负荷需求；u_j^t 为第 j 个水电站在 t 时段的出力；N_H 为水电站数目。

在本章的研究中，水电站出力 u_j^t 的计算式被描述为一个与电站下泄流量和库容（电站库容可反映电站水头大小）有关的二次函数，其基本原理与电站最优动力特性的二维多项式描述相似，具体如下所示：

$$u_j^t = \xi_{1j}(V_j^t)^2 + \xi_{2j}(Q_j^t)^2 + \xi_{3j}V_j^tQ_j^t + \xi_{4j}V_j^t + \xi_{5j}Q_j^t + \xi_{6j} \tag{6-35}$$

式中：Q_j^t 和 V_j^t 分别为第 j 个水电站的下泄流量和库容；ξ_{1j}、ξ_{2j}、ξ_{3j}、ξ_{4j}、ξ_{5j} 和 ξ_{6j} 分别为第 j 个水电站的出力参数。

电网负荷平衡约束将水电、火电和风电出力紧密地联系在了一起，这使水电和风电出力能直接影响能源节约与环境保护两个目标。在特定的电网负荷 P_D^t 下，水电、风电的出力越大，火电需要承担的出力越小，所带来的经济花费和污染气体排放量也将越小。

2）水电站库容及下泄约束

水电站库容及下泄约束公式为

$$\begin{cases} V_j^{min} \leqslant V_j^t \leqslant V_j^{max} \\ Q_j^{min} \leqslant Q_j^t + S_j^t \leqslant Q_j^{max} \end{cases} \tag{6-36}$$

式中：V_j^{min} 和 V_j^{max} 分别为第 j 个水电站最小和最大库容；Q_j^{min} 和 Q_j^{max} 分别为第 j 个水电站最小和最大下泄流量。

3）电站或机组出力约束

电站或机组出力约束公式为

$$\begin{cases} 0 \leqslant w_m^t \leqslant w_{r,m}, & m \in N_w \\ p_i^{min} \leqslant p_i^t \leqslant p_i^{max}, & i \in N_T \\ u_j^{min} \leqslant u_j^t \leqslant u_j^{max}, & j \in N_H \end{cases} \tag{6-37}$$

式中：p_i^{min} 和 p_i^{max} 分别为第 i 台火电机组最小和最大出力；u_j^{min} 和 u_j^{max} 分别为第 j 个水电站的最小和最大出力。

4）火电机组爬坡及稳定运行约束

火电机组爬坡及稳定运行约束公式为

$$\begin{cases} p_i^t - p_i^{t-1} \leqslant \mathrm{UR}_i \\ p_i^{t-1} - p_i^t \leqslant \mathrm{DR}_i \\ p_i^{\min} \leqslant p_i^t \leqslant p_{i,1}^{\mathrm{low}} \quad (t \in T;\ i \in N_T;\ k=2,3,\cdots,M) \\ p_{i,k-1}^{\mathrm{up}} \leqslant p_i^t \leqslant p_{i,k}^{\mathrm{low}} \\ p_{i,M}^{\mathrm{up}} \leqslant p_i^t \leqslant p_i^{\max} \end{cases} \tag{6-38}$$

式中：UR_i 和 DR_i 分别为第 i 台火电机组的上行和下行爬坡速率；$p_{i,k}^{\mathrm{up}}$ 和 $p_{i,k}^{\mathrm{low}}$ 分别为第 i 台火电机组第 k 个振动区的上、下边界；M 为振动区个数。

5）水量平衡约束

水量平衡约束公式为

$$V_j^t = V_j^{t-1} + I_j^t - Q_j^t - S_j^t + \sum_{k=1}^{N_j} (Q_k^{t-\tau_{kj}} + S_k^{t-\tau_{kj}}) \quad (j \in N_H;\ t \in T) \tag{6-39}$$

式中：I_j^t 和 S_j^t 为第 j 个水电站 t 时段的入库和弃水流量；τ_{kj} 为第 j 号水电站和其上游第 k 个水电站之间的水流滞时；N_j 为第 j 号水电站的直接上游水电站个数。

6）初、末库容控制约束

初、末库容控制约束公式为

$$V_{j,0} = V_j^{\mathrm{begin}}, \quad V_{j,T} = V_j^{\mathrm{end}} \tag{6-40}$$

式中：V_j^{begin} 和 V_j^{end} 分别为第 j 号水电站调度期初、末库容控制值。

从以上调度目标及约束的数学化描述可知，水火风多能源短期联合互补调度本质上是一个多目标、多变量、强耦合的非线性约束优化问题，其水力、电力约束复杂且众多，快速精确求解十分困难，因此亟须寻求高效的模型求解方法。

6.3.3 水火风电力系统仿真

1. 仿真系统介绍

本章构造了一个包含四个混联梯级水电站、三个火电站和两台风电机组的水火风互补调度系统，用于验证所提改进多目标蜂群（enhanced multi-objective bee colony optimization，EMOBCO）算法在处理 HTWCS 问题时的有效性，该水火风互补调度系统结构如图 6-14 所示。系统中水电站入库径流、电站间水流滞时、电站库容–下泄–出力转换系数、电网负荷需求，火电站经济花费和污染物排放计算系数，水火系统限制约束可参见文献（Basu，2004），而风电机组发电特性参数（k、c、v_{in}、v_{out}、v_{r}、w_{r}）可参见文献（Liu，2010），此处不再赘述。仿真涉及的调度期为 1 天，调度时段为 1 h。

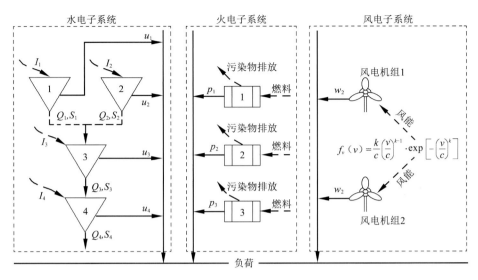

图 6-14　水火风互补调度系统结构

u 为水电站出力；p 为火电站出力；w 为风电站出力；I 为水电站入库流量；Q 为水电站出库流量；S 为水电站区间流量；k、c、v 为风电机组发电特性参数

2．算法参数及仿真情景设定

1）参数设定

算法参数选定如下：种群大小 NP＝300，精英档案集容量 NQ＝30，最大进化迭代数 G_{max}＝800，蜜源废弃计时 $Limit_{abandon}$＝10，LS 最大迭代次数 k_{max}＝20；而约束修补有关的参数设置为 N＝2，max_{count}＝30。

此外，风电机组出力高估花费参数 $C_{oe,m}$、低估花费参数 $C_{ue,m}$ 和直接花费参数 g_m 设定为：$C_{oe,1}＝C_{oe,2}＝1\,583\,\$/(MW·h)$（参考火电机组满发时最大花费设定），$C_{ue,1}＝C_{ue,2}＝500\,\$/(MW·h)$，以及 $g_1＝g_2＝0\,\$/(MW·h)$。

2）仿真情景设定

情景 1：不计风电出力，单纯只对水火系统短期调度问题进行求解。

情景 2：计及风电出力，对水火风多电源短期联合互补调度问题进行求解。

3．仿真结果及分析

1）情景 1 仿真结果及分析

情景 1 不计风电出力（火电爬坡及稳定运行约束在本算例中也不考虑），仅运用 EMOBCO 算法进行水火系统短期联合调度问题求解，水火调度系统参数及 EMOBCO 算法参数设定。

为验证 EMOBCO 算法求解水火系统短期联合调度问题的有效性，将 EMOBCO 算法法优化结果与 MODE-ACM 算法（Deb et al.，2002）和 NSGA-II 算法（Lu et al.，2011）求解所得非支配解集进行比较。从 Pareto 非支配解分布情况（图 6-15）可以看出，与其他两种算法相比，EMOBCO 算法表现出了更好的收敛性和分布性，其所得非支配解集更接近于真实 Pareto 最优前沿，且这些非支配解支配其他算法所得解，拥有更少的目标冲突；同时，EMOBCO 算法所得非支配解在经济花费和环境保护两个目标上也分布得更加均匀和广泛，证明本书提出的 EMOBCO 算法可同时均衡优化经济花费和污染气体排放量双重目标，一次计算即可制定分布广泛且均匀、接近真实 Pareto 前沿的多目标非劣调度方案集。在表 6-10 中，将三种算法所得方案按经济花费升序进行排列，并将最经济方案（方案 1）和最环保方案（方案 30）进行比较：对比最经济方案，EMOBCO 算法比 MODE-ACM 算法减少花费 625 $，同时比 NSGA-II 算法减少花费 334 $；而对比最环保方案，EMOBCO 算法比 MODE-ACM 算法减少污染气体排放量 323 lb。通过以上比较结果可知，本书提出的 EMOBCO 算法在处理 HTWCS 问题时能获得更经济且更环保的调度方案集，为决策者提供了更佳的选择空间。图 6-16 给出了最经济方案和最环保调度方案的出力过程，从图中可以看出，各方案所对应水火系统全时段出力均满足前述定义的调度约束。

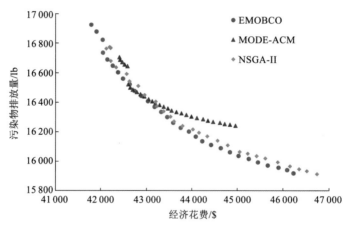

图 6-15　情景 1 下不同算法求解所得 Pareto 最优方案分布对比

表 6-10　情景 1 下不同算法求解所得 Pareto 最优方案详细数据

方案	EMOBCO		MODE-ACM		NSGA-II	
	E_{eco}/ \$	E_{emi}/ lb	E_{eco}/ \$	E_{emi}/ lb	E_{eco}/ \$	E_{emi}/ lb
1	41 792	16 924	42 417	16 706	42 126	16 763
2	41 907	16 878	42 432	16 688	42 197	16 773
3	42 046	16 822	42 479	16 672	42 220	16 770
4	42 052	16 735	42 529	16 656	42 221	16 766
5	42 151	16 689	42 590	16 645	42 224	16 680
6	42 270	16 647	42 609	16 523	42 342	16 636
7	42 386	16 603	42 650	16 500	42 571	16 592
8	42 494	16 560	42 705	16 486	42 631	16 542
9	42 635	16 522	42 793	16 469	42 819	16 511

续表

方案	EMOBCO		MODE-ACM		NSGA-II	
	E_{eco}/ \$	E_{emi}/ lb	E_{eco}/ \$	E_{emi}/ lb	E_{eco}/ \$	E_{emi}/ lb
10	42 739	16 477	42 870	16 455	42 957	16 449
11	42 887	16 442	42 952	16 439	43 203	16 404
12	43 030	16 407	43 046	16 421	43 224	16 372
13	43 177	16 368	43 125	16 407	43 376	16 338
14	43 325	16 334	43 196	16 393	43 529	16 302
15	43 460	16 299	43 289	16 382	43 606	16 270
16	43 591	16 261	43 382	16 370	43 794	16 240
17	43 755	16 227	43 474	16 358	44 024	16 217
18	43 935	16 202	43 553	16 344	44 158	16 195
19	44 088	16 168	43 660	16 334	44 342	16 170
20	44 232	16 136	43 770	16 326	44 567	16 140
21	44 425	16 112	43 878	16 315	44 792	16 109
22	44 639	16 089	43 991	16 304	45 054	16 065
23	44 840	16 062	44 113	16 294	45 229	16 053
24	45 033	16 038	44 249	16 286	45 423	16 037
25	45 254	16 018	44 357	16 276	45 614	16 021
26	45 452	15 994	44 470	16 268	45 887	15 995
27	45 670	15 972	44 619	16 262	46 153	15 967
28	45 905	15 958	44 724	16 253	46 350	15 947
29	46 093	15 941	44 842	16 249	46 520	15 934
30	46 230	15 919	44 962	16 242	46 744	15 914

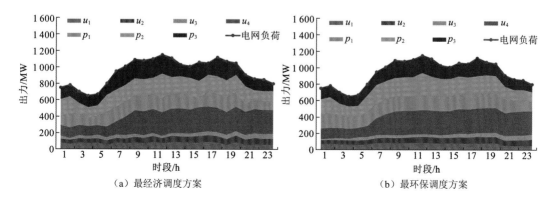

（a）最经济调度方案　　　（b）最环保调度方案

图 6-16　由 EMOBCO 算法求解获得的水火系统最经济和最环保调度方案出力过程图

此外，在水火短期联合调度系统中，若将电力在电网传输线路中的损耗考虑在内，则在不计风电子系统出力的情况下，电网负荷平衡约束式（6-34）可表示如下：

$$\sum_{i=1}^{N_T} p_i^t + \sum_{j=1}^{N_H} u_j^t = P_D^t + P_L^t \qquad (t \in T) \tag{6-41}$$

式中：P_L^t 为 t 时段水火系统电力损耗，可通过电力系统潮流计算获得。

然而，在仿真计算中通常对电力损耗计算方法进行了简化，常用的 B 系数法将线路损耗表示成一个与水火电出力有关的二次函数，具体描述如下：

$$P_L^t = \sum_{i=1}^{N_T+N_H} \sum_{j=1}^{N_T+N_H} P_i^t B_{ij} P_j^t + \sum_{i=1}^{N_T+N_H} B_{0i} P_i^t + B_{00} \tag{6-42}$$

运用 EMOBCO 算法求解计及电力损耗的水火系统短期调度问题，B 系数见文献（Zhang et al.，2013），其他参数设定与前述仿真实例相同。图 6-17 给出了 EMOBCO 算法所得非支配解分布与 HMOCA（Lu et al.，2011）和 NSGA-II 算法（Lu et al.，2011）所得结果的对比情况，由图 6-17 可知，与其他算法相比，EMOBCO 算法收敛性更好，所得调度方案更接近真实 Pareto 前沿。电力传输损耗与水火电出力紧密相关，其增加了水火系统短期调度问题中负荷平衡约束处理难度，同时也增加了调度过程中的经济花费和污染气体排放量，NSGA-II 算法虽在不计电力损耗情形下能得到较好的结果，但当其面对计及电力损耗的水火系统短期调度问题求解时就显得无能为力了，而 EMOBCO 算法在决策变量多、约束复杂的情况下仍具有很强的寻优能力。表 6-11 给出了三种方法求解所得 Pareto

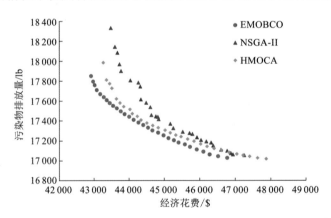

图 6-17　计及电力损耗情形下不同算法求解所得水火系统 Pareto 最优方案分布对比

表 6-11　计及电力损耗情形下不同算法求解所得水火系统 Pareto 最优方案详细数据

方案	EMOBCO		HMOCA		NSGA-II	
	E_{eco}/ \$	E_{emi}/ lb	E_{eco}/ \$	E_{emi}/ lb	E_{eco}/ \$	E_{emi}/ lb
1	42 920	17 850	43 278	17 984	43 489	18 332
2	42 980	17 795	43 366	17 811	43 605	18 142
3	43 028	17 759	43 456	17 774	43 674	18 083
4	43 087	17 709	43 518	17 728	43 733	17 967

续表

方案	EMOBCO		HMOCA		NSGA-II	
	E_{eco}/ \$	E_{emi}/ lb	E_{eco}/ \$	E_{emi}/ lb	E_{eco}/ \$	E_{emi}/ lb
5	43 191	17 668	43 645	17 622	43 777	17 900
6	43 290	17 639	43 747	17 581	44 044	17 806
7	43 375	17 608	43 850	17 544	44 273	17 784
8	43 461	17 579	44 027	17 515	44 327	17 745
9	43 555	17 551	44 094	17 472	44 345	17 615
10	43 658	17 526	44 239	17 445	44 495	17 582
11	43 768	17 494	44 344	17 408	44 614	17 537
12	43 876	17 466	44 513	17 378	44 643	17 457
13	44 008	17 440	44 681	17 353	44 772	17 444
14	44 135	17 409	44 834	17 331	44 826	17 439
15	44 273	17 382	45 026	17 306	44 847	17 415
16	44 411	17 357	45 170	17 280	45 174	17 370
17	44 548	17 331	45 327	17 257	45 259	17 326
18	44 672	17 303	45 477	17 241	45 525	17 289
19	44 834	17 281	45 662	17 217	45 718	17 277
20	44 986	17 253	45 842	17 196	45 799	17 267
21	45 121	17 226	46 027	17 168	45 927	17 234
22	45 275	17 205	46 208	17 144	46 039	17 207
23	45 407	17 182	46 402	17 123	46 186	17 193
24	45 583	17 164	46 615	17 105	46 320	17 181
25	45 729	17 138	46 829	17 083	46 377	17 151
26	45 919	17 113	47 044	17 068	46 598	17 109
27	46 105	17 091	47 218	17 055	46 775	17 099
28	46 280	17 062	47 403	17 044	46 881	17 075
29	46 517	17 044	47 628	17 028	46 939	17 062
30	46 775	17 028	47 871	17 019	47 251	17 054

最优方案详细数据，从中也可以看出，无论是最经济方案还是最环保方案，EMOBCO 算法均能给出最佳的决策指导。图 6-18 给出了计及电力损耗情形下的最经济方案和最环保调度方案出力过程，由图可知，所提约束处理方法对问题有很强的适应性，保证了非支配解集的可行性与有效性。

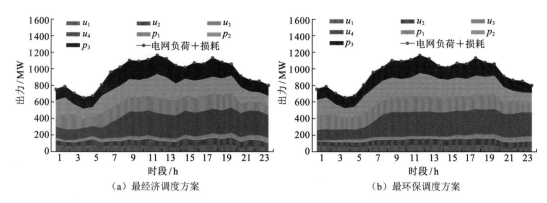

（a）最经济调度方案　　　　　　　　　（b）最环保调度方案

图 6-18　计及电力损耗情形下由 EMOBCO 算法求解获得的最经济和最环保调度方案出力过程图

2）情景 2 仿真结果及分析

情景 2 考虑风电出力消纳（同时计及火电爬坡及稳定运行约束，且相应的火电机组参数如表 6-12 所示），运用提出的 EMOBCO 算法进行水火风多电源短期互补优化调度计算，水火风调度系统参数及算法参数设定见本节参数设定部分。

表 6-12　火电机组爬坡及振动区参数

机组号	UR／MW	DR／MW	POZs／MW
1	60	60	[45, 65], [105, 125]
2	60	60	[215, 240]
3	100	100	[80, 100], [420, 450]

类似于情景 1，将 EMOBCO 算法优化结果与 HMOCA 算法（Lu et al., 2011）求解所得优化结果进行比较，以验证 EMOBCO 算法解决 HTWCS 问题的有效性。由不同调度方法求解得到的 Pareto 非支配方案分布情况及详细数据分别如图 6-19 和表 6-13 所示。从图 6-19 中可以看出，与 HMOCA 算法相比，EMOBCO 算法在 EliteSet 中存储的非支配解集更接近真实的 Pareto 前沿，并且 EMOBCO 算法所得非支配解集分布均匀且广泛，较其他算法来说具有更好的分布多样性。虽然 HMOCA 算法所得非支配解在其前沿上也分布广泛，但却显得较为混乱，并出现分层的现象，且非劣前沿上的解受 EMOBCO 算法所得解支配，不能有效求解 HTWCS 问题。此外，在表 6-13 中，通过比较 EMOBCO 算法和 HMOCA 算法两种方法所得调度方案的经济花费和污染气体排放量可知：对比最经济调度方案，EMOBCO 算法比 HMOCA 算法减少花费 488 \$，同时减少污染气体排放量 712 lb；而对比最环保调度方案时，EMOBCO 算法能够比 HMOCA 算法减少污染气体排放量184 lb。通过以上分析可知，本书提出的 EMOBCO 算法在处理 HTWCS 问题时较现有 HMOCA 算法表现出更好的收敛性和分布性。

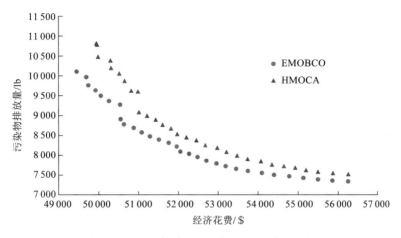

图 6-19　情景 2 下不同算法求解所得 Pareto 最优方案分布对比

表 6-13　情景 2 下不同算法求解所得 Pareto 最优方案详细数据

方案	EMOBCO		HMOCA		方案	EMOBCO		HMOCA	
	E_{eco}/ \$	E_{emi}/ lb	E_{eco}/ \$	E_{emi}/ lb		E_{eco}/ \$	E_{emi}/ lb	E_{eco}/ \$	E_{emi}/ lb
1	49 458	10 107	49 946	10 819	16	52 049	8 094	52 199	8 453
2	49 694	9 970	49 962	10 787	17	52 270	8 037	52 451	8 378
3	49 746	9 764	49 984	10 481	18	52 484	7 955	52 678	8 255
4	49 925	9 635	50 295	10 385	19	52 706	7 863	52 979	8 189
5	50 057	9 495	50 310	10 199	20	52 960	7 790	53 211	8 088
6	50 259	9 364	50 515	10 061	21	53 190	7 722	53 479	7 993
7	50 534	9 273	50 651	9 874	22	53 457	7 655	53 739	7 906
8	50 549	8 907	50 818	9 624	23	53 747	7 603	54 071	7 845
9	50 633	8 777	50 984	9 605	24	54 096	7 554	54 342	7 761
10	50 877	8 686	51 006	9 084	25	54 396	7 503	54 643	7 727
11	51 078	8 576	51 210	8 994	26	54 777	7 469	54 927	7 685
12	51 281	8 475	51 424	8 895	27	55 127	7 426	55 190	7 622
13	51 507	8 395	51 597	8 767	28	55 493	7 389	55 490	7 582
14	51 756	8 314	51 810	8 674	29	55 851	7 358	55 863	7 550
15	51 959	8 220	51 970	8 533	30	56 253	7 340	56 258	7 524

表 6-14 和图 6-20 给出了表 6-13 中由 EMOBCO 算法所得第 15 个非支配调度方案的详细结果,包括逐时段水电、火电、风电出力过程及水电下泄流量过程,而图 6-21 给出了水库逐时段水位过程。从表 6-14 结果可知,水火风调度系统中各调度对象逐时段出力及水库下泄均在其可运行范围之内,这表明提出的约束修补策略是可行、有效的,所制定的电站及机组发电计划满足实际运行需求。在本章的研究中,电网负荷平衡约束式(6-34)

是一个硬约束，图 6-20 中也将电网下达负荷任务与电站实际发电出力进行了比较，从中可以看出，水火风互补调度系统逐时段出力均满足电网负荷需求，实时有功负荷平衡约束得到了很好的保证。此外，从图 6-21 中也可以看到，水电站库容变化及其调度期末水位也均满足控制约束要求，这充分验证了提出的"基于约束廊道的水电站约束处理策略"在处理复杂时段间耦合约束的可行性。综上所述，可以得出以下结论：在求解 HTWCS 问题方面，EMOBCO 算法较其他算法具有更强大的搜索能力和约束处理能力，能获得更经济和更环保的非支配调度方案集。

表 6-14　情景 2 下由 EMOBCO 算法获得的第 15 个非支配调度方案详细数据

时段	水电出力/MW				水电下泄流量/（m³/h）				火电出力/MW			风电出力/MW	
	u_1	u_2	u_3	u_4	Q_1	Q_2	Q_3	Q_4	p_1	p_2	p_3	w_1	w_2
1	86.57	52.46	44.44	131.88	10.13	6.50	20.10	6.00	100.35	124.81	52.27	80.00	77.22
2	80.66	49.88	12.25	129.03	8.95	6.00	25.00	6.00	99.33	125.91	144.28	70.69	67.97
3	66.49	51.84	22.74	125.74	6.74	6.12	22.39	6.00	102.00	127.43	58.69	79.19	65.87
4	64.93	52.60	13.62	121.63	6.48	6.00	23.28	6.00	102.63	123.17	50.07	56.77	64.58
5	59.86	54.19	33.63	115.82	5.82	6.00	19.10	6.00	105.00	130.14	54.89	63.46	53.01
6	74.95	57.69	34.15	129.12	7.89	6.35	18.64	6.00	105.00	126.14	138.45	64.99	69.52
7	84.17	67.57	41.30	189.68	9.55	7.79	16.16	9.46	143.74	126.71	137.42	79.41	80.00
8	77.60	55.09	35.61	250.12	8.44	6.06	17.87	14.08	172.09	123.78	136.43	79.90	79.37
9	79.29	64.23	36.82	293.86	8.70	7.33	17.27	18.41	163.08	167.32	138.59	68.13	78.68
10	81.97	57.17	29.44	297.73	9.10	6.24	19.18	18.88	104.14	207.38	148.92	76.18	77.07
11	80.61	74.66	34.35	274.76	8.75	8.75	17.71	15.86	126.84	209.07	139.89	79.87	79.95
12	84.37	65.03	33.40	292.41	9.26	7.17	17.74	18.09	170.90	207.71	139.89	79.35	76.95
13	83.11	71.46	32.97	286.54	8.99	8.12	17.95	17.32	159.72	193.99	140.74	78.62	62.85
14	90.11	76.26	29.95	300.01	10.24	8.95	18.83	19.27	105.00	140.30	138.81	69.56	80.00
15	90.76	70.22	42.53	287.96	10.27	7.92	14.93	17.53	100.07	125.45	147.82	72.37	72.81
16	95.74	75.22	42.97	291.52	11.40	8.67	15.53	17.99	131.05	122.66	141.93	80.00	78.91
17	78.32	75.95	47.16	286.90	8.08	8.86	14.00	17.39	159.25	121.71	139.67	65.70	75.34
18	83.52	81.08	48.50	296.06	8.89	10.01	14.81	18.60	172.68	140.79	141.36	79.03	76.99
19	71.66	83.69	50.68	284.95	7.12	11.08	14.73	17.04	166.71	126.14	141.35	75.29	69.53
20	76.02	84.24	52.35	295.74	7.74	11.85	14.06	18.84	125.00	116.51	141.84	79.83	78.47
21	62.54	79.24	54.26	288.61	5.99	11.19	12.50	18.27	101.49	124.45	50.14	75.36	73.91
22	56.53	81.42	55.85	277.59	5.27	12.17	12.53	17.32	99.59	122.70	53.03	44.89	68.39
23	59.36	74.09	57.39	268.16	5.55	10.81	13.99	16.40	103.38	123.29	54.77	51.62	57.92
24	60.46	76.86	57.84	286.55	5.63	12.07	14.76	19.34	90.10	63.29	50.00	61.53	53.37

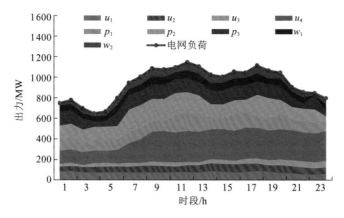

图 6-20　情景 2 下由 EMOBCO 算法获得的第 15 个非支配调度方案出力过程图

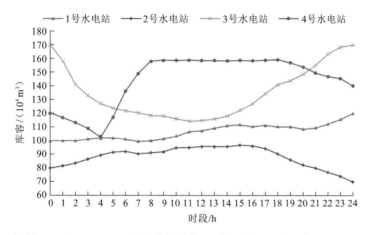

图 6-21　情景 2 下由 EMOBCO 算法获得的第 15 个非支配调度方案水电站库容过程图

此外，本节还对不同风电花费参数 $C_{oe,m}$ 和 $C_{ue,m}$ 影响下风电出力变化趋势进行了研究。在图 6-22 中，令 $C_{oe,m}$ 和 $C_{ue,m}$ 按相同比例同步变化，其中 $C_{oe,m}$ 由 1 500 \$/（MW·h）增加至 2 100 \$/（MW·h），$C_{ue,m}$ 由 500 \$/（MW·h）增加至 700 \$/（MW·h），通过对比不同风电花费参数组合下风电出力结果（此处也选择第 15 个非支配方案为研究对象）可知，随着风电花费参数的增大，风电总体出力呈减小趋势。这主要是因为在处理风电不确定性问题时，较低的 $C_{oe,m}$ 和 $C_{ue,m}$ 对应较小的风电不确定性花费，此时由于风电实际出力与计划出力不一致而产生的系统备用花费（风电出力不足时用于支付其他备用电源出力而产生花费）或负载消耗花费（通过投入电阻性负载消耗风电多余电力而产生的花费）占比较小，提高风电出力将更有利于调度经济性，因此当风电花费参数较小时，风电机组将趋于承担更多的电力负荷。在图 6-23 中，将风电低估花费参数 $C_{ue,m}$ 固定［令其为 500 \$/（MW·h）］，并使风电高估花费参数 $C_{oe,m}$ 以 300 \$/（MW·h）为步长从 1500 \$/（MW·h）增加至 2 100 \$/（MW·h），通过比较不同参数情形下的风电出力结果可知，随着 $C_{oe,m}$ 的逐步增长，系统备用花费随之增加，风电出力却呈显著减小的趋势。相反，在图 6-24 中，将风电高估花费参数 $C_{oe,m}$ 固定［令其为 1 500 \$/（MW·h）］，并使风电低估花费参数 $C_{ue,m}$ 以

100 \$/（MW·h）为步长从 400 \$/（MW·h）增加至 600 \$/（MW·h），由图可知，随着 $C_{ue,m}$ 的逐步增长，系统负载消耗花费随之增加，此时风电出力呈增大趋势，但总体出力均值变幅不大。综上所述，$C_{oe,m}$ 较 $C_{ue,m}$ 来说对风电出力的影响程度更大。

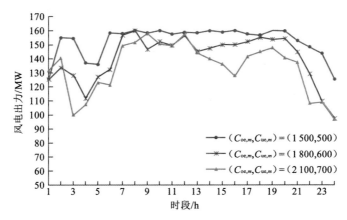

图 6-22 $C_{oe,m}$ 和 $C_{ue,m}$ 按同等比例同步增加时风电出力结果对比

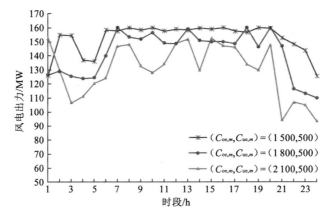

图 6-23 不同 $C_{oe,m}$ 情形下的风电出力结果对比［$C_{ue,m}$=500 \$/（MW·h）］

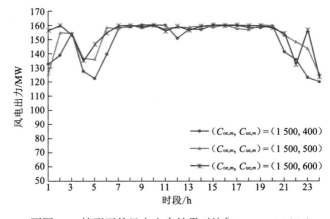

图 6-24 不同 $C_{ue,m}$ 情形下的风电出力结果对比［$C_{oe,m}$=1 500 \$/（MW·h）］

6.4　小　　结

　　为有效解决目前多能源联合运行环境下流域梯级水电站发电调度存在的技术难题,本章分别从水火电系统单目标优化调度、多目标优化调度和"水–火–风"复杂能源结构的多目标互补优化调度三个方面,重点开展了流域梯级电站群与多能源系统联合互补调度的技术研究。首先,将梯级电站群短期优化调度扩展至大规模水火电力系统短期优化调度,综合分析了电网水火电能源丰枯、峰谷补偿特性,阐明了水火电力系统网络拓扑结构及其补偿调节方式;在此基础上,建立了水火电力系统短期互补互济和联合优化调度模型,实现了水火电力系统运行域边界的精确描述,有效制定了水火电力系统短期联合优化调度方案。其次,以区域水火电系统多目标优化调度建模和高效求解为目标,研究建立了以节能和减排为目标的区域水火电系统多目标优化调度模型,结合 Pareto 优化理论的数学描述方法,在 EGPSO 基础上发展了适用于多目标优化问题求解的改进多目标粒子群算法,并设计了系统水量、电量平衡约束处理的两阶段调整方法。最后,将研究对象扩展至水电、火电及风电多能源混联电力系统联合互补调度,通过综合分析电网水火风多能源互补特性,结合风电出力不确定性的描述与表征方式,建立了均衡考虑经济节约和环境保护两方面目标的水火风多能源短期联合互补调度模型,同时提出了 EMOBCO,为水火风混联电力系统高效、优质运行提供技术支撑。

参 考 文 献

白杨, 汪洋, 夏清, 等, 2013. 水–火–风协调优化的全景安全约束经济调度[J]. 中国电机工程学报, 33(13): 2-9.

毕方全, 2007. 长江干线水富至宜宾航道建设探讨[J]. 中国水运(8): 52-53.

蔡建章, 蔡华祥, 洪贵平, 1994. 电力电量平衡算法研究与应用[J]. 云南电力技术(3): 8-11.

蔡建章, 蔡保锐, 蔡华祥, 等, 2003. 过渡期电力市场条件下日发电计划编制研究[J]. 云南电力技术, 31(3): 4-6.

蔡治国, 张艾东, 张娟, 2010. 葛洲坝电站非汛期日优化发电计划编制方法初步研究[J]. 应用基础与工程科学学报, 18(3): 419-427.

畅建霞, 王义民, 黄强, 等, 2014. 水电与风电联合补偿调度机理研究与应用[J]. 水力发电学报, 33(3): 68-73.

陈汉雄, 吴安平, 黎岚, 2007. 金沙江一期溪洛渡、向家坝水电站调峰运行研究[J]. 中国电力, 40(10): 38-41.

陈森林, 万俊, 刘子龙, 等, 1999a. 水电系统短期优化调度的一般性准则(1): 基本概念与数学模型[J]. 武汉水利电力大学学报, 32(3): 35-38.

陈森林, 万俊, 刘子龙, 等, 1999b. 水电系统短期优化调度的一般性准则(2): 优化模型求解方法及实例应用[J]. 武汉水利电力大学学报, 32(3): 39-43.

陈森林, 2004. 电力电量平衡算法及其应用研究[J]. 水力发电, 30(2): 8-10.

陈雪青, 陈刚, 王世缨, 等, 1985. 水火联合电力系统的优化调度[J]. 清华大学学报(自然科学版) (2): 15-26.

程抱贵, 王鹏宇, 2011. 龙滩水电站一次调频与 AGC 二次调频间的策略优化[J]. 水电站机电技术, 34(5): 52-55.

程春田, 唐子田, 李刚, 等, 2008. 动态规划和粒子群算法在水电站厂内经济运行中的应用比较研究[J]. 水力发电学报, 27(6): 27-31.

程春田, 邰晓亚, 武新宇, 等, 2011a. 梯级水电站长期优化调度的细粒度并行离散微分动态规划方法[J]. 中国电机工程学报, 31(10): 26-32.

程春田, 武新宇, 申建建, 等, 2011b. 大规模水电站群短期优化调度方法 I: 总体概述[J]. 水利学报, 42(9): 1017-1024.

程春田, 申建建, 武新宇, 等, 2012. 大规模水电站群短期优化调度方法 IV: 应用软件系统[J]. 水利学报, 43(2): 160-167.

程雄, 程春田, 申建建, 等, 2015. 大规模跨区特高压直流水电网省两级协调优化方法[J]. 电力系统自动化, 39(1): 151-158, 232.

丁小玲, 周建中, 李纯龙, 等, 2015. 基于精细化模拟的溪洛渡-向家坝梯级电站最优控制水位[J]. 武汉大学学报(工学版), 48(1): 45-53.

方辉钦, 1982. BBC 公司的水力发电厂监控系统[J]. 电力系统自动化(6): 52-55.

方辉钦, 1993. 葛洲坝试点与三峡水电厂自动化[J]. 电力系统自动化, 17(8): 91.

方辉钦, 1996. 试论无人值班水电厂的设计及技术要求[J]. 电力系统自动化, 20(10): 1-3.

方辉钦, 2004. 现代水电厂计算机监控技术与试验[M]. 北京: 中国电力出版社.

冯尚友, 1990. 多目标决策理论方法与应用[M]. 武汉: 华中理工大学出版社.

葛晓琳, 张粒子, 2014. 考虑调峰约束的风水火随机机组组合问题[J]. 电工技术学报, 29(10): 222-230.

龚传利, 黄家志, 潘苗苗, 2008. 三峡右岸电站 AGC 功能设计及实现方法[J]. 水电站机电技术, 31(3): 26-28.

龚传利, 黄家志, 潘苗苗, 2009. 三峡右岸电站 AVC 功能设计及实现方法[J]. 水电自动化与大坝监测, 33(1): 19-21.

郭生练, 陈炯宏, 刘攀, 等, 2010. 水库群联合优化调度研究进展与展望[J]. 水科学进展, 24(4): 496-503.

韩冬, 蔡兴国, 2009. 综合环境保护及峰谷电价的水火电短期优化调度[J]. 电网技术, 33(14): 78-83.

韩学山, 吴忠明, 宋家骅, 等, 1997. 定火电机组组合方式下水火电系统动态优化调度[J]. 东北电力学院学报(3): 16-23.

贺建波, 胡志坚, 仉梦林, 等, 2014. 考虑系统实时响应风险水平约束的风-火-水电力系统协调优化调度[J]. 电网技术, 38(7): 1898-1906.

黄春雷, 2006. 基于径流随机特性的水电站逐日电量计划制定方法[J]. 水电自动化与大坝监测, 30(6): 8-11.

黄春雷, 赵永龙, 过夏明, 2005. 基于日典型负荷的水电站群日计划方式[J]. 水电自动化与大坝监测, 29(4): 45-47.

姜铁兵, 游大海, 康玲, 等, 1995. 水电站厂内经济运行基因遗传算法模型[J]. 华中科技大学学报(7): 78-81.

蒋传文, 权先璋, 张勇传, 1999. 水电站厂内经济运行中的一种混沌优化算法[J]. 华中理工大学学报(12): 39-40.

蒋东荣, 刘学军, 李群湛, 2004. 电力市场环境下电网日发电计划的电量经济分配策略[J]. 中国电机工程学报, 24(7): 94-98.

蒋建文, 江红军, 牟奎, 2007. 紫坪铺水电站 AGC 的设计与实现[J]. 水力发电, 33(2): 73-74.

静铁岩, 吕泉, 郭琳, 等, 2011. 水电—风电系统日间联合调峰运行策略[J]. 电力系统自动化, 35(22): 97-104.

李刚, 程春田, 蔡建章, 等, 2006. 云南电网日调度计划编制系统[J]. 大连理工大学学报, 46(1): 111-115.

李刚, 程春田, 唐子田, 等, 2009. 结合禁忌搜索思想的粒子群算法在乌江渡水电站厂内经济运行中的应用研究[J]. 水力发电学报, 28(2): 128-132.

李义, 李承军, 周建中, 2004. POA-DPSA 混合算法在短期优化调度中的应用[J]. 水电能源科学, 22(1): 37-39.

李朝安, 杨锐, 1988. 水库末水位不固定时水火电力系统最优周运行方式的研究和程序开发[J]. 电力系统自动化(4): 20-25.

李崇浩, 纪昌明, 李文武, 2006. 微粒群算法在水电站厂内经济运行中的应用研究[J]. 水利水电技术(1): 88-91.

李国怀, 王忠强, 张再虎, 等, 2011. 小浪底电厂并网实时调度系统更新改造[J]. 水电能源科学, 29(10): 141-143.

梁志飞, 夏清, 2008. 精细化日发电计划模型与方法[J]. 电力系统自动化, 32(17): 26-29.

林志强, 王雨雨, 王宗志, 等, 2014. 龙江水电站动态出力系数计算及其合理性分析[J]. 水电能源科学, 32(2): 64-67.

刘胡, 高仕春, 万俊, 等, 2000. 东江水电站厂内经济运行动态规划算法[J]. 水电能源科学, 18(4): 14-15.

刘攀, 郭生练, 雒征, 等, 2007. 求解水库优化调度问题的动态规划-遗传算法[J].武汉大学学报(工学版), 40(5): 1-6.

刘建华, 段虞荣, 1991. 网络规划法在梯级水电站短期优化调度中的应用[J]. 重庆大学学报(自然科学版), 14(1): 25-32.

刘荣华, 魏加华, 李想, 2012. 电站枢纽综合出力系数计算及对调度过程模拟的影响[J]. 南水北调与水利科技, 10(1): 14-17.

刘维烈, 2005. 电力系统调频与自动发电控制[M]. 北京: 中国电力出版社.

卢有麟, 2012. 流域梯级大规模水电站群多目标优化调度与多属性决策研究[D]. 武汉: 华中科技大学.

卢有麟, 周建中, 王永强, 等, 2011. 水火电力系统多目标环境经济调度模型及其求解算法研究[J]. 电力系统保护与控制, 39(23): 93-100.

路志宏, 魏守平, 罗元胜, 2003. 基于开关控制策略的厂内经济运行模型及应用[J]. 水电自动化与大坝监测, 27(1): 11-13.

马超, 2008. 梯级水利枢纽多尺度多目标联合优化调度研究[D]. 天津: 天津大学.

马光文, 王黎, 2000. 水火电力系统优化调度的逐步最优遗传算法(英文)[J]. 水电能源科学, 18(2): 69-72.

马立亚, 雷晓辉, 蒋云钟, 等, 2012. 基于 DPSA 的梯级水库群优化调度[J]. 中国水利水电科学研究院学报, 10(2): 140-145.

马跃先, 1999. 小型水电站厂内经济运行新模式[J]. 小水电(6): 9-10.

梅亚东, 朱教新, 2000a. 黄河上游梯级水电站短期优化调度模型及迭代解法[J]. 水力发电学报(2): 1-7.

梅亚东, 朱教新, 2000b. 梯级水电站短期优化调度软件开发及应用介绍[J]. 人民珠江, 21(1): 42-44.

梅亚东, 左园忠, 朱教新, 1999. 一类含有 0-1 变量的厂内经济运行模型及解法[J]. 水电能源科学, 17(3): 20-21.

孟庆喜, 申建建, 程春田, 等, 2014. 多电网调峰负荷分配问题的目标函数选取与求解[J]. 中国电机工程学报, 34(22): 3683-3690.

裴哲义, 伍永刚, 纪昌明, 等, 2010. 跨区域水电站群优化调度初步研究[J]. 电力系统自动化, 34(24): 23-26.

彭杨, 李义天, 张红武, 2004. 水库水沙联合调度多目标决策模型[J]. 水利学报(4): 1-7.

权先璋, 1983. 动态规划原理在水电站厂内经济运行中的应用[J]. 水电能源科学(1): 95-104.

芮钧, 陈守伦, 2009. MATLAB 粒子群算法工具箱求解水电站优化调度问题[J]. 中国农村水利水电(1): 114-116.

尚金成, 张勇传, 岳子忠, 等, 1998. 梯级电站短期优化运行的新模型及其最优性条件[J]. 水电能源科学(3): 2-10.

申建建, 2011. 大规模水电站群短期联合优化调度研究与应用[D]. 大连: 大连理工大学.

申建建, 程春田, 张俊, 等, 2008. 蜜蜂进化算法在水电站厂内经济运行中的应用[J]. 水电能源科学, 26(3): 137-140.

申建建, 程春田, 廖胜利, 等, 2009. 基于模拟退火的粒子群算法在水电站水库优化调度中的应用[J]. 水力发电学报, 28(3): 10-15.

申建建, 武新宇, 程春田, 等, 2011. 大规模水电站群短期优化调度方法 II:高水头多振动区问题[J]. 水利学报, 42(10): 1168-1176.

申建建, 程春田, 李卫东, 等, 2014a. 多电网调峰的水火核电力系统网间出力分配方法[J]. 中国电机工程学报, 34(7): 1041-1051.

申建建, 程春田, 李卫东, 等, 2014b. 复杂时段耦合型约束水电站群短期变尺度优化调度方法[J]. 中国电机工程学报, 34(1): 87-95.

施冲, 余杏林, 吴正义, 等, 2001. 水电厂自动发电控制的工程设计与分析[J]. 电力系统自动化, 25(4): 57-59.

孙昌佑, 马震岳, 2004. 基于遗传算法的水电站厂内经济运行模型研究[J]. 水电能源科学, 22(1): 48-50.

孙春顺, 王耀南, 李欣然, 2009. 水电-风电系统联合运行研究[J]. 太阳能学报, 30(2): 232-236.

孙时春, 朱翠兰, 刘筱, 等, 1995. 华中电网水火电协调下的水电站日经济调度[J]. 华中电力(2): 47-51.

覃晖, 2011. 流域梯级电站群多目标联合优化调度与多属性风险决策[D]. 武汉: 华中科技大学.

覃晖, 周建中, 肖舸, 等, 2010. 梯级水电站多目标发电优化调度[J]. 水科学进展, 21(3): 377-384.

覃晖, 周建中, 2011. 基于多目标文化差分进化算法的水火电力系统优化调度[J]. 电力系统保护与控制, 39(22): 90-97.

唐明, 马光文, 陶春华, 等, 2007. 水电站短期优化调度模型的探讨[J]. 水力发电, 33(5): 88-90.

田峰巍, 黄强, 刘恩锡, 1987. 非线性规划在水电站厂内经济运行中的应用[J]. 西安理工大学学报(3): 68-73.

田峰巍, 颜竹丘, 刘恩锡, 1988. 大系统优化理论在水电站厂内经济运行中的应用[J]. 水力发电学报(2): 10-20.

万芳, 原文林, 黄强, 等, 2010. 基于免疫进化算法的粒子群算法在梯级水库优化调度中的应用[J]. 水力发电学报, 29(1): 202-206.

万俊, 1992. 厂内经济运行的 POA 算法研究[J]. 武汉水利电力学院学报, 25(4):370-375.

王健, 2004. 大中型水电站参加电网 AGC 的安全防护措施[J]. 水电自动化与大坝监测, 28(1): 64-66.

王定一, 2001. 水电厂计算机监视与控制[M]. 北京：中国电力出版社.

王桂平, 2011. 萨扬水电站 "8·17" 事故及对中国水电站安全运行警示[J]. 水电厂自动化, 32(3): 51-54.

王华为, 周建中, 张胜, 等, 2015. 一种单站多电网短期启发式调峰方法[J]. 电网技术, 39(9): 2559-2564.

王黎, 马光文, 1998. 基于遗传算法的水电站厂内经济运行新算法[J]. 中国电机工程学报(1): 65-67.

王开艳, 罗先觉, 吴玲, 等, 2013. 清洁能源优先的风–水–火电力系统联合优化调度[J]. 中国电机工程学报, 33(13): 27-35.

王凌, 刘波, 2008. 微粒群优化与调度算法[M]. 北京: 清华大学出版社.

王丽萍, 孙平, 蒋志强, 等, 2015. 并行多维动态规划算法在梯级水库优化调度中的应用[J]. 水电能源科学, 33(4): 43-47,80.

王仁权, 王金文, 伍永刚, 2002. 福建梯级水电站群短期优化调度模型及其算法[J]. 云南水力发电, 18(1): 52-53.

王少波, 解建仓, 孔珂, 2006. 自适应遗传算法在水库优化调度中的应用[J]. 水利学报, 37(4): 480-485.

王兴菊, 赵然杭, 2003. 水库多目标优化调度理论及其应用研究[J]. 水利学报, 34(3): 104-109.

王雁凌, 张粒子, 鲍海, 等, 2000. 用优化排序法进行日发电计划的计算[J]. 电力系统及其自动化学报, 12(5): 32-36.

王永强, 2012. 厂网协调模式下流域梯级电站群短期联合优化调度研究[D]. 武汉: 华中科技大学.

王永强, 周建中, 莫莉, 等, 2012. 基于机组综合状态评价策略的大型水电站精细化日发电计划编制方法[J]. 电网技术, 36(7): 94-99.

魏加华, 王光谦, 蔡治国, 2006. 多时间尺度自适应流域水量调控模型[J]. 清华大学学报(自然科学版), 46(12): 1973-1977.

温鹏, 万永华, 1999. 联合电力系统中直调电厂子系统电力的经济分配研究[J]. 电力系统自动化, 23(23): 41-44.

文福栓, 韩祯祥, 1991. 水火电力系统的经济调度: Hopfield 连续模型的应用[J]. 电力系统及其自动化学报(1): 60-67.

文庭秋, 1984. 水电站厂内经济运行实时控制系统[J]. 计算技术与自动化(1): 21-29.

吴杰康, 祝宇楠, 韦善革, 2011. 采用改进隶属度函数的梯级水电站多目标优化调度模型[J]. 电网技术, 35(2): 48-52.

吴迎新, 王金文, 伍永刚, 2002. 福建水电站群短期发电量最大优化调度模型与算法研究[J]. 电力系统及其自动化学报, 14(6): 35-39.

伍永刚, 王定一, 魏守平, 2000. 水电站 AGC 中负荷调节策略的研究[J]. 华中理工大学学报, 28(2): 56-57.

武新宇, 程春田, 申建建, 等, 2012. 大规模水电站群短期优化调度方法 III: 多电网调峰问题[J]. 水利学报, 43(1): 31-42.

向凌, 周建中, 杨敬涛, 2004. 一种消除动态规划法中维数灾的新方法[J]. 电力系统及其自动化学报, 16(3): 76-78.

肖翘云, 莫秀英, 1986. 西津水电站开展水库优化调度和厂内经济运行效果显著[J]. 水力发电(8): 40-42.

谢维, 纪昌明, 吴月秋, 等, 2010. 基于文化粒子群算法的水库防洪优化调度[J]. 水利学报, 41(4): 452-457.

徐晨光, 黄强, 赵麦换, 2003. 中小型水电站厂内经济运行准实时系统的设计与实现[J]. 水力发电学报(1): 15-20.

徐晨光, 赵麦换, 黄强, 2005. 基于自组织进化规划的径流式水电站厂内经济运行算法[J]. 水利水电技术, 36(3): 55-57.

徐廷兵, 马光文, 李泽宏, 等, 2012. 基于 K 值分时段反向率定法的梯级水电站节水增发电考核[J]. 水电能源科学, 30(5): 112-114.

徐贤, 丁涛, 万秋兰, 2009. 限制短路电流的 220kV 电网分区优化[J]. 电力系统自动化, 33(22): 98-101.

许继军, 陈进, 陈广才, 2011. 长江上游大型水电站群联合调度发展战略研究[J]. 中国水利(4): 24-28.

许银山, 梅亚东, 钟壬琳, 等, 2011. 大规模混联水库群调度规则研究[J]. 水力发电学报, 30(2): 20-25.

薛金淮, 2008. 关于水能计算中 K 值的探讨[J]. 电网与水力发电进展, 24(3): 27-29.

杨峰, 黄怀礼, 张强, 2005. 用动态规划法对水库进行优化调度[J]. 河南科学, 23(1): 17-19.

杨道辉, 马光文, 过夏明, 等, 2006. 粒子群算法在水电站优化调度中的应用[J]. 水力发电学报, 25(5): 5-7.

杨鸿锋, 张志刚, 黄伟军, 2009. 差分进化算法及其在水电站厂内经济运行中的应用[J]. 中国农村水利水电(7): 113-115.

杨建东, 赵琨, 李玲, 等, 2011. 浅析俄罗斯萨扬-舒申斯克水电站 7 号和 9 号机组事故原因[J]. 水力发电学报, 30(4): 226-234.

杨俊杰, 周建中, 刘大鹏, 2004. 电力系统日发电计划的启发式遗传算法[J]. 水力发电, 30(1): 7-11.

姚齐国, 张士军, 蒋传文, 等, 1999. 动态规划法在水电站厂内经济运行中的应用[J]. 水电能源科学, 17(1): 46-49.

姚跃庭, 鲍正风, 李鹏, 等, 2008. 葛洲坝水电站日发电计划制作方法探讨[C]//水电站梯级调度、自动控制技术研讨会. 敦煌: 96-103.

叶秉如, 2001. 水资源系统优化规划和调度[M]. 北京: 中国水利水电出版社.

尹正杰, 胡铁松, 崔远来, 等, 2005. 水库多目标供水调度规则研究[J]. 水科学进展, 16(6): 875-880.

于尔铿, 周京阳, 1997. 能量管理系统(EMS)第 7 讲 发电计划(2): 水电计划和交换计划[J]. 电力系统自动化(7): 83-85.

袁晓辉, 张双全, 王金文, 等, 2000. 拟梯度遗传算法在水电厂厂内经济运行中的应用研究[J]. 电网技术, 24(12): 66-69.

袁晓辉, 袁艳斌, 张勇传, 2002. 用改进遗传算法求解水火电力系统的有功负荷分配[J]. 电力系统自动化, 26(23): 33-36.

袁智强, 侯志俭, 蒋传文, 等, 2004. 水火电系统古诺模型的均衡分析[J]. 电力系统自动化, 28(4): 17-21.

曾火琼, 2008. 浅析水电厂 AGC 与一次调频的配合[J]. 水电自动化与大坝监测, 32(1): 40-42.

张睿, 周建中, 袁柳, 等, 2013. 金沙江梯级水库消落运用方式研究[J]. 水利学报, 44(12): 1399-1408.

张梦然, 钟平安, 王振龙, 2013. 三峡水库发电优化调度分层嵌套模型研究[J]. 水力发电, 39(4): 65-68.

张毅, 解中柱, 2012. 长江干线航道上延至金沙江的合理区段分析[J]. 中国水运(下半月), 12(11): 135-137.

张双虎, 黄强, 吴洪寿, 等, 2007. 水电站水库优化调度的改进粒子群算法[J]. 水力发电学报, 26(1): 1-5.

张勇传, 1998. 水电站经济运行原理[M]. 北京: 中国水利水电出版社.

张智晟, 龚文杰, 段晓燕, 等, 2011. 类电磁机制算法在水电站厂内经济运行中的应用研究[J]. 电工电能新技术, 30(4): 17-20.

张祖鹏, 陈森林, 2010. 葛洲坝水电站厂内经济运行二层模型研究[J]. 水电能源科学(4): 124-126.

赵雪花, 黄强, 吴建华, 2009. 蚁群算法在水电站厂内经济运行中的应用[J]. 水力发电学报, 28(2): 139-142.

郑慧涛, 梅亚东, 胡挺, 等, 2013. 双层交互混合差分进化算法在水库群优化调度中的应用[J]. 水力发电学报, 32(1): 54-62.

郑守仁, 2007. 我国水能资源开发利用的机遇与挑战[J]. 水利学报(S1): 1-6.

钟海旺, 夏清, 丁茂生, 等, 2015. 以直流联络线运行方式优化提升新能源消纳能力的新模式[J]. 电力系统自动化, 39(3): 36-42.

周佳, 马光文, 张志刚, 2010. 基于改进 POA 算法的雅砻江梯级水电站群中长期优化调度研究[J]. 水力发电学报, 29(3): 18-22.

周建中, 李英海, 肖舸, 等, 2010a. 基于混合粒子群算法的梯级水电站多目标优化调度[J]. 水利学报, 41(10): 1212-1219.

周建中, 张勇传, 2010b. 复杂能源系统水电竞价理论与方法[M]. 北京: 科学出版社.

周任军, 姚龙华, 童小娇, 等, 2012. 采用条件风险方法的含风电系统安全经济调度[J]. 中国电机工程学报, 32(1): 56-63.

周志军, 雒文生, 1997. 水文时间序列与水库优化调度的模拟研究[J]. 武汉水利电力大学学报, 30(4): 34-38.

朱继忠, 徐国禹, 1995. 用网流法求解水火电力系统有功负荷分配[J]. 系统工程理论与实践, 15(1): 69-73.

宗航, 周建中, 张勇传, 2003. POA 改进算法在梯级电站优化调度中的研究和应用[J]. 计算机工程, 29(17): 105-106.

AFSHAR A, SHARIFI F, JALALI M R, 2009. Non-dominated archiving multi-colony ant algorithm for multi-objective optimization: application to multi-purpose reservoir operation[J]. Engineering optimization, 41(4): 313-325.

AFSHAR A, ZAHRAEI S A, MARINO M A, 2010. Large-scale nonlinear conjunctive use optimization problem: decomposition algorithm[J]. Journal of water resources planning and management-asce, 136(1): 59-71.

AFSHAR A, ZAHRAEI S A, MARINO M A, 2008. Cyclic storage design and operation optimization; hybrid GA decomposition approach[J]. International journal of civil engineering, 6(1): 34-47.

AGHAEI J, NIKNAM T, AZIZIPANAH-ABARGHOOEE R, et al., 2013. Scenario-based dynamic economic emission dispatch considering load and wind power uncertainties[J]. International journal of electrical power & energy systems, 47: 351-367.

ARNOLD E, TATJEWSKI P, WOŁOCHOWICZ P, 1994. Two methods for large-scale nonlinear optimization and their comparison on a case study of hydropower optimization[J]. Journal of optimization theory and applications, 81(2): 221-248.

BALTAR A, FONTANE D, 2008. Use of multiobjective particle swarm optimization in water resources management[J]. Journal of water resources planning and management, 134(3): 257-265.

BARROS M, TSAI F, YANG S, et al., 2003. Optimization of large-scale hydropower system operations[J]. Journal of water resources planning and management, 129(3): 178-188.

BASU M A, 2005. Simulated annealing-based goal-attainment method for economic emission load dispatch of fixed head hydrothermal power systems[J]. International journal of electrical power & energy systems, 27(2): 147-153.

BASU M A, 2004. An interactive fuzzy satisfying method based on evolutionary programming technique for multiobjective short-term hydrothermal scheduling[J]. Electric power systems research, 69(2): 277-285.

BASU M A, 2014. Improved differential evolution for short-term hydrothermal scheduling[J]. International journal of electrical power & energy systems, 58: 91-100.

BROWN P H, MAGEE D, XU Y, 2008. Socioeconomic vulnerability in China's hydropower development[J]. China economic review, 19(4): 614-627.

CHANG J X, BAI T, HUANG Q, et al., 2013. Optimization of water resources utilization by PSO-GA[J]. Water resources management, 27(10): 3525-3540.

CHANG N, WEN C G, CHEN Y L, 1997. A fuzzy multi-objective programming approach for optimal management of the reservoir watershed[J]. European journal of operational research, 99(2): 289-302.

CHANG S C, CHEN C H, FONG I K, et al., 1990. Hydroelectric generation scheduling with an effective differential dynamic programming algorithm[J]. IEEE transactions on power systems, 5(3): 737-743.

CHANG X, LIU X, ZHOU W, 2010. Hydropower in China at present and its further development[J]. Energy, 35(11): 4400-4406.

CHEN L, MCPHEE J, YEH W W G, 2007. A diversified multiobjective GA for optimizing reservoir rule curves[J]. Advances in water resources, 30(5): 1082-1093.

CHENG C T, LIAO S L, TANG Z T, et al., 2009. Comparison of particle swarm optimization and dynamic programming for large scale hydro unit load dispatch[J]. Energy conversion and management, 50(12): 3007-3014.

CHENG C T, SHEN J J, WU X Y, et al., 2012. Operation challenges for fast-growing China's hydropower systems and respondence to energy saving and emission reduction[J].Renewable and sustainable energy reviews, 16(5): 2386-2393.

CHUANWEN J, BOMPARD E, 2005. A self-adaptive chaotic particle swarm algorithm for short term hydroelectric system scheduling in deregulated environment[J]. Energy conversion and management, 46(17): 2689-2696.

CONTAXIS G C, KAVATZA S D,1990. Hydrothermal scheduling of a multireservoir power system with stochastic inflows[J]. IEEE transactions on power systems, 5(3):766-773.

DEB K, PRATAP A, AGARWAL S, et al., 2002. A fast and elitist multiobjective genetic algorithm: NSGA-II[J]. IEEE transactions on evolutionary computation, 6(2): 182-197.

DEB K, 2001. Multi-objective optimization using evolutionary algorithms[M]. New York: John Wiley & Sons.

DORIGO M, GAMBARDELLA L M, 1997. Ant colonies for the traveling salesman problem[J]. Biosystems, 43(2): 73-81.

DORIGO M, MANIEZZO V, COLORNI A, 1991. Positive feedback as a search strategy[R].

DORIGO M, 1992. Optimization learning and natural algorithms[D]. MiLan: Politecnico di Mialano.

DU X, WANG J, JEGATHEESAN V, et al., 2017. Parameter estimation of activated sludge process based on an improved cuckoo search algorithm[J]. Bioresource technology, 249: 447.

GIL E, BUSTOS J, RUDNICK H, 2003. Short-term hydrothermal generation scheduling model using a genetic algorithm[J]. IEEE transactions on power systems, 18(4): 1256-1264.

FERREIRA L A F M, ANDERSSON T, IMPARATO C F, et al., 1989. Short-term resource scheduling in multi-area hydrothermal power systems[J]. International journal of electrical power & energy systems, 11(3): 200-212.

FOUED B A, SAMEH M, 2001. Application of goal programming in a multi-objective reservoir operation model in Tunisia[J]. European journal of operational research, 133(2): 352-361.

GOLDBERG D E, 1989. Genetic algorithms in search, optimization, and machine learning[M]. Reading: Addison-wesley Professional.

GONZÁLEZ C, JUAN J, 1999. Reliability evaluation for hydrothermal generating systems: application to the Spanish case[J]. Reliability engineering & system safety, 64(1): 89-97.

HEIDARI M, CHOW V T, KOKOTOVIĆ P V, et al., 1971. Discrete differential dynamic programing approach to water resources systems optimization[J]. Water resources research, 7(2): 273-282.

HEREDIA F J, NABONA N, 1995. Optimum short-term hydrothermal scheduling with spinning reserve through network flows[J]. IEEE transactions on power systems, 10(3): 1642-1651.

HETZER J, YU D C, BHATTARAI K, 2008. An economic dispatch model incorporating wind power[J]. IEEE transactions on energy conversion, 23(2): 603-611.

HOWSON H R, SANCHO N G F, 1975. A new algorithm for the solution of multi-state dynamic programming problems[J]. Mathematical programming, 8(1): 104-116.

HUANG H, YAN Z, 2009. Present situation and future prospect of hydropower in China[J]. Renewable and sustainable energy reviews, 13(6/7): 1652-1656.

JI B, YUAN X, CHEN Z, et al., 2014. Improved gravitational search algorithm for unit commitment considering uncertainty of wind power[J]. Energy, 67: 52-62.

JIA-KUN L, 2012. Research on prospect and problem for hydropower development of China[J]. Procedia engineering, 28: 677-682.

KENNEDY J，EBERHART R, 1995. Particle swarm optimization[C]//Proceedings of IEEE conference on neural networks．Perth: IEEE: 1942-1948．

KIM T, HEO J, JEONG C, 2006. Multireservoir system optimization in the Han River basin using multi-objective genetic algorithms[J]. Hydrological processes, 20(9): 2057-2075.

KUMAR D N, REDDY M J, 2006. Ant colony optimization for multi-purpose reservoir operation[J]. Water resources management, 20(6): 879-898.

KUMAR D N, REDDY M J, 2007. Multipurpose reservoir operation using particle swarm optimization[J]. Journal of water resources planning and management, 133(3): 192-201.

KUMAR S, SHARMA J, RAY L M, 1979. A nonlinear programming algorithm for hydro-thermal generation scheduling[J]. Computers & electrical engineering, 6(3): 221-229.

LAKSHMINARASIMMAN L, SUBRAMANIAN S, 2006. Short-term scheduling of hydrothermal power system with cascaded reservoirs by using modified differential evolution[J]. IEE proceedings- generation, transmission and distribution, 153(6): 693-700.

LAKSHMINARASIMMAN L, SUBRAMANIAN S, 2008. A modified hybrid differential evolution for short-term scheduling of hydrothermal power systems with cascaded reservoirs[J]. Energy conversion and management, 49(10): 2513-2521.

LI C, ZHOU J, LU P, et al., 2015. Short-term economic environmental hydrothermal scheduling using improved multi-objective gravitational search algorithm[J]. Energy conversion and management, 89: 127-136.

LI J Q, ZHANG Y S, JI C M, et al., 2013. Large-scale hydropower system optimization using dynamic programming and object-oriented programming: the case of the Northeast China Power Grid[J]. Water science and technology, 68(11): 2458-2467.

LI Y, ZHOU J, ZHANG Y, et al., 2010. Novel multiobjective shuffled frog leaping algorithm with application to reservoir flood control operation[J]. Journal of water resources planning and management, 136(2): 217-226.

LIANG R H, HSU Y Y, 1995. A hybrid artificial neural network: differential dynamic programming approach for short-term hydro scheduling[J]. Electric power systems research, 33(2): 77-86.

LIU T, XU G, CAI P, et al., 2011. Development forecast of renewable energy power generation in China and its influence on the GHG control strategy of the country[J]. Renewable energy, 36(4): 1284-1292.

LIU X, XU W, 2010. Minimum emission dispatch constrained by stochastic wind power availability and cost[J]. IEEE transactions on power systems, 25(3): 1705-1713.

LU P, ZHOU J, WANG C, et al., 2015. Short-term hydro generation scheduling of Xiluodu and Xiangjiaba cascade hydropower stations using improved binary-real coded bee colony optimization algorithm[J]. Energy conversion and management, 91: 19-31.

LU Y, ZHOU J, QIN H, et al., 2011. A hybrid multi-objective cultural algorithm for short-term environmental/economic hydrothermal scheduling[J]. Energy conversion and management, 52(5): 2121-2134.

LU Y, ZHOU J, QIN H, et al., 2010. An adaptive chaotic differential evolution for the short-term hydrothermal generation scheduling problem[J]. Energy conversion and management, 51(7): 1481-1490.

MAHDAVI M, FESANGHARY M, DAMANGIR E, 2007. An improved harmony search algorithm for solving optimization problems[J]. Applied mathematics & computation, 188(2): 1567-1579.

MAIER H, SIMPSON A, ZECCHIN A, et al., 2003. Ant colony optimization for design of water distribution systems[J]. Journal of water resources planning and management, 129(3): 200-209.

MCNALLY A, MAGEE D, WOLF A T, 2009. Hydropower and sustainability: resilience and vulnerability in China's powersheds[J]. Journal of environmental management, 90(S3): 286-293.

MEHTA R, JAIN S, 2009. Optimal operation of a multi-purpose reservoir using neuro-fuzzy technique[J]. Water resources management, 23(3): 509-529.

MLAKAR U, JR I F, FISTER I, 2016. Hybrid self-adaptive cuckoo search for global optimization[J]. Swarm & evolutionary computation, 29: 47-72.

MURRAY D M, YAKOWITZ S J, 1979. Constrained differential dynamic programming and its application to multireservoir control[J]. Water resources research, 15(5): 1017-1027.

NAZARI M E, ARDEHALI M M, JAFARI S, 2010. Pumped-storage unit commitment with considerations for energy demand, economics, and environmental constraints[J]. Energy, 35(10): 4092-4101.

NGUNDAM J M, KENFACK F, TATIETSE T T, 2010. Optimal scheduling of large-scale hydrothermal power systems using the Lagrangian relaxation technique[J]. International journal of electrical power & energy systems, 22(4): 237-245.

OLIVEIRA L W D, 2015. Using stochastic dual dynamic programming and a periodic autoregressive model for wind-hydrothermal long-term planning[C]//PowerTech, IEEE Eindhoven. Perth: IEEE.

OLIVEIRA G C, BINATO S, PEREIRA M V F, 2007. Value-based transmission expansion planning of hydrothermal systems under uncertainty[J]. IEEE transactions on power systems, 22(4): 1429-1435.

OPAN M, 2010. Irrigation-energy management using a DPSA-based optimization model in the Ceyhan Basin of Turkey[J]. Journal of hydrology, 385(1/2/3/4): 353-360.

PANDA S, MOHANTY B, HOTA P K, 2013. Hybrid BFOA-PSO algorithm for automatic generation control of linear and nonlinear interconnected power systems[J]. Applied soft computing, 13(12): 4718-4730.

QIN H, ZHOU J, LU Y, et al., 2010a. Multi-objective cultured differential evolution for generating optimal trade-offs in reservoir flood control operation[J]. Water resources management, 24(11): 2611-2632.

QIN H, ZHOU J, LU Y, et al., 2010b. Multi-objective differential evolution with adaptive Cauchy mutation for short-term multi-objective optimal hydro-thermal scheduling[J]. Energy conversion and management, 51(4): 788-794.

RASHEDI E, NEZAMABADI-POUR H, SARYAZDI S, 2009. GSA: a gravitational search algorithm[J]. Information sciences, 179(13): 2232-2248.

REDDY M J, KUMAR D N, 2006. Optimal reservoir operation using multi-objective evolutionary algorithm[J]. Water resources management, 20(6): 861-878.

REDDY M J, KUMAR D N, 2007a. Optimal reservoir operation for irrigation of multiple crops using elitist-mutated particle swarm optimization[J]. Hydrological sciences journal, 52(4): 686-701.

REDDY M J, KUMAR D N, 2007b. Multi-objective particle swarm optimization for generating optimal trade-offs in reservoir operation[J]. Hydrological processes, 21(21): 2897-2909.

REDDY M J, KUMAR D N, 2007c. Multiobjective differential evolution with application to reservoir system optimization[J]. Journal of computing in civil engineering, 21(2): 136-146.

REDDY M J, KUMAR D N, 2008. Evolving strategies for crop planning and operation of irrigation reservoir system using multi-objective differential evolution[J]. Irrigation science, 26(2): 177-190.

RIVERA J F, GALDEANO C A, VARGAS A, 1990. Some numerical criteria to measure the validity of hydro-aggregation in hydrothermal systems[J]. International journal of electrical power & energy systems, 12(1): 17-24.

ROSENBERG R S, 1970a. Simulation of genetic populations with biochemical properties: I. The model[J]. Mathematical biosciences, 7: 233-257.

ROSENBERG R S, 1970b. Simulation of genetic populations with biochemical properties: II. Selection of crossover probabilities[J]. Mathematical Biosciences, 8(1/2): 1-37.

ROY S, 2002. Market constrained optimal planning for wind energy conversion systems over multiple installation sites[J]. IEEE transactions on energy conversion, 17(1): 124-129.

SALAM M S, NOR K M, HAMDAM A R, 1998. Hydrothermal scheduling based Lagrangian relaxation approach to hydrothermal coordination[J]. IEEE transactions on power systems, 13(1): 226-235.

SCHAFFER J D, 1984. Some experiments in machine learning using vector evaluated genetic algorithms (artificial intelligence, optimization, adaptation, pattern recognition)[D]. Nashville: Vanderbilt University.

SHARMA V, JHA R, NARESH R, 2007. Optimal multi-reservoir network control by augmented Lagrange programming neural network[J]. Applied soft computing, 7(3): 783-790.

SHARMA V, JHA R, NARESH R, 2004. Optimal multi-reservoir network control by two-phase neural network[J]. Electric power systems research, 68(3): 221-228.

SHEN J, CHENG C, WU X, et al., 2014. Optimization of peak loads among multiple provincial power grids under a central dispatching authority[J]. Energy, 74: 494-505.

SHERKAT V, MOSLEHI K, LO E, et al., 1988. Modular and flexible software for medium and short-term hydrothermal scheduling[J]. IEEE transactions on power systems, 3(3): 1390-1396.

SHYH-JIER H, 2001. Enhancement of hydroelectric generation scheduling using ant colony system based optimization approaches[J]. IEEE transactions on energy conversion, 16(3): 296-301.

SOARES S, LYRA C, TAVARES H, 1980. Optimal generation scheduling of hydrothermal power systems[J]. IEEE transactions on power systems, 99(3): 1107-1118.

STÜTZLE T, 1997. Max-Min Ant System for The Quadratic Assignment Problem[M]. Darmstadt: TU Darmstadt.

SWAIN R K, BARISAL A K, HOTA P K, et al., 2011. Short-term hydrothermal scheduling using clonal selection algorithm[J]. International journal of electrical power & energy systems, 33(3): 647-656.

TOSPORNSAMPAN J, KITA I, ISHII M, et al., 2005. Optimization of a multiple reservoir system operation using a combination of genetic algorithm and discrete differential dynamic programming: a case study in Mae Klong system, Thailand[J]. Paddy and water environment, 3(1): 29-38.

TRAVERS D L, KAYE R J, 1998. Dynamic dispatch by constructive dynamic programming[J]. IEEE Transactions on power systems, 13(1): 72-78.

UNSIHUAY-VILA C, DA LUZ T, FINARDI E, 2015. Day-ahead optimal operation planning of wind and hydrothermal generation with optimal spinning reserve allocation[J]. International journal of power and energy systems, 35(1): 1-8.

WANG Y Q,ZHOU J Z, MO L, et al., 2012. A modified differential real-coded quantum-inspired evolutionary algorithm for continuous space optimization[J]. Journal of computational information systems, 8(4): 1487-1495.

WANG C, SHAHIDEHPOUR S M, 1993. Power generation scheduling multi-area hydro-thermal systems with tie line constraints, cascaded reservoirs and uncertain data[J]. IEEE transactions on power system, 5(3): 737-743.

WANG J, LIU S, ZHANG Y, 2015. Quarter-hourly operation of large-scale hydropower reservoir systems with prioritized constraints[J]. Journal of water resources planning & management, 141(1): 04014047.

WANG J W, 2009. Short-term generation scheduling model of Fujian hydro system[J]. Energy conversion and management, 50(4): 1085-1094.

WANG J, YUAN X, ZHANG Y, 2004. Short-term scheduling of large-scale hydropower systems for energy maximization[J]. Journal of water resources planning and management, 130(3): 198-205.

WARDLAW R, SHARIF M, 1999. Evaluation of genetic algorithms for optimal reservoir system operation[J]. Journal of water resources planning and management, 125(1): 25-33.

WU J, ZHU J, CHEN G, et al., 2008. A hybrid method for optimal scheduling of short-term electric power generation of cascaded hydroelectric plants based on particle swarm optimization and chance-constrained programming[J]. IEEE transactions on power systems, 23(4): 1570-1579.

YANG X S, DEB S, 2010. Cuckoo search via levy flights[J]. Mathematics: 210-214.

YU B, YUAN X, WANG J, 2007. Short-term hydro-thermal scheduling using particle swarm optimization method[J]. Energy conversion and management, 48(7):1902-1908.

YUAN X, TIAN H, YUAN Y, et al., 2015. An extended NSGA-III for solution multi-objective hydro-thermal-wind scheduling considering wind power cost[J]. Energy conversion and management, 96: 568-578.

ZHANG H, ZHOU J, ZHANG Y, et al., 2013. Culture belief based multi-objective hybrid differential evolutionary algorithm in short term hydrothermal scheduling[J]. Energy conversion and management, 65: 173-184.

ZHANG K, WEN Z, 2008. Review and challenges of policies of environmental protection and sustainable development in China[J]. Journal of environmental management, 88(4): 1249-1261.

ZHOU J, ZHANG Y, ZHANG R, et al., 2015. Integrated optimization of hydroelectric energy in the upper and middle Yangtze River[J]. Renewable and sustainable energy reviews, 45: 481-512.

ZHU Y, WANG J, QU B, 2014. Multi-objective economic emission dispatch considering wind power using evolutionary algorithm based on decomposition[J]. International journal of electrical power & energy systems, 63: 434-445.

ZITZLER E, LAUMANNS M, THIELE L, et al., 2001. SPEA2: improving the strength Pareto evolutionary algorithm for multiobjective optimization[C]// Evolutionary methods for design, optimization and control with opplications to industrial problems. Greece: Athens.

ZOUMAS C E, BAKIRTZIS A G, THEOCHARIS J B, et al., 2004. A genetic algorithm solution approach to the hydrothermal coordination problem [J]. IEEE transactions on power systems, 19(3): 1356-1364.